LA
BOTANIQUE
MISE
A LA PORTÉE DE TOUT LE MONDE
ou
COLLECTION
DES
PLANTES D'USAGE
DANS LA MEDECINE, DANS LES ALIMENS
ET DANS LES ARTS

AVEC DES NOTICES INSTRUCTIVES PUISÉES DANS LES AUTEURS LES PLUS CELEBRES,
CONTENANT LA DESCRIPTION, LE CLIMAT, LA CULTURE, LES PROPRIETES ET LES
VERTUS PROPRES A CHAQUE PLANTE, PRECEDÉ D'UNE INTRODUCTION A
LA BOTANIQUE, OU DICTIONAIRE ABREGÉ DES PRINCIPAUX
TERMES EMPLOIES DANS CETTE SCIENCE.

Segnius irritant animos Demissa per aurem,
quam quæ Sunt oculis Subjecta fidelibus. Hor.

Executé et Publié par Les Sr. et Dr. Regnault,
Avec approbation et Privilege du Roy.

TOME II.

A PARIS
MDCCLXXIV.

Chez L'auteur, Rue croix des petits Champs, vis à vis l'hotel de Lussan.

La Larme de Job.

Coix Lachryma Jobi. L. S. P.

Ital. Perlaw. Angl. Jobs Tears. Allem. Hiobs - Thrænem.

G.de Bazais Regnault f.

LA LARME DE JOB,

PLANTE VIVACE, DU NOMBRE DES APÉRITIVES.

Lithospermum arundinaceum fortè Dioscoridis & Plinii. C. B. P. 258. *Coix Lacryma Jobi.* L. S. P.

TOURNEF. classe. 15. sect. 5. gen. 5. LINN. Monoecia triandria. ADANS. 7. Fam. des Gramen.

LA LARME DE JOB est originaire des Indes ; elle se cultive assez facilement dans nos climats, mais elle donne une récolte plus abondante dans les climats chauds que dans les tempérés, & plus dans ceux-ci que dans les climats froids. Sa racine (*a*) est un amas de fibres rameuses : elle pousse plusieurs tiges hautes d'un pied & demi. La tige est cylindrique, articulée, portant alternativement des feuilles simples, entieres, longues, pointues, partagées par une nervure droite : elles sont soutenues à la tige par des collets ou gaînes qui font l'office de pétioles : ces gaînes sont fendues dans leur longueur : elles sont attachées par leur base à la tige qu'elles embrassent dans leur longueur jusqu'à la base de la feuille. Les feuilles, avant que de se développer, sont roulées en cornet en dedans sur un seul côté, & elles pointent droit vers le ciel.

Les rameaux sortent des aisselles des feuilles, & portent elles-mêmes des feuilles semblables à celles de la tige.

Les fleurs naissent au sommet de la tige & des branches ; les fleurs mâles sont séparées des fleurs femelles sur le même pied ; les mâles sont rassemblées en épis lâches. Chacune de ces fleurs (*b*) est composée d'une balle contenant deux fleurs, & formée de deux valvules oblongues, ovales, obtuses, sans barbe ; l'extérieure plus épaisse. Dans la balle on trouve deux autres valvules qu'on peut considérer comme une espece de corolle à deux valvules ovales, lancéolées, sans barbe ; ces valvules sont, comme on le voit dans la même figure, pour donner issue à la poussiere fécondante des étamines qu'elles renferment.

Les fleurs femelles sont placées à la base des épis mâles. Nous avons représenté une de ces fleurs (*c*) ; elle est aussi composée d'une balle dont les valvules sont arrondies, épaisses & dures. Le pistil (*d*) qui caractérise le sexe de cette fleur est composé de l'embryon, du stil, de deux stigmates longs, recourbés & velus ; ces stigmates sont destinés à recevoir la poussiere prolifique des fleurs mâles & à la communiquer à l'ovaire. Le pistil est renfermé dans les valvules de la fleur femelle : cette fleur devient par sa maturité une graine (*e*) de la forme d'une larme ; c'est cette configuration qui a valu à la plante le nom de Larme de Job. Cette graine est dure & polie ; elle est si robuste qu'elle persiste souvent à la racine (comme elle est représentée dans la planche), même après que la plante qu'elle a produite a déja rapporté du fruit. La balle fait partie du fruit ; elle ne cesse point d'envelopper l'embryon, même après sa maturité. Nous l'avons coupée transversalement (*f*) pour faire voir la place que l'embryon (*g*) occupe.

La semence de cette plante est détersive & apéritive, propre pour atténuer la pierre du rein & de la vessie, étant prise en poudre ou en décoction : on mange sa graine à la Chine. Tout le monde sait qu'on fait des grains de chapelet ou rosaire avec cette graine.

On emploie en Médecine la semence de cette plante ; on l'ordonne depuis deux gros jusqu'à une demi-once en émulsion dans une chopine de liqueur ou de tisane apéritive, pour la rétention d'urine. On peut aussi faire infuser pendant la nuit demi-once de cette semence concassée dans un verre de vin blanc, & le prendre le matin à jeun, pour la même incommodité.

On peut substituer la graine de Larme de Job à celle de l'herbe aux perles, pour donner dans le lait de femme à celles qui sont en travail ; la dose est depuis une once & demie jusqu'à deux onces : on la recommande pour l'inflammation des prostates ; alors on fait boire aux malades cinq ou six onces d'eau de laitue ou de plantain, dans laquelle on délaie un gros & demi de cette graine en poudre, demi-gros de semence de cétérac, & deux scrupules de karabé.

La graine de Larme de Job peut entrer dans l'électuaire de Justin, & dans l'électuaire lithontriptique de Nicolas d'Alexandrie, dans la bénédicte laxative, & dans les pilules arthritiques de Nicolas de Salerne, à la place du gremil.

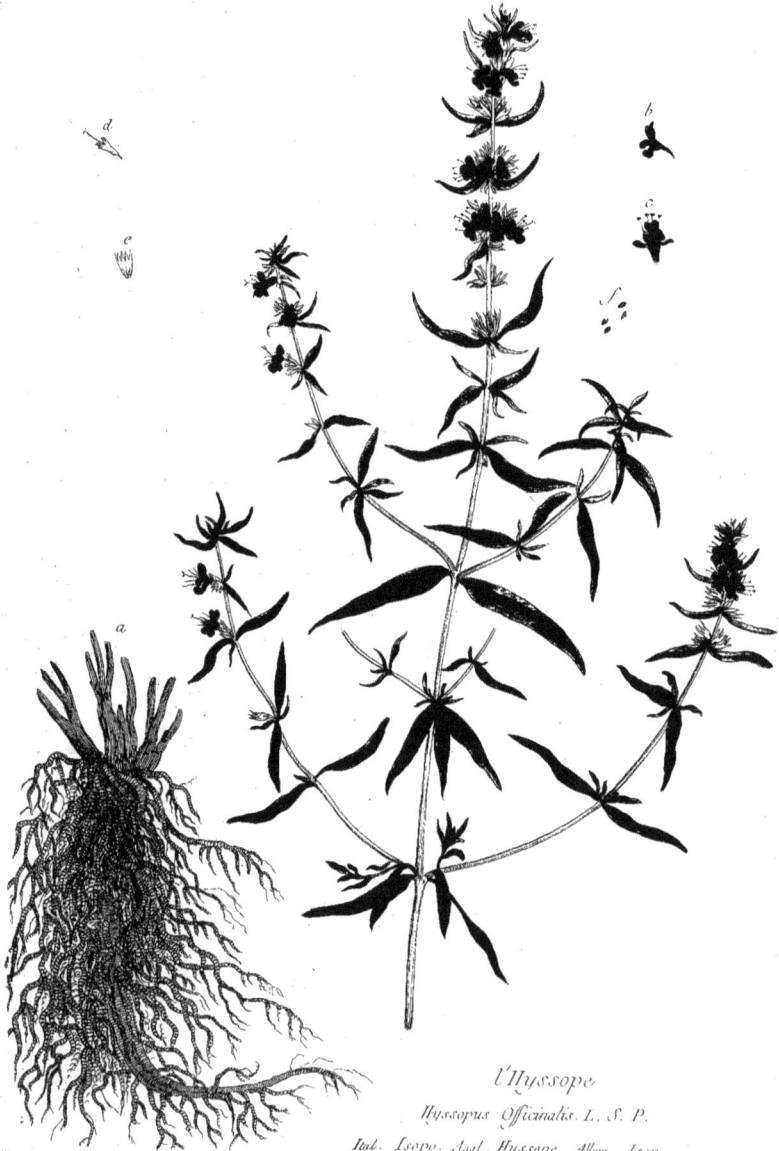

l'Hyssope

Hyssopus Officinalis. L. S. P.

Ital. *Isopo.* Angl. *Hyssope.* Allem. *Isop.*

2

L'HYSSOPE, ou HYSOPE;

Plante vivace, du nombre des Céphaliques.

Hyſſopus officinarum cærulea ſeu ſpicata. C. B. P. 217. *Hyſſopus officinalis.* L. S. P.

Tournef. claſſ. 4. ſect. 3. gen. 15. Linn. Didynamia gymnoſpermia. Adans. 15. Fam. des Labiées.

L'Hysope aime les climats chauds : elle réuſſit cependant dans les climats tempérés, où on la cultive dans les jardins. Sa racine (*a*) eſt un pivot de la groſſeur du petit doigt, garni d'une multitude de fibres fortes & rameuſes ; toute la racine eſt ligneuſe. Les tiges s'élevent d'uh demi-pied : elles ſont quadrangulaires, rameuſes & caſſantes. Les feuilles ſont oppoſées deux à deux, en croix : elles ſont entieres, longues, terminées en pointes, attachées immédiatement à la tige. Les branches ſortent deux à deux des aiſſelles des feuilles, & portent des feuilles de même caractere que celles de la tige.

Les fleurs naiſſent au ſommet de la tige & des branches rangées preſque circulairement à la baſe des feuilles : elles ſont accompagnées chacune à leur baſe de feuilles florales ; ce ſont des folioles du même caractere que les feuilles. Les fleurs ſont labiées, chacune d'elles eſt un tube (*b*) menu & cylindrique à ſa baſe, gonflé vers le milieu, évaſé à ſon extrémité, partagé en deux levres, dont la ſupérieure eſt relevée & échancrée au ſommet ; l'inférieure eſt rabattue & diviſée en trois parties, dont les deux latérales ſont rondes, & la moyenne découpée en cœur. Nous avons repréſenté la corolle ouverte (*c*) avec les quatre étamines qui ſont attachées à ſes parois : elle eſt attachée par ſa baſe au fond du calice (*d*). Le piſtil eſt placé au centre, & traverſe le tube qu'il excede de la moitié de ſa longueur : le piſtil eſt compoſé de l'embryon, du ſtil & de deux ſtigmates égaux & recourbés qui le terminent. Le calice eſt un tube diviſé en cinq dents aiguës que nous avons repréſenté ouvert (*e*). L'embryon repoſe au fond de ce calice ; il eſt compoſé de quatre ovaires diſtincts qui deviennent autant de graines (*f*).

Les feuilles & les fleurs d'Hyſope s'emploient dans les décoctions céphaliques, & dans le vin aromatique (dont la compoſition ſe trouve dans la notice du ſerpolet) : on en tire par la diſtillation une eau, & une huile eſſentielle ; on fait avec ſes fleurs une conſerve & un ſirop ſimple. Celui qui eſt compoſé, dans lequel entrent pluſieurs plantes béchiques & apéritives, eſt fort eſtimé pour les maladies de la poitrine, ſur-tout pour l'aſthme, & pour la toux opiniâtre. L'Hyſope eſt vulnéraire, déterſive & réſolutive, étant appliquée extérieurement. M. Boyle aſſure qu'un Gentilhomme fut guéri d'une contuſion à la cuiſſe, cauſée par un coup de pied de cheval, & que cette guériſon fut fort prompte. Riolan, Simon Pauli & Sennert aſſurent que l'eau ou la décoction d'Hyſope guériſſent l'inflammation des yeux, ſur-tout celle qui eſt appellée *Hypochama*, qui eſt l'épanchement du ſang entre la cornée & l'iris ; ce que M. Garidel a éprouvé avec ſuccès, l'employant de la maniere ſuivante.

On prend une poignée de ſommités d'Hyſope ſéchées à l'ombre, que l'on renferme dans un nouet de linge ; on le fait bouillir dans l'eau ; on l'applique enſuite chaud ſur l'œil, & on l'y tient pendant un long eſpace de temps, juſqu'à ce qu'il ſoit refroidi ; on répete ce remede pluſieurs fois le jour : mais il faut faire ſaigner auparavant du bras une ou deux fois, ſuivant la grandeur de l'inflammation, pour rendre ce remede plus efficace.

L'Hyſope a les mêmes propriétés que les herbes fines & aromatiques, comme de fortifier le cerveau, de rendre le ſang plus fluide, de pouſſer les mois & les urines, & d'emporter les obſtructions.

Une chopine d'infuſion d'Hyſope tous les matins à jeun ſoulage beaucoup les aſthmatiques, & diſſipe l'étouffement.

l'Herbe aux Puces.

Plantago psyllium

Ital. *Pulicaria.* Angl. *Fleawort.* Allem. *Floh-saamen-kraut.*

3

L'HERBE AUX PUCES,

PLANTE ANNUELLE, DU NOMBRE DES RAFRAÎCHISSANTES.

Pfyllium majus erectum. C. B. P. 191. *Plantago pfyllium.* L. S. P.

TOURNEF. claff. 1. fect. 1. gen. 6. LINN. Tetrandria monogynia. ADANS. 19. Fam. des Jafmins.

L'HERBE AUX PUCES fe trouve abondamment dans les terreins incultes. Sa racine (*a*) eft un pivot foible, garni de plufieurs fibres rameufes qui s'étendent latéralement. Ses tiges s'élevent d'un pied à un pied & demi : elles font droites, fermes, cylindriques, légérement velues, & rameufes depuis le bas de la tige jufqu'au fommet.

Les feuilles font oppofées deux à deux au bas de la tige ; leur nombre varie affez fouvent à mefure qu'elles approchent du fommet ; on en trouve de rangées trois par trois, & quelquefois quatre par quatre. Ses feuilles font longues, entieres, unies, terminées en pointe, partagées dans leur longueur par un fillon droit, feffiles, ou attachées par leur bafe à la tige.

Les branches naiffent dans les aiffelles des feuilles, & portent les mêmes caracteres que la tige. Les fleurs naiffent au fommet de la tige & des branches ramaffées en épi court ; chacune de ces fleurs eft un tube (*b*) évafé à fon extrémité, & divifé en quatre fegments ovales & aigus : ce tube eft porté par un petit calice compofé de quatre feuilles. Le même tube eft repréfenté ouvert (*c*) avec les quatre étamines qui s'attachent intérieurement par leur bafe aux parois de la corolle alternativement avec fes divifions. Les antheres font longues, & la pouffiere génitale eft compofée de molécules fort petites, blanchâtres & tranfparentes. Le piftil (*d*) eft compofé de l'ovaire, du ftil & de deux ftigmates qui le terminent ; ces trois figures font augmentées à la loupe. L'ovaire devient, à fa maturité, une capfule ovoïde, partagée en deux loges, s'ouvrant horizontalement, comme nous l'avons repréfenté dans la figure (*e*), & renfermant les femences (*f*). La figure des femences a donné le nom à la plante, par le rapport que l'on a cru trouver entre la forme & la couleur de fes graines, avec la vermine dont elle porte le nom.

On cultive l'Herbe aux Puces en plufieurs endroits pour en avoir la femence : c'eft la feule partie de la plante employée en Médecine ; on doit la choifir récente, bien nourrie, nette, & douce au toucher.

Elle eft mucilagineufe, déterfive, laxative, étant prife en poudre ; on en tire un mucilage en la faifant infufer chaudement dans de l'eau ; & l'on fe fert de ce mucilage pour arrêter le crachement de fang & les gonorrhées, on en fait prendre par la bouche & en injection. Lorfqu'il eft mêlé avec les autres herbes rafraîchiffantes dans les cataplafmes, on donne ce mucilage en lavement dans la dyffenterie & dans les inflammations des reins. L'eau où la graine de *pfyllium* a macéré pendant la nuit, ou celle où elle a jetté deux ou trois bouillons, eft utile dans l'ardeur d'urine. Son mucilage convient dans les hémorrhoïdes internes en décoction ; il appaife auffi l'inflammation des yeux. Chenau en fait grand cas, fur-tout fi on le mêle avec celui de graine de coing, tiré avec l'eau rofe, ou l'eau de plantain ; on y ajoute un peu de camphre & de blanc d'œuf battu.

Un frontal avec la graine de *pfyllium* pilée & animée avec l'eau rofe, eft propre pour les rhumes du cerveau ; on fait tirer le même mucilage par le nez, après l'avoir délayé avec du fuc de poirée & l'eau rofe. On emploie cette femence comme celle de graine de lin : elle donne le nom à l'électuaire *de pfyllio*, dans lequel elle fert plutôt pour adoucir l'âcreté des purgatifs qui font la principale partie de cette compofition, que pour en augmenter l'effet.

La graine de *pfyllium* entre dans les émulfions rafraîchiffantes, avec les femences froides, les amandes douces, les pignons blancs, &c.

l'Asperge

Asparagus Officinalis. L. S. P.

G.se de thanis Regnault fecit

Angl. *Sparrow grass. Sparagrat'*. Ital. *Asperagole*. Allem. *Spargel*.

4

L'ASPERGE,

PLANTE VIVACE, DU NOMBRE DES APÉRITIVES.

Asparagus sativa. C. B. P. 489. *Asparagus v. altilis.* L. S. P.

TOURNEF. claff. 6. fect. 9. gen. 3. LINN. Hexandria monogynia. ADANS. 8. Fam. des Liliacées.

L'ASPERGE fe cultive dans les jardins potagers, plus pour l'ufage de la Cuifine que pour celui de la Méde-cine, quoique fes vertus ne foient point équivoques. Sa racine (*a*) eft compofée de quantité de fibres qui font comme attachées à une tête cylindrique & charnue : elle eft rangée en Médecine parmi les cinq grandes racines apéritives. Il fort de la racine plufieurs pouffes (*b*), connues vulgairement fous le nom d'Afperges : elles font affez connues comme comeftible pour que nous n'ayons pas befoin d'entrer dans le détail de fon ufage le plus ordinaire. Elles font garnies de plufieurs ftipules alternes & membraneufes; c'eft à la couleur de ces ftipules qu'on doit s'attacher pour connoître les Afperges de la meilleure qualité : il faut choifir celles qui les ont du violet le plus foncé. Le fommet de fes jeunes pouffes devient, par fon développement, une tige (*c*) droite, liffe, de la hauteur de deux ou trois pieds, portant alternativement des rameaux dans toute fa lon-gueur. Ces rameaux fe fubdivifent; ils font accompagnés à leur bafes de ftipules membraneufes, plus étroites que celles qu'on apperçoit aux jeunes pouffes, & qui n'en font cependant qu'une continuation.

Les feuilles naiffent alternativement le long de la tige & des rameaux : elles font raffemblées en faifceaux de trois feuilles, & quelquefois, mais rarement, de quatre & même de cinq; elles font molles & linéaires.

Les fleurs fortent des aiffelles des feuilles où elles font portées par des pédicules longs, cylindriques & foi-bles : elles font compofées de fix pétales réunis à leur bafe par les onglets, & forment, par leur réunion, l'ap-parence d'un tube campaniforme. Nous avons démontré cette efpece de tube ouvert dans la figure (*d*), dans laquelle on voit auffi les fix étamines qui font attachées par leur bafe à celles des pétales. Le piftil (*e*) eft placé au centre de la fleur; il eft compofé de l'ovaire, du ftil & d'un feul ftigmate; il repofe, ainfi que toutes les par-ties de la fleur, fur un calice plat à fix divifions, que nous avons repréfenté à fa bafe; il devient par la matu-rité un fruit ou baie fphérique (*f*) renfermant deux ou trois femences (*g*) anguleufes, dures & glabres.

La racine de l'Afperge s'emploie dans les bouillons apéritifs, une poignée fur chaque chopine d'eau : on l'emploie auffi dans les tifanes apéritives. Elle eft fort apéritive, propre à lever les obftructions du méfentere & de la rate ; elle paffe auffi pour être propre à chaffer la pierre & le fable des reins & de la veffie, quoique Vanghelmont rapporte qu'un de fes amis devint affligé de la pierre pour avoir trop mangé d'Afperges. Les jeunes tiges ou pouffes appellées proprement Afperges, fe mangent comme perfonne n'ignore : elles ne font pas moins diurétiques que les racines ; l'urine même eft d'une odeur très forte après qu'on en a mangé. On n'a encore pu trouver d'autre moyen pour parer à cet inconvénient, que de mettre du vinaigre dans le pot de nuit ; quoique par cette précaution on ne diffipe pas entièrement l'odeur, en l'affoibliffant on la rend moins infup-portable.

Les racines d'Afperges font employées dans la bénédicte laxative, dans les pilules arthritiques de Nicolas de Salerne, dans le firop d'armoife de Rhafis, dans celui des cinq racines de Méfué, dans la décoction apéri-tive hépatique, dans le firop de guimauve de Fernel, & dans le firop de chicorée compofé. Les femences en-trent dans la poudre lithontriptique de du Renou.

La racine de l'Afperge fauvage, *Afpargus fylveftris tenuiffimo folio*, C. B. P. 490, eft un apéritif plus mo-déré que celle de la cultivée.

La Buglose vivace.
Anchusa Officinalis. L. S. P.

Ital. Buglossca. Angl. Buglosse. Allem. Ochsenzunge.

LA BUGLOSE, ou BOUGLOSE ORDINAIRE,

PLANTE VIVACE, DU NOMBRE DES BÉCHIQUES.

Buglossum angustifolium majus, flore cæruleo. C. B. P. 256. *Anchusa officinalis.* L. S. P.

TOURNEF. claff. 4. fect. 4. gen. 1. LINN. Pentandria monogynia. ADANS. 14. Fam. des Bourraches.

LA BUGLOSE se rencontre dans les champs, le long des chemins & dans les terreins incultes. Sa racine (*a*) est un pivot attaché fortement en terre, qui se divise à son extrémité en plusieurs grosses fibres, & qui est garni dans sa longueur de quantité d'autres fibres courtes, fortes & rameuses. Il sort de la racine, la première année, un amas de feuilles radicales, longues, amples, entières, terminées en pointe. La seconde année elle pousse plusieurs tiges hautes d'un pied & demi. Ces tiges sont droites, cylindriques, hérissées de poils durs dans toute leur longueur. Les feuilles sont alternes, du même caractere que les radicales, moins grandes à mesure qu'elles approchent du sommet des tiges. Une partie des rameaux sort des aisselles des feuilles, les autres sortent de la tige même; ils sont hérissés comme elles, & portent des feuilles du même caractere. Les fleurs naissent au sommet de la tige & des rameaux, rangées en épi, & disposées en corymbe : elles sortent des aisselles des feuilles. Les fleurs sont monopétales. Nous en avons représenté une, vue par derriere (*b*). C'est un tube menu à sa base, évasé en soucoupe à son extrémité, divisé en cinq segments arrondis. Nous avons représenté la même corolle ouverte & vue intérieurement (*c*); elle renferme les cinq étamines, lesquelles sont attachées par leur base à celle du tube, dont les antheres n'excedent point l'ouverture. Le pistil (*d*) est composé de l'embryon, du stil & d'un seul stigmate sphérique. L'embryon est placé au centre du calice ; il consiste en quatre ovaires réunis. Toutes les parties de la fleur sont rassemblées dans un calice à cinq divisions longues & aiguës, couvertes de poils semblables à ceux de la tige, ainsi que le pédicule qui le soutient. Les divisions du calice, pendant la floraison, sont ouvertes comme on le voit dans la figure (*d*) ; & après la chûte de la corolle, ils se referment comme dans la figure (*e*), pour protéger la maturité des quatre ovaires, lesquels deviennent autant de semences (*f*).

Quoique cette plante croisse naturellement dans les campagnes, son grand usage en a rendu la culture nécessaire dans les jardins. Toute la plante est remplie d'un suc gluant ou visqueux, semblable à celui de la bourrache : elle est humectante, pectorale ; elle adoucit les âcretés du sang & elle le purifie ; elle fortifie le cœur, & elle excite la joie. Sa fleur est une des quatre fleurs cordiales, qui sont la *buglose*, la *bourrache*, la *rose*, & la *violette*. La Buglose s'associe ordinairement avec la bourrache, ou on les substitue l'une à l'autre, parcequ'elles ont les mêmes vertus. On ordonne leurs fleurs par pincées en infusion, ou leur conserve, depuis deux gros jusqu'à une demi-once. Leurs feuilles s'emploient très communément dans les tisanes pectorales & dans les bouillons rafraîchissants, aussi-bien que les racines, sur-tout celles de la Buglose. Ses racines servent en hiver lorsque les feuilles sont passées. Le suc de bourrache & de Buglose, tiré par expression & clarifié, se donne avec succès par prise de quatre à cinq onces dans la pleurésie. Pour le bien faire, il ne faut point le faire bouillir, car alors la partie mucilagineuse des feuilles se met en grumeaux, & il ne reste qu'une eau claire qui n'a point de vertu. On ajoute souvent à ces plantes les feuilles de chicorée sauvage & de cerfeuil ; quelquefois aussi le sirop violat, à une once pour chaque prise, sur-tout lorsque l'on a intention d'ouvrir le ventre & de disposer le malade à la purgation : on donne trois & quatre de ces prises par jour, entre les bouillons. Ce remede est très propre à rétablir le mouvement libre du sang, lorsqu'il croupit dans les parties où sa circulation est ralentie. Le suc de ces plantes entre dans le sirop de longue-vie, dans le byzantin simple & composé, & dans le sirop de scolopendre de Fernel.

Clusius recommande pour la palpitation du cœur deux onces de suc député de Buglose, avec deux gros de sucre, le soir pendant plusieurs jours. Le sirop fait avec les feuilles & les fleurs soulage fort les mélancoliques. M. Ray dit que l'usage du vin où elles ont infusé guérit l'épilepsie. La tisane suivante est excellente pour la toux seche. Faites bouillir trois onces de racines de Buglose & autant de chiendent dans deux pintes d'eau ; versez la décoction bouillante sur une once de fleurs de coquelicot, & sur trois têtes de pavot blanc, coupées menu, & enfermées dans un petit sac, afin qu'on puisse les exprimer.

M. Chomel dit avoir employé avec succès la décoction des feuilles de bourrache & de Buglose dans la dyssenterie, de cette maniere : Faites bouillir pendant trois ou quatre minutes, une petite poignée de ces feuilles dans huit onces d'eau ou demi-septier ; passez la décoction & y ajoutez partie égale de lait de vache bouilli & écrémé, puis y délayez une once d'huile d'amande douce quand la liqueur sera tiede ; trois heures après faites prendre au malade un bouillon, le plus clair, dans lequel, lorsqu'il est encore tout chaud, il faudra avoir mêlé un bon verre de gros vin : il faut réitérer ce remede deux jours de suite, le matin à jeun.

La plupart des Herboristes substituent à la racine de Buglose celle de la vipérine, qui est plus commune & de moindre vertu.

La Buglose & la bourrache entrent dans l'électuaire *de psyllio* de Mesué, dans son sirop de fumeterre, dans son sirop du Roi Sapor, dans le sirop d'eupatoire & d'épithym du même Auteur, & dans l'opiat de Salomon.

Le Basilic.

Ocymum Basilicum. L. S. P.

Gde de Nangis Regnault f.   Ital. Basilico. Angl. Basil. Allem. Citronen Basilien.

LE BASILIC,

PLANTE ANNUELLE, DU NOMBRE DES CÉPHALIQUES.

Ocimum vulgatius. C. B. P. 226. *Ocimum Basilicum.* L. S. P.

TOURNEF. claff. 4. fect. 3. gen. 19. LINN. Didynamia gymnospermia. ADANS. 25. Fam. des Labiées.

LE BASILIC croît naturellement dans l'Inde & en Perfe ; nous l'obtenons facilement dans nos climats par la culture. Sa racine (*a*) eft un pivot médiocre, garni d'une infinité de fibres rameufes : elle pouffe plufieurs tiges qui s'élevent d'environ un pied ; elles font droites, rondes, cylindriques & branchues.

Les feuilles font oppofées deux à deux le long de la tige , où elles font portées par des pétioles médiocrement longs : elles font entieres, ovales, crenelées en leurs bords. Les rameaux fortent de la fection des pétioles de la tige auffi oppofés deux à deux ; ils portent des feuilles femblables à celles de la tige. Les fleurs naiffent au fommet de la tige & des rameaux , arrangées en épi , difpofées en bouquets annulaires de diftance en diftance, ordinairement compofés de trois fleurs ; chaque bouquet eft accompagné à fa bafe , de deux feuilles florales, lefquelles different effentiellement de celles de la tige en ce qu'elles font feffiles , étroites , terminées en pointes & fans crenelures. Les fleurs font labiées; chacune d'elles eft un tube (*b*) menu à fa bafe , évafé à fon extrémité, partagé en deux levres inégales, dont la fupérieure eft légérement crenelée , & l'inférieure eft partagée en trois divifions , dont la mitoyenne eft découpée en cœur. Les quatre étamines excedent la longueur de la corolle ; elles font attachées à fes parois, comme nous l'avons repréfenté dans la figure de la corolle ouverte (*c*). Le piftil (*d*) eft repréfenté au fond du calice qui foutient toutes les parties de la fleur; il eft compofé de l'embryon , du ftil & de deux ftigmates. Le calice (*e*) eft ouvert ; il eft divifé en cinq fegments ovales & pointus. L'embryon (*f*) repofe au centre, & donne par fa maturité quatre graines (*g*).

Toute la plante répand une odeur aromatique & un parfum agréable : on fe fert en Médecine de fes feuilles & de fa femence. Elle eft propre pour exciter les urines & les écoulements périodiques aux femmes, pour réfifter au venin, pour chaffer les vents , pour aider à la refpiration, pour fortifier le cerveau & le cœur, pour déterger, pour digérer, pour réfoudre , pour fortifier les nerfs.

On tire de cette plante une huile effentielle admirable , qui entre dans le baume apopleétique , qui a la vertu de réveiller les efprits, & de rétablir le mouvement des humeurs qui compofent le fang. On fait fécher cette plante à l'ombre, on la réduit en poudre qu'on mêle avec la plupart des herbes aromatiques préparées de la même maniere. Cette poudre eft appellée céphalique , par rapport à la vertu qu'elle a de débarraffer le cerveau , en faifant couler par le nez beaucoup de férofités, fur-tout lorfqu'on en a pris le matin quelques pincées à jeun. Il y a des perfonnes qui s'accommodent mieux de cette poudre que du tabac, qui fait une trop forte impreffion, & irrite trop vivement la membrane pituitaire de ceux qui n'y font pas accoutumés. On prend les feuilles & les fleurs du Bafilic en infufion comme le thé pour les douleurs de tête & pour les fluxions de cette partie. Le Bafilic frais cueilli entête un peu ; il eft plus doux & plus agréable quand il eft fec. Ses feuilles, fes fleurs & fa femence font également céphaliques; elles font auffi pectorales & cordiales. Demi-fcrupule de fafran foulagent les afthmatiques. Il y a des Cuifiniers affez habiles pour employer avec tant d'art le Bafilic , le thym , le laurier , le ferpolet , la farriette , & nos autres herbes aromatiques, que les mets qu'ils préparent avec ces affaifonnements font auffi agréables au goût, que s'ils y employoient les épices des pays étrangers.

La femence de Bafilic entre dans la poudre de Guttete , dans *tryphera* de Nicolas d'Alexandrie , dans la poudre *diarrhodon Abbatis* , dans la poudre *xyloaloës* de Mefué , dans celle de *diamofchi* du même , dans celle de l'électuaire *de gemmis* , dans la poudre réjouiffante de Nicolas de Salerne , & dans la poudre lithontriptique du même.

Le Fenu-Grec.

Trigonella Foenum Graecum, L. S. P.

Ital. Fiengreco. Angl. Feuugreek. Allem. Bocks – horn.

G.^{te} de Nangis Regnault.

7

LE FENU-GREC, ou SENEGRÉ,

PLANTE ANNUELLE, DU NOMBRE DES RÉSOLUTIVES.

Fenum-Græcum. C. B. P. 348. *Trigonella Fenum-Græcum.* L. S. P.

TOURNEF. claſſ. 9. ſect. 4. gen. 5. LINN. Diadelphia decandria. ADANS. 43. Fam. des Légumineuſes.

LE FENU-GREC croît naturellement dans les pays chauds ; on le cultive facilement dans nos jardins. Sa racine (*a*) eſt menue & fibreuſe : ſes tiges s'élevent d'un pied ; elles ſont creuſes , cylindriques , couvertes de poils. Les feuilles ſont alternativement portées à la tige par de longs pétioles, qui ſont accompagnés à leur baſe de deux ſtipules. Ces feuilles ſont compoſées de trois folioles ovales. Les branches naiſſent dans les ſections des pétioles , & portent les mêmes caracteres que la tige. Les fleurs naiſſent au ſommet de la tige & des branches, & dans la ſection des pétioles : elles ſont légumineuſes (*b*), compoſées de l'étendard (*c*), de deux pétales latéraux (*d*) & de la carene (*e*) , qui eſt courte , obtuſe & placée au centre de la fleur. Le piſtil (*f*) eſt environné par le faiſceau membraneux des dix étamines, repréſenté ouvert (*g*). Toutes les parties de la fleur ſont raſſemblées dans le calice (*h*), lequel eſt un tube évaſé à ſon extrémité , & partagé en cinq diviſions. Le piſtil devient par ſa maturité un légume alongé de la figure d'une corne ; c'eſt cette figure qui l'a fait nommer par Hippocrate , *Corne de Chevre, Corne de Bœuf.* Ce légume s'ouvre longitudinalement (*i*) ; il eſt compoſé de deux valves qui forment une ſeule loge dans laquelle ſont renfermées les graines (*k*).

La farine de Fenu-Grec eſt émolliente , réſolutive , anodine , propre à réſoudre en adouciſſant. On la mêle avec les autres farines réſolutives dans les cataplaſmes ; elle diſſipe les duretés des mamelles ; & en appaiſe la douleur : on la prépare de cette maniere.

Prenez miel & vinaigre la quantité que vous voudrez ; faites-y bouillir la racine de Fenu-Grec, juſqu'à parfaite diſſolution, en la malaxant de tems en tems : on paſſe la matiere par un linge , & on la fait enſuite cuire encore avec du miel ſeulement , puis on l'applique en cataplaſme ſur les parties ſouffrantes. Sa décoction eſt auſſi déterſive qu'adouciſſante : on l'emploie utilement dans les cours de ventre & dans la dyſſenterie , dans les tranchées de coliques, & lorſqu'il y a ulcere dans les inteſtins. Tragus aſſure, ſur le rapport de Pline, que la décoction de la farine de cette plante eſt utile aux phthiſiques & dans la toux invétérée. Le mucilage de ſemence de Fenu-Grec eſt un grand ophthalmique. On ne prend guere la décoction de cette graine par la bouche, mais ſeulement en lavement dans les maladies dont nous venons de parler , & ſur-tout pour adoucir les hémorrhoïdes : il n'en faut donner qu'une demi-livre à la fois , afin que le malade le garde plus long-temps ; car alors ce remede eſt une fomentation intérieure. Les femmes de Provence ſe ſervent ordinairement de la poudre de Fenu-Grec, dont elles ſaupoudrent un oignon ouvert cuit ſous la cendre , pour appliquer ſur le creux de l'eſtomac : elles s'en ſervent (diſent-elles) pour guérir le *morfondement* qui ſurvient après de violents exercices ou efforts de travail.

Le Fenu-Grec eſt employé dans l'onguent d'*Althea*, dont voici la compoſition. Prenez racine d'althea fraîche , coupée par petits morceaux, quatre onces ; ſemences de lin , de Fenu-Grec, oignon de ſcille, coupés par morceaux , de chacun deux onces ; mettez-le tout dans deux pintes d'eau , ſur un petit feu, pendant vingt-quatre heures, en le remuant ſouvent avec une ſpatule de bois , & laiſſez-le cuire juſqu'à ce qu'il ſoit réduit en conſiſtance de mélange épais ; paſſez le tout enſuite avec une forte expreſſion : ajoutez à la colature deux livres d'huile ; mettez-le ſur le feu pour en faire diſſiper l'humidité ; paſſez-le une ſeconde fois, & faites fondre dans votre huile, à petit feu, cire jaune & réſine, de chacune une demi-livre : paſſez le tout une troiſieme fois ; & lorſqu'il ſera à demi refroidi, mêlez-y térébenthine de Veniſe, galbanum purifié , & gomme de lierre réduite en poudre ſubtile, de chacun une once.

Cet onguent eſt réſolutif : on s'en ſert pour amollir les duretés , & on l'applique ſur les douleurs de côté.

Le Fenu-Grec entre dans le ſirop de marrube & dans le *looch ſanum* de Meſué, dans le mondificatif de réſine de Joubert, dans le *martiatum*, dans le *diachilon*, dans l'emplâtre de mucilage, & dans celui de méliloth.

Le Cresson Alénois.

Lepidium Sativum. L. & P.

Ital. Nasturzio. Angl. Garden Cresse. Allem. Garten Kresse.

G.ce de Nangis Regnault.

8

LE CRESSON ALÉNOIS, ou NASITOR,

PLANTE ANNUELLE, DU NOMBRE DES ANTI-SCORBUTIQUES.

Nasturtium hortense vulgatum. C. B. P. 103. *Lepidium sativum.* L. S. P.

TOURNEF. claſſ. 5. ſect. 2. gen. 2. LINN. Tetradynamia ſiliculoſa. ADANS. 51. Fam. des Cruciferes.

LE CRESSON ALÉNOIS ſe cultive dans les jardins potagers : on l'emploie communément pour ſervir de fourniture aux ſalades : comme il croît fort vîte on en ſeme tous les mois pour en avoir toujours de tendre ; il veut être ſemé fort dru : on commence à en recueillir la graine à la fin de Juin : à meſure qu'elle mûrit , on coupe les pieds pour les faire ſécher ; on les bat , & on les vanne pour conſerver la graine. La racine (*a*) eſt ſimple, ligneuſe , garnie de fibres menues & rameuſes. Les tiges s'élevent d'environ un pied & demi ; elles ſont rondes , ſolides & rameuſes. Les feuilles naiſſent alternativement le long de la tige ; elles ſont découpées profondément & irrégulièrement, ailées à un ou deux rangs, & quelquefois elles ſont entieres, longues , étroites & pointues. Les rameaux naiſſent dans les aiſſelles des feuilles , & portent les mêmes caractères que la tige. Les fleurs naiſſent au ſommet de la tige & des branches ; elles ſont cruciferes. Nous en avons repréſenté une augmentée à la loupe (*b*) ; elle eſt compoſée de quatre pétales (*c*) ovales, dont la baſe eſt un onglet qui s'attache au fond du calice (*d*), lequel eſt compoſé de quatre folioles ovales & concaves. Le piſtil (*e*) repoſe au centre du calice ; il eſt compoſé de l'ovaire & d'un ſtil court & cylindrique. Les ſix étamines l'environnent ; quatre de ces étamines ſont longues & égales entre elles : elles ſont placées deux à deux en oppoſition ſur les deux côtés les plus larges du calice : les deux autres ſont courtes & oppoſées ſur les deux côtés les plus étroits ; leur baſe eſt enfoncée & comme piquée dans un diſque orbiculaire extrêmement affaiſſé, qui eſt ſous l'ovaire, de ſorte qu'il paroît entre elles ſix tubercules coniques : ces trois dernieres figures ſont, ainſi que la premiere, augmentées à la loupe. Le fruit (*f*) qui ſuccede au piſtil eſt une ſilique orbiculaire, applatie, partagée en deux loges par une cloiſon (*g*) lancéolée, à laquelle ſont attachées des graines (*h*) ovales & terminées en pointe.

Toute la plante eſt anti-ſcorbutique, inciſive, atténuante, déterſive & apéritive : elle purifie le ſang, & facilite la reſpiration : on l'emploie dans les errines. Les différents noms qu'a reçu la plante, en latin & en françois, caractériſent ſes qualités & ſes vertus. *Creſſon* vient du verbe latin *creſcere*, *croître* : on a donné ce nom à ce genre de plante, parcequ'elle croît promptement. *Alénois* vient du verbe latin *alere*, *nourrir* : on a donné ce ſurnom au Creſſon de jardin, parcequ'on l'emploie dans les aliments. *Naſitor* vient du latin *naſus*, *nez*, & du françois *tordre* ; comme qui diroit, *herbe qui fait tordre le nez* , parceque le naſitor étant mis dans le nez y excite un mouvement convulſif, qui le fait tordre en quelque maniere : c'eſt le même effet que produiſent les ſternutatoires ; car l'éternuement eſt une convulſion. *Naſturtium quaſi naſitorium à naſo*, parceque le Creſſon picotte les narines en faiſant éternuer.

Les feuilles ont un goût âcre, & les ſemences ont un goût brûlant : on les réduit à une poudre farineuſe. On emploie cette poudre & les feuilles extérieurement, mêlées avec le ſain-doux ; elles donnent une pommade utile contre la teigne & la gale. Les graines pilées & paſſées à la poële , avec du beurre frais, s'emploient pour guérir les dartres & la teigne. On retire de l'herbe une eau diſtillée qui s'ordonne depuis une once juſqu'à quatre. Le Creſſon Alénois rétablit le cours des écoulements périodiques , & facilite l'expectoration. Les ébullitions faites avec ſa graine font pouſſer la petite vérole, & ſont ſudorifiques. M. Tournefort avance que le ſuc de Creſſon flétrit les polypes du nez, & les fait tomber, pourvu qu'on les en lave ſouvent.

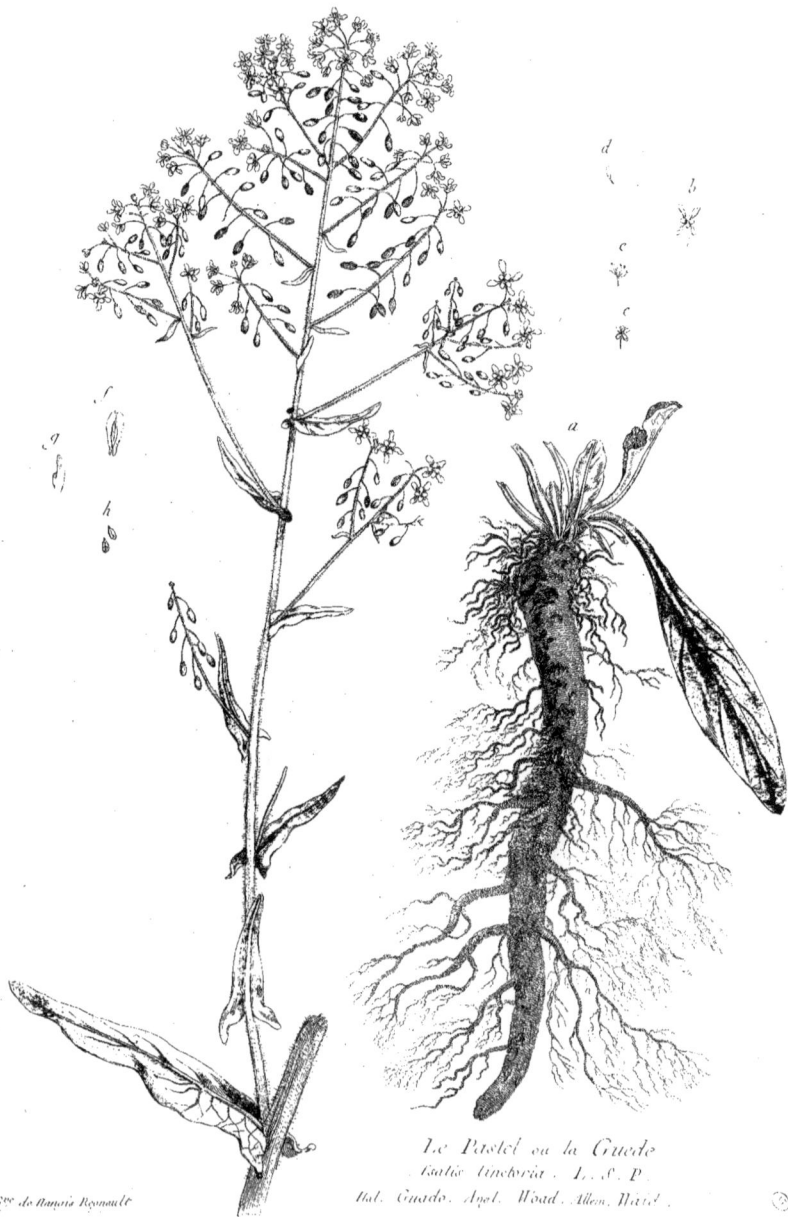

Le Pastel ou la Guède
Isatis tinctoria. L. S. P.
Ital. Guado. Angl. Woad. Allem. Waid.

Gie de Ramais Regnault

9

LE PASTEL SAUVAGE ou LA GUEDE,

PLANTE ANNUELLE, DU NOMBRE DES RÉSOLUTIVES.

Isatis sylvestris vel angustifolia. C. B. P. 113. *Isatis tinctoria.* L. S. P.

TOURNEF. class. 5. sect. 1. gen. 4. LINN. Tetradynamia siliquosa. ADANS. 52. Fam. des Cruciferes.

LE PASTEL croît naturellement au bord de la Mer Baltique & de l'Océan. Sa culture fait un objet de commerce confidérable dans le Languedoc & dans la Provence : on le cultive auffi dans la Normandie & en Allemagne ; mais le Paftel du Languedoc eft le plus eftimé pour la teinture ; il demande à être femé dans une bonne terre, légere, noire, douce & fertile. Après avoir donné à la terre les façons néceffaires, on feme la graine en Avril : lorfque la plante commence à grandir on arrache les mauvaifes herbes, fans quoi les feuilles de Paftel ne deviendroient point belles. Sa racine (*a*) eft ligneufe ; c'eft un pivot qui pénetre profondément en terre & qui eft garni de groffes fibres rameufes : elle pouffe d'abord plufieurs feuilles radicales, longues, obtufes, portées par de longs pétioles fillonnés dans leur longueur, du centre defquelles fortent des tiges groffes comme le doigt, hautes de trois pieds, cylindriques, liffes & rameufes. Les feuilles font alternes, anguleufes, faites en fer de fleche, dont les deux angles inférieurs embraffent une partie de la tige. C'eft des feuilles de la plante que l'on retire la couleur bleue dont on fe fert pour la teinture connue dans le Commerce fous les noms de *paftel, guede, vouéfde, florée* & *cocagne.* On fait ordinairement deux récoltes de Paftel dans la même année, la premiere à la fin d'Août & la derniere vers la fin d'Octobre : on a grand foin que cette derniere prévienne les gelées qui alterent la qualité des feuilles. Voici comme on procede à la récolte. A la maturité de la plante, on coupe toutes les feuilles, on les entaffe pour qu'elles fe flétriffent, ayant foin de les tenir à l'abri du foleil & de la pluie ; enfuite on les broie fous la meule d'un moulin, jufqu'à ce qu'elles foient réduites en pâte, puis on fait des piles de cette pâte au dehors du moulin : on preffe bien la pâte avec les pieds & les mains ; on la bat, & on l'unit de peur qu'elle ne s'évente : quinze jours après, l'on ouvre les petits monceaux ; on les broie de nouveau avec les mains, & on mêle avec le dedans la croûte qui s'étoit formée deffus ; puis on fait de cette pâte de petites pelotes. Cette opération s'appelle *mettre en coque,* c'eft-à-dire qu'on les met dans de petits moules de figure ovale : on les fait fécher de nouveau. Ces coques deviennent fort dures, & c'eft en cet état qu'on les vend aux Teinturiers, qui ne les emploient qu'après les avoir laiffé long-temps tremper. Mais revenons à la defcription. Les branches fortent des aiffelles des feuilles & portent les mêmes caracteres que celles de la tige. Les fleurs naiffent au fommet de la tige & des branches, arrangées en grappes & difpofées en corymbe, foutenues par des pédicules cylindriques, attachées à des rameaux qui fortent des aiffelles des feuilles : ces fleurs font cruciferes. Chacune d'elles (*b*) eft compofée de quatre pétales (*d*) ovales, obtus, dont la bafe eft un onglet très délié. Les fix étamines (*e*), dont quatre font longues & deux conftamment plus courtes & oppofées, environnent le piftil, au-deffous duquel elles font attachées par leur bafe. Le piftil eft compofé de l'ovaire feulement. Le calice (*c*) eft compofé de quatre feuilles difpofées en croix, qui font l'alternative avec les pétales. A la maturité de la plante le piftil devient une filique (*f*) à une loge & deux valves (*g*) qui renferment les graines (*h*).

Toute la plante a un goût âcre, amer & aftringent ; elle eft anti-fcorbutique, vulnéraire, defficcative, aftringente. Quelques perfonnes en appliquent au poignet après l'avoir pilée pour guérir la fievre intermittente, dans le temps du friffon.

Le Paftel pilé, & appliqué extérieurement fur les tumeurs, eft un des plus puiffants réfolutifs. L'infufion de fes feuilles fait pouffer la petite vérole, & les payfans de Provence s'en fervent pour guérir la jauniffe. Wedel, fameux Médecin de Genes, en a tiré du fel volatil par la feule fermentation, & fans le fecours du feu.

I. *La Pivoine Mâle.*
Pæonia Officinalis Mascula I. S. P.
Ital. Peonea Angl. Peony Allem. Paeonien Kraut das Mænulein.
G.te de Nangis Renault C.

II. *La Pivoine Femelle.*
Pæonia Officinalis. Femina. I. S. P.
Paeonien Kraut das Weiblein.

LA PIVOINE MÂLE, LA PIVOINE FEMELLE,

Plantes vivaces, du nombre des Céphaliques.

I. *Pæonia folio nigricante splendido, quæ mas.* C. B. P. 323. *Pæonia officinalis & mascula.* L. S. P.

II. *Pæonia communis, vel femina.* C. B. P. 323. *Pæonia officinalis & femina.* L. S. P.

Tournef. class. 6. section 7. gen. 14. Linn. Polyandria digynia. Adans. 55. Famille des Renoncules.

Nous avons réuni dans la même planche les deux especes de Pivoine d'usage en Médecine, connues par les distinctions de mâle & de femelle. Nous ne voyons pas sur quel fondement on a appuyé cette distinction, puisque chacune de ces fleurs est hermaphrodite, & reçoit la fécondité sans le concours de l'autre espece : ce n'est pas l'erreur la plus considérable qui se soit glissée en Botanique, dans les siecles d'ignorance, & que le laps des temps ait accréditée. La transposition des sexes dans le chanvre, dans la mercuriale, &c. en fournit une preuve, comme on le peut voir à ces différents articles. Il étoit réservé au célebre von-Linnée de pénétrer, pour ainsi dire, dans le sanctuaire de la Nature, & de dévoiler le mystere de la génération des plantes.

Nous nous sommes conformés aux distinctions vulgairement reçues dans la représentation des pivoines. La figure (I.) offre la Pivoine mâle, & la figure (II.), celle qui est connue vulgairement sous le nom de Pivoine femelle, & qui n'est qu'une variété de la précédente.

La Pivoine est originaire du Mont Ida : on la rencontre aux environs de Montpellier : on la cultive dans presque tous les jardins, où la beauté de ses fleurs lui fait tenir un rang distingué : après que celles-ci sont passées, les touffes de verdure qu'offrent ses feuilles, figurent encore très bien dans les grands parterres.

La racine de la Pivoine est tubéreuse, divisée en plusieurs branches, ramassée en faisceau, rougeâtre en dehors & blanche en dedans. Le format de la planche ne nous a pas permis de la représenter. Les tiges s'élevent de deux pieds : elles sont nombreuses, cylindriques, rougeâtres & rameuses. Celles de la Pivoine mâle sont ordinairement plus rouges que celles de l'autre espece. Les feuilles sont alternes, palmées, ailées, divisées ordinairement en trois lobes composés chacun de trois ou quatre folioles. Les fleurs naissent solitaires au sommet des tiges : elles sont rosacées, composées de cinq pétales ovales, amples, étroites à leur base. Celles de la Pivoine mâle sont constamment plus petites que les autres ; c'est la seule différence qu'il y ait entre elles. Le pistil est composé de deux à cinq ovaires & terminé par autant de stigmates. Nous l'avons representé (a) environné des étamines, qui sont au nombre de trois cents : elles sont attachées par leur base à un disque orbiculaire, qui fait la base du pistil, comme il est représenté dans le calice (b). Le calice est composé ordinairement de cinq feuilles, & quelquefois de six : elles sont persistantes, inégales & irrégulieres. Chaque ovaire devient par sa maturité une capsule à une loge, & une valve qui s'ouvre longitudinalement, comme nous l'avons montré dans le fruit (c), dont une des capsule est ouverte & laisse voir les graines (d) qui deviennent noires par la maturité comme elles sont représentées (e).

On se sert ordinairement des racines de Pivoine & de leurs semences, & quelquefois des fleurs, dont quelques-uns tirent la teinture avec le vin blanc, qu'ils donnent jusqu'à quatre onces. L'usage commun de ces parties est de les réduire en poudre après les avoir fait sécher à l'ombre, & d'en donner depuis un gros jusqu'à deux en bol, en opiate, ou de quelque autre maniere. On ordonne aussi les racines en décoction & en infusion jusqu'à une once lorsqu'elles sont fraîches : on les fait bouillir dans un bouillon de veau, ou dans une pinte d'eau en forme de tisane. La Pivoine est estimée anti-épileptique, & très propre pour les maladies du cerveau, pour l'incube, appellée du vulgaire cochemar, & pour les mouvements convulsifs. Cette plante pousse aussi les écoulements périodiques, les vuidanges des accouchées, & emporte les obstructions des visceres. La racine de Pivoine entre dans la poudre de Guttete.

Le Maceron

Smyrnium olusatrum. L. S. P.

Ital. Macerone. Angl. Alexanders. Alem. Gross-eppich.

G.ᵉᵉ de Nangis Regnault. F.

11

LE MACÉRON ou GROS PERSIL DE MACÉDOINE,

PLANTE BISANNUELLE, DU NOMBRE DES APÉRITIVES.

Hippofelinum Theoprafti, vel Smyrnium Diofcoridis. C. B. P. 154. *Smyrnium olufatrum.* L. S. P.

TOURNEF. claff. 7. fect. 3. gen. 1. LINN. Pentandria digynia. ADANS. 15. Fam. des Ombellifères.

LE MACERON fe trouve naturellement en Ecoffe, en Allemagne, en quelques provinces d'Efpagne : on le rencontre fréquemment aux environs de Montpellier. Cette plante aime les lieux fombres & marécageux, & les rochers voifins de la mer. Sa racine (*a*) eft un pivot médiocre de la forme d'une rave, garnie de quelques fibres : elle pouffe d'abord plufieurs feuilles radicales, amples, à trois ailes, que le format ne nous a pas permis de repréfenter. Les tiges s'élèvent de trois pieds : elles font cannelées, légérement rougeâtres & rameufes.

Les feuilles caulinaires, c'eft-à-dire celles qui fortent de la tige, naiffent alternativement le long de la tige & des branches : elles font ailées, divifées en trois lobes, dentelées en maniere de fcie ; la différence de celles-ci avec les radicales ne confifte que dans le nombre des divifions qui diminuent progreffivement jufqu'au fommet de la tige & des branches. Les feuilles caulinaires font portées fur un pétiole dont l'origine eft membraneufe, fort large, & embraffe tout le contour de la tige & des branches, fans cependant y faire l'anneau. Les feuilles, avant leur développement, font pliées en deux, & reçues dans la cavité que forme cette membrane à l'origine des pétioles. Les branches fortent des aiffelles des feuilles & portent les mêmes caractères que la tige.

Les fleurs naiffent au fommet de la tige & des branches, & quelquefois dans les aiffelles des feuilles : elles font difpofées en ombelle ; les rayons de l'ombelle univerfelle font raffemblés par leur bafe au fommet du rameau qui les foutient : cette ombelle eft fans enveloppe ainfi que les ombelles partielles ; les pédicules qui compofent celle-ci font difpofés au fommet de chaque rayon dans la même direction qu'eux, & portent à leur fommet une fleur rofacée.

Nous avons repréfenté une des fleurs (*d*) augmentée au microfcope : elles font hermaphrodites, compofées de cinq pétales (*c*) recourbés par leur fommet, attachés par leur bafe fur les bords du calice alternativement avec les divifions : ce calice eft repréfenté dans la figure (*b*), foutenant le piftil. Le piftil eft compofé de l'o-vaire, de deux ftils courts & cylindriques, & de deux ftigmates recourbés, qui ne font point diftingués des ftils ; c'eft un amas de petits filets cylindriques, qui forment un léger velouté au fommet de chaque ftil : ces deux figures font augmentées ainfi que la premiere. Les cinq étamines font placées fur les bords du calice en oppofi-tion à chacune des ces divifions, & alternativement avec les pétales de la corolle, comme on le voit dans la figure (*d*) : elles font un peu plus courtes que la corolle, & tombent dès qu'elles font flétries. Les filets font cylindriques, pointus & un peu courbés au fommet. Les antheres font ovoïdes, marquées de deux fillons, fouvent longitudinalement en deux loges par les fillons latéraux, & attachées aux filets par le dos, un peu au-deffus de leur bafe, fe foutenant droites. Le fruit (*e*), qui fuccede au piftil, eft compofé de deux graines (*f*) en forme de croiffant, convexes d'un côté & ornées de trois cannelures, applaties de l'autre & portées par le même pédicule. Sa racine eft empreinte d'un fuc âcre & amer, qui a l'odeur & le goût approchant en quelque maniere de celui de la myrrhe. On fe fert en Médecine principalement de la racine & des femences de Macéron : elles font apéritives, propres pour exciter l'urine & les mois aux femmes, pour hâter l'accouchement, pour la goutte fciatique, pour la colique venteufe, pour l'afthme, étant prifes en décoction.

La racine & les feuilles de cette plante pourroient être dans un befoin fubftituées à celles de l'ache, puifque M. Ray nous apprend qu'elles font employées dans les bouillons qu'on ordonne pour purifier le fang ; mais fa femence eft la partie la plus en ufage. Les Herboriftes l'appellent gros Perfil de Macédoine ; elle entre dans quelques compofitions cordiales & carminatives, à la place de la femence du Perfil de Macédoine : la plupart des femences ont la même propriété, en ce qu'elles abondent toutes en huile effentielle. La femence entre dans l'électuaire lithontriptique de Nicolas d'Alexandrie, & dans la poudre électuaire de Juftin.

Le Serpolet.
Thymus Serpyllum. L. S. P.

Ital. Serpillo. Angl. Mother-of-Thyme, Creeping thyme. Allem. Feldes Thymian.

Gr. de Bargis Regnault.

12

LE SERPOLET,

PLANTE VIVACE, DU NOMBRE DES CÉPHALIQUES.

Serpyllum vulgare majus. C. B. P. 220. *Thymus Serpyllum.* L. S. P.

TOURNEF. claſſ. 4. ſect. 3. gen. 8. LINN. Didynamia gymnoſpermia. ADANS. 25. Fam. des Labiées.

LE SERPOLET croît naturellement dans les terreins ſecs, dans les bois & le long des chemins. Sa racine (*a*) eſt ligneuſe, touffue; c'eſt un pivot garni de quantité de fibres rameuſes. Ses tiges s'élevent d'environ dix pouces; elles ſont ordinairement rampantes, & élevent ſeulement leurs ſommets : quelquefois, mais rarement, toute la tige s'éleve : toutes les tiges ſont quarrées , ligneuſes, rougeâtres, branchues. Les feuilles ſont op-poſées deux à deux, & diſpoſées en croix le long de la tige , où elles ſont attachées par leur baſe ſans pétiole. Les branches ſortent immédiatement de la tige & portent les mêmes caracteres qu'elle.

Les fleurs naiſſent au ſommet de la tige & des branches, rangées comme en épi, diſpoſées par anneaux autour de la tige aux ſections des feuilles qui leur ſervent de baſe : ces fleurs ſont labiées ; chacune d'elles eſt un tube (*d*) menu & cylindrique à ſa baſe, évaſé à ſon extrémité & partagé en deux levres; la ſupérieure (*c*), aux parois de laquelle ſont attachées deux des étamines, eſt relevée, arrondie & découpée en cœur; elle eſt plus courte que l'inférieure que nous avons repréſentée (*b*) : celle-ci eſt rabattue , partagée en trois diviſions égales & arrondies; elle porte les deux autres étamines attachées intérieurement par leur baſe, ainſi que celles de la levre ſupérieure. Le piſtil (*e*) eſt compoſé de l'ovaire, d'un ſtil droit & cylindrique , & de deux ſtigmates égaux & recourbés qui le terminent. Nous l'avons repréſenté dans le calice ouvert : c'eſt un tube médiocre , diviſé à ſon extrémité en cinq dentelures inégales & aiguës; il ſoutient la corolle , & eſt lui-même porté à la tige par un pédicule court & cylindrique, lequel eſt accompagné à ſa baſe d'une petite feuille florale du même caractere que les feuilles de la tige. A la maturité l'embryon ſe partage en quatre ſemences (*f*) me-nues & ſphériques.

Le Serpolet répand une odeur agréable, ſon goût eſt âcre & aromatique : toute la plante eſt apéritive, cé-phalique, hyſtérique, ſtomachique; elle réſiſte au venin; elle excite les écoulements périodiques aux femmes, & l'urine ; elle eſt propre pour l'épilepſie & pour les vertiges.

La conſerve des fleurs & des ſommités de Serpolet ſoulage ceux qui ſont ſujets au vertige & à la migraine. Simon Pauli dit qu'en Danemarck on ſe trouve bien de boire, dans l'éréſipele , la décoction de Serpolet , qui dépure le ſang & pouſſe par les ſueurs ou par les urines. On laiſſe macérer une poignée de Serpolet dans de l'eau commune à laquelle on ajoute une cuillerée de bon miel blanc, pour le rhume & pour la toux opiniâtre. Paracelſe eſtimoit la liqueur qu'on tiroit du Serpolet diſtillé avec l'eſprit-de-vin , pour les fluxions catarrheu-ſes & le rhume du cerveau. On dit que cette liqueur fait parler les muets , parcequ'elle eſt utile dans la para-lyſie de la langue.

M. Ray rapporte qu'elle eſt merveilleuſe pour faire recouvrer la parole aux apoplectiques , ſur le témoi-gnage du Docteur Soamo. Silvius Deleboë employoit en pareil cas l'eſſence d'anis.

Le Rhapontic
Rheum Raponticum. L. S. P.
Angl. Rapontic. Allem. Rapontick.

G.^{ve} de Nangis Regnault f.

13

LE RAPONTIC,

PLANTE VIVACE, DU NOMBRE DES PURGATIVES.

Rhabarbarum forte Diofcoridis & antiquorum. T. J. R. H. 89. *Rheum Raponticum.* L. S. P.

TOURNEF. claff. 1. fection 3. gen. 6. LINN. Enneandria trigynia. ADANS. 16. Famille des Compofées.

LE RAPONTIC croît naturellement en Afie : on le trouve abondamment fur le Mont-d'Or : on l'obtient dans nos climats par le fecours de la culture. Cette plante demande une terre graffe & meuble, & une belle expofition : on la multiplie par les femences en Mars , ou de plants enracinés fur la fin de Septembre. Sa racine (*a*) fe divife en plufieurs radicules fortes & garnies de groffes fibres : elle devient confidérable par fucceffion d'années : elle jette d'abord hors de terre plufieurs feuilles radicales, portées par de forts pétioles cylindriques. Ses feuilles font grandes, amples, ovaies , terminées en pointe , finuées & même frifées en leurs bords, de la figure des feuilles caulinaires qui font repréfentées dans la planche. Du centre de ces feuilles il s'élève une tige d'un pied & demi de haut, & d'un pouce de groffeur à fa bafe : elle eft creufe , cylindrique, cannelée & noueufe. Les feuilles caulinaires naiffent alternativement aux nœuds de la tige : elles font , comme nous l'avons déja dit , femblables aux feuilles radicales , dont elles ne different que par la grandeur. Les pétioles qui les foutiennent font accompagnés à leur bafe d'une foliole membraneufe. Les fleurs naiffent au fommet de la tige , foutenues par des rameaux qui occupent une partie de fa longueur : elles font rangées en grappes fur chacune des divifions de ces rameaux, & foutenues par des pédicules cylindriques & foibles. Nous avons repréfenté une de ces fleurs (*c*) vue par derriere : elle font à pétales. Le calice eft un tube menu à fa bafe, evafé à fon extrémité, & divifé en fix parties arrondies & inégales, dont trois font grandes & les trois autres plus courtes , qui partagent celles-là naturellement. Le même calice (*d*) eft repréfenté en face & laiffe voir les neuf étamines, dont fix s'étendent à la circonférence deux à deux , dans l'intervalle des grandes divifions du calice ; les trois autres font conftamment plus courtes : elles occupent le centre du calice , & font l'alternative avec les grouppes des grandes étamines. C'eft au milieu de ces étamines que le piftil (*b*) reçoit d'elles la fécondité. Ces trois figures font augmentées à la loupe. Le piftil devient , par fa maturité, un fruit à une loge, & trois valves qui forment, par leur réunion, trois ailes difpofées triangulairement : ces valves font minces & tranfparentes ; elles renferment une feule graine (*f*) dont on ne peut les détacher qu'en les déchirant.

La racine de Rapontic eft d'une odeur affez agréable & d'un goût un peu amer : on nous l'apporte feche d'Afie : on doit la choifir récente , legere , haute en couleur, bien conditionnée en dedans, non cariée , d'un goût un peu amer , vifqueux & aftringent. Elle eft propre pour arrêter les cours de ventre , pour fortifier l'eftomac : on l'emploie auffi pour réfifter au venin. On fubftitue la racine de Rapontic à celle de la rhubarbe de la Chine, en l'ordonnant à double dofe , & depuis une dragme jufqu'à deux & trois en fubftance ; mais plus commodément en infufion à demi-once. M. Chomel ordonne la tifane faite avec une once de Rapontic, coupé par petits morceaux, fur trois chopines d'eau réduites à cinq demi-feptiers , y ajoutant un peu de régliffe.

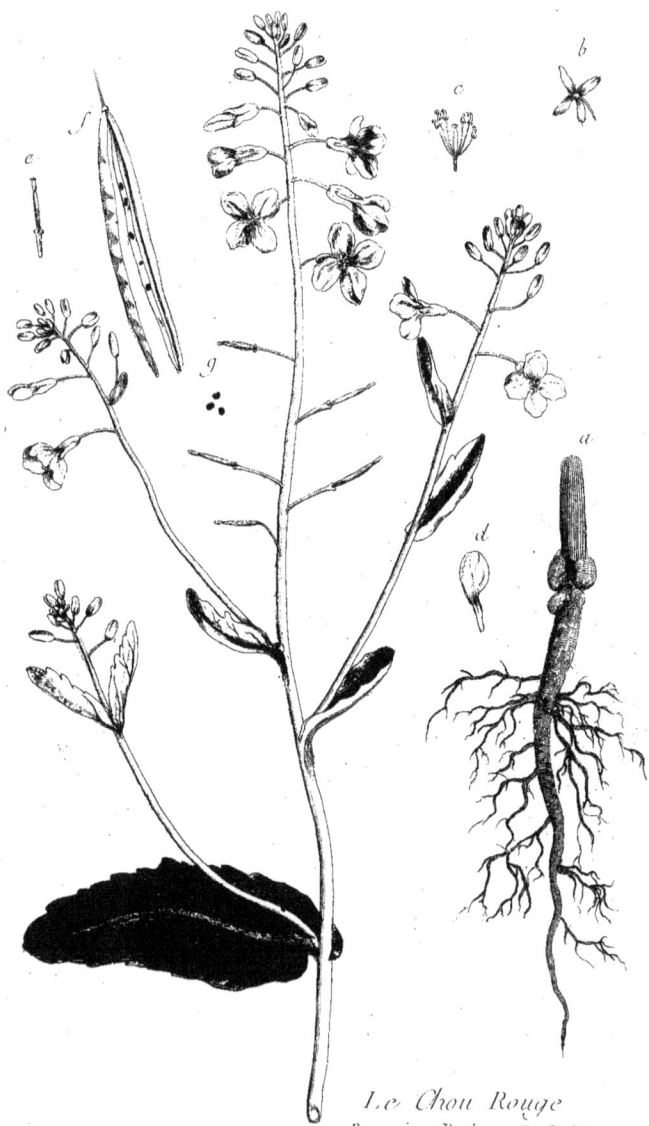

Le Chou Rouge
Brassica Rubra L. S. P.
Ital. Cavolorosso. Angl. Red-Cabbage.

14

LE CHOU ROUGE,

PLANTE BISANNUELLE, DU NOMBRE DES BÉCHIQUES.

Brassica capitata rubra. C. B. P. 111. *Brassica rubra.* L. S. P.

TOURNEF. class. 5. sect. 4. gen. 1. LINN. Tetradynamia siliquosa. ADANS. 52. Fam. des Cruciferes.

L'USAGE DU CHOU ROUGE est aussi commun que celui du Chou blanc, & sa domesticité aussi ancienne : on le cultive l'un & l'autre dans les jardins. La racine de celui-ci (*a*) est un pivot médiocre garni de plusieurs fibres, de laquelle il sort d'abord un grand nombre de feuilles radicales amples : leur grandeur ne nous a pas permis de les représenter dans la planche : elles sont d'un rouge pourpré plus ou moins foncé, suivant la qualité du terrein. Ces feuilles se ramassent naturellement en tête, & forment ce qu'on appelle la tête du Chou. Le travail du Jardinier perfectionne encore cette réunion. Ces feuilles sont alternes, & soutenues par une forte nervure qui se ramifie dans toute l'étendue de la feuille. Du centre de ces feuilles s'élève une tige de quatre ou cinq pieds, & quelquefois plus haute ; car cette espece de Chou s'élève plus haut que les autres, & l'on en voit quelquefois d'aussi hauts que de petits arbres. Ses tiges sont cylindriques, droites, rouges & rameuses. Les feuilles caulinaires sont alternes, ainsi que les radicales, dont elles different essentiellement par la grandeur & par la forme : elles sont oblongues, légérement crenelées à leur bord ; elles embrassent la tige par leur base, & leur forme diminue graduellement jusqu'au sommet des tiges & des branches ; elles sont soutenues, ainsi que les feuilles radicales, par une nervure droite ramifiée ; ces ramifications sont pourprées. Les branches sortent des aisselles des feuilles, & portent les mêmes caracteres que la tige. Les fleurs naissent au sommet de la tige & des branches rangées en épi lâche : elles sont cruciferes, composées de quatre pétales ovales (*b*), dont la base est un onglet, de la longueur des feuilles du calice, lequel est représenté (*b*), composé de quatre feuilles, & soutenu par un pédicule cylindrique & foible. Les parties sexuelles reposent au centre de ce calice ; les six étamines (*c*) qui fécondent le pistil sont attachées par leur base au-dessous de l'ovaire ; il y en a quatre longues, & deux constamment plus courtes & opposées l'une à l'autre ; leurs antheres sont lancéolées. Le pistil (*e*) est composé de l'ovaire & d'un stigmate : il devient par sa maturité une silique (*f*) longue, à deux valves, partagées par une cloison membraneuse & transparente, à laquelle sont attachées les graines (*g*). Ces graines se répandent promptement par la séparation naturelle des valves de la silique.

On n'attend jamais que la graine de Chou seche sur pied pour la serrer ; il suffit qu'elle y mûrisse, puis on l'expose ailleurs pour la faire sécher.

Toutes les especes de Chou sont propres pour les maladies de poitrine, mais on préfere le Chou rouge pour la tisane & les bouillons qu'on prescrit aux pulmoniques. La tisane se fait avec la décoction de deux ou trois poignées de Chou rouge, coupé par morceaux, dans deux pintes d'eau, réduites à trois chopines, à laquelle on ajoute ensuite demi-quarteron de miel blanc qu'on fait écumer. Dans les bouillons faits avec le mou de veau, on ajoute le Chou rouge avec la pulmonaire, les capillaires, &c. Le Chou rouge a donné le nom au *Loock de caulibus Gordonii & Mesue.*

Les feuilles, cuites dans le vin blanc, puis étendues sur les tumeurs des goutteux, après les avoir bassinées avec le vin, sont un excellent remede pour les ramollir, & en adoucir la douleur & l'inflammation.

Heurnius prétend que les Choux rouges sont anti-scorbutiques. Pour l'enrouement & l'extinction de la voix on fait le sirop suivant.

Prenez orge mondé & raisins secs sans pepins, de chacun un gros ; réglisse deux dragmes ; six figues ; hysope & capillaire, de chacun demi-poignée ; pignons blancs, demi-once ; un Chou rouge haché menu : faites bouillir le tout ; & sur chaque livre de décoction, ajoutez une cuillerée ou deux de miel blanc, & suffisante quantité de sucre pour en faire un sirop clair.

Les feuilles de Chou rouge sont si vulnéraires & si détersives, que Tragus assure que des personnes nourries de cette plante ont une urine capable de guérir les fistules carcinomateuses & les ulceres rongeants. Le remede suivant est très bon pour les rhumatismes.

Faites cuire un Chou rouge jusqu'à pourriture & presque à sec, jettez-y alors un bon demi-septier d'eau-de-vie, pour réduire le tout en une espece d'onguent, dont vous ferez un cataplasme pour appliquer chaudement sur la partie souffrante.

On peut faire aussi un sirop très utile pour les asthmatiques de la maniere suivante :

Prenez une pinte de suc de Chou rouge clarifié avec un blanc d'œuf & les coquilles ; ajoutez-y une livre de miel de Narbonne, & l'ayant écumé, faites-y fondre cinq quarterons de sucre, & y mêlez trois dragmes de safran ; faites cuire le tout en consistance de sirop, dont on fera boire une cuillerée le matin & autant le soir.

l'Yeble.

Sambucus ebulus. L. S. P.

G.^{re} de Raquis Romault.   Ital. Sambuco minore. Angl. Danewort Dwarf elder. Allem. Niederholder.

15

L'HIEBLE ou PETIT SUREAU,

PLANTE VIVACE, DU NOMBRE DES PURGATIVES.

Sambucus humilis five Ebulus. C. B. P. 456. *Sambucus Ebulus.* L. S. P.

TOURNEF. claff. 10. feĉt. 6. gen. 1. LINN. Pentandria trigynia. ADANS. 21. Famille des Chevrefeuilles.

L'HIEBLE croît communément dans les terres labourables, dans les champs & dans le voifinage des fontaines. Sa racine (*a*) eft charnue, garnie de quelques fibres dures & tranfparentes. Ses tiges s'élevent d'environ deux pieds : elles font cylindriques, cannelées & rameufes : chaque année les tiges fe renouvellent. Les feuilles font oppofées deux à deux : elles font ailées, compofées de plufieurs folioles rangées par paires, & terminées par une impaire. Ces folioles font oblongues, terminées en pointe, dentelées en maniere de fcie : elles font toutes portées par un pétiole dont la bafe embraffe une partie de la tige, & garnies à leur bafe de ftipules molles de même nature qu'elles. Les rameaux fortent des aiffelles des feuilles, & portent les mêmes caractères que la tige.

Les fleurs naiffent au fommet de la tige & des branches, & dans les aiffelles des feuilles, difpofées en corymbe : elles font portées par des rameaux longs & cylindriques, qui fe divifent à leur fommet en plufieurs rayons ramifiés, & forment par ces fubdivifions une efpece d'ombelle. La bafe des divifions eft accompagnée de deux folioles du même caractère que celles qui compofent les feuilles, ainfi que les ftipules qui fe trouvent à la bafe de ces folioles. Les fleurs font monopétales ; chacune d'elles (*b*) eft un tube court & évafé, découpé en cinq parties, arrondies. Les cinq étamines font attachées au tube de la corolle, & font l'alternative avec fes divifions : elles font courtes ; leurs antheres font ovoïdes, faifant corps avec les filets, marquées de trois fillons longitudinaux. Les deux fillons latéraux font noirs, & celui du centre eft blanchâtre. Le piftil (*c*) eft compofé de l'ovaire, d'un ftil court & cylindrique, & de trois ftigmates hémifphériques. L'ovaire eft pofé fous la fleur ; il devient par fa maturité une baie (*d*) molle, à une feule loge, & remplie de fuc, renfermant les graines (*e*).

Toutes les parties de cette plante font en ufage dans la Médecine. Les Anciens s'en fervoient comme d'un purgatif & d'un apéritif. Sa racine & fa femence purgent plus que celles du fureau ; deux gros de femences d'Hieble, infufées dans un demi-feptier de vin blanc, fans y joindre d'autre purgatif, vuident abondamment les férofités, & conviennent dans les rhumatifmes, la goutte & l'hydropifie. Prenez deux livres de feuilles fraîches, pilez-les, & les faites bouillir dans une livre de beurre de Mai, jufqu'à ce que l'herbe foit feche & grefillée ; paffez-les avec expreffion ; vous en faites un onguent excellent pour la goutte.

Les feuilles d'Hieble, cuites dans l'eau commune, appliquées fur les hémorrhoïdes, entre deux linges, le plus chaudement que le malade les pourra fouffrir, les amortiffent & en appaifent la douleur. La racine d'Hieble, coupée par petits morceaux, applatie avec le marteau, puis bouillie avec la lie de vin blanc pendant deux heures, fait paffer la goutte en deux ou trois jours : on la laiffe un peu refroidir, & on y trempe des linges dont on enveloppe les membres des goutteux le plus chaudement qu'ils peuvent le fouffrir, & on le réitere matin & foir. Ce remede a été communiqué par un Curé charitable envers les pauvres malades, qui l'a fouvent employé avec fuccès. Les racines & les femences de cette plante entrent dans la compofition hydragogue de Charas & de Renou.

La Petite Garance ou l'herbe à l'Esquinancie
Asperula Cynanchica. L. S. P.

Gre de Nancie Regnault. f.

10

LA PETITE GARANCE ou L'HERBE A L'ESQUINANCIE,

PLANTE VIVACE, DU NOMBRE DES ASTRINGENTES.

Rubia Cynanchica. C. B. P. 333. *Asperula Cynanchica.* L. S. P.

TOURNEF. claff. 2. fect. 3. gen. 2. LINN. Tetrandria monogynia. ADANS. 19. Fam. des Aparines.

LA petite Garance qu'on nomme auffi l'herbe à l'Efquinancie, par rapport à fes propriétés, a ce furnom commun avec l'efpece de geranium appellé *herbe à Robert*. Cette plante eft naturelle à tous les climats tempérés : on la rencontre dans les prés arides, dans les terreins fecs & dans les bois. Elle n'acquiert pas à l'ombre des arbres la même grandeur que dans les champs ; il en eft de cette plante comme de prefque toutes les autres, qui varient infiniment par la hauteur & par la couleur, & même par la forme, fuivant l'abondance des fucs qu'elles tirent du fol qui les nourrit, l'air qu'elles refpirent, ou d'autres circonftances dont la Nature nous fait un myftere.

La racine de l'herbe à l'efquinancie (*a*) eft longue, pivotante : elle devient groffe par fucceffion d'années : elle eft ligneufe & garnie de fibres très fines. Nous avons repréfenté la tige naiffante attachée à la racine. Les feuilles font d'abord ramaffées en paquets : avant leur développement elles font ouvertes, & appliquées à plat les unes en face des autres. Les tiges s'élevent d'environ un pied & demi : elles font ou droites ou couchées à terre, anguleufes, noueufes & rameufes.

Les feuilles font groupées à chaque nœud de la tige ; leur nombre eft indéterminé, depuis deux jufqu'à fix : les inférieures font ordinairement oppofées fix à fix ; les intermédiaires quatre à quatre : elles font longues, de la forme d'une alêne, & à trois angles ; celles du fommet font linéaires, deux à deux, & le plus fouvent quatre à quatre. Les branches, ainfi que les feuilles, tirent leur origine des nœuds de la tige, & portent les mêmes caracteres qu'elle.

Les fleurs naiffent au fommet de la tige & des branches, & quelquefois dans les aiffelles des feuilles : elles font difpofées en une efpece d'ombelle, fans être pourtant une ombelle bien caractérifée. Ces fleurs font monopétales ; chacune d'elles eft un tube (*b*) court, menu à fa bafe, évafé à fon extrémité, & divifé en quatre dents arrondies ; ce nombre eft le caractériftique des divifions de la corolle, quoique le plus fouvent elle ne foit partagée qu'en trois divifions, comme nous l'avons démontré dans la figure (*c*), où la corolle eft repréfentée ouverte, & laiffe voir les étamines, dont le nombre eft affez ordinairement égal aux divifions. Les étamines font courtes, attachées par leur bafe fur un feul rang, vers le milieu du tube de la corolle, alternativement avec fes divifions, & oppofées avec les divifions du calice. Le calice eft divifé en quatre dents aiguës ; nous l'avons repréfenté dans la même figure que le piftil (*d*). Celui-ci eft compofé de l'ovaire, d'un ftil & de deux ftigmates réunis. Les femences (*e*) qui fuccedent au piftil font attachées deux à deux.

La petite Garance a les mêmes propriétés que les autres plantes aftringentes : on l'emploie en cataplafme, en décoction & en tifane ; mais fa propriété la plus recommandable, & à laquelle elle doit le nom d'herbe à l'efquinancie, eft dans cette maladie, & dans les maux de gorge, pour lefquels on l'emploie en gargarifme.

La Patience des Jardins.

Rumex Patientia L. S. P.

Ital. Lapazio domestico Angl. Monks Rhubarb. Allem. Munchs-Rhubarber.

G.re de Nangis Regnault f.

17

LA PATIENCE DES JARDINS,

PLANTE VIVACE, DU NOMBRE DES APÉRITIVES.

Lapathum hortenfe folio oblongo, five 2. Diofc. C. B. P. 114. *Rumex Patientia.* L. S. P.

TOURNEF. claff. 15. fection 2. gen. 2. LINN. Hexandria trigynia. ADANS. 39. Famille des Perficaires.

LA PATIENCE croît naturellement en Italie & dans les pays chauds; dans nos climats, on la cultive dans les jardins : elle demande une bonne terre & une belle expofition : on la feme au mois de Mars, ou on la multiplie de plants enracinés vers la fin de Septembre. Sa racine (*a*) eft longue : elle fe partage en plufieurs radicules, garnies de longues fibres. Les tiges s'élevent de cinq à fix pieds : elles font cylindriques, cannelées & rameufes vers le fommet. Les feuilles radicales qui précedent la tige font longues d'un pied, prefque égales dans leur longueur, terminées en pointe & foutenues par de longs pétioles : celles qui accompagnent la tige font alternes, de la forme des radicales; elles en different cependant par la longueur, & en ce qu'elles font attachées à la tige par leur bafe. Les branches naiffent dans les aiffelles des feuilles, & portent elles-mêmes des feuilles femblables à celles de la tige.

Les fleurs naiffent au fommet de la tige & des branches, & dans les aiffelles des feuilles, difpofées en grappe & foutenues par des pédicules cylindriques & foibles. Ses fleurs font à étamines : elles font hermaphrodites. Le piftil (*b*) eft compofé de l'ovaire, de trois & quelquefois de quatre ftils, qui fe terminent par autant de ftigmates, difpofés en houppes foyeufes; il eft environné de fix étamines qui font attachées à la bafe, au-deffous de l'ovaire. Ces étamines font foutenues par des filets foibles, que les antheres font courber par leur poids. Les parties fexuelles font placées au centre du calice (*c*), qui fait l'office de la corolle, lequel eft partagé en fix divifions inégales, dont trois font grandes & arrondies : ces trois divifions font partagées & foutenues alternativement par trois autres plus petites, comme on le voit dans la figure (*d*), où le calice eft vu par derriere : ces trois figures font augmentées au microfcope. Le fruit (*e*) qui fuccede au piftil eft compofé de trois valves membraneufes qui fe réuniffent intimement, & forment, par leur réunion, trois ailes difpofées triangulairement : au centre de ces valves fe trouve renfermée une feule graine (*f*).

On emploie les racines de Patience comme celles de l'ofeille, à laquelle on la fubftitue; on en ratiffe une ou deux onces qu'on fait bouillir dans les décoctions, ou bouillons apéritifs. Quelques-uns ajoutent demigros de tartre martial foluble fur chaque bouillon. La tifane de patience eft utile à ceux qui ont des dartres, de la gale, ou quelque autre maladie de la peau, fur-tout lorfqu'on y ajoute autant de racine d'aunée : ces deux racines font la principale vertu de l'onguent pour la gale, fi familier dans les hôpitaux & dans les campagnes. Pour le faire, on fait bouillir dans un peu d'eau & affez de beurre, quatre onces de racines de Patience, & autant de celle d'aunée coupée menu; on les paffe par un tamis, & on mêle une once & demie de fleur de foufre, avec fix onces de ce qui eft paffé; cet onguent ne réuffit jamais mieux que lorfqu'on en frotte les malades après les avoir fait faigner & purger, une ou deux fois.

Willis eftime l'infufion de la racine de Patience faite dans la biere comme un excellent anti-fcorbutique. Simon Pauli loue fort la décoction de cette racine faite avec la fiente de coq ou de poule pour en baffiner les parties galeufes. Le même Auteur fe fervoit de la poudre de cette racine, mêlée avec du vinaigre, pour arrêter le feu volage.

Cette racine pilée s'applique avec fuccès fur les ulceres des jambes. La tifane de patience eft bonne dans l'ébullition de fang & l'éréfipele; fa femence en poudre eft propre pour arrêter le cours de ventre. M. Ray y ajoute la poudre la racine de tormentille, avec le fucre rofat & la poudre de coquille d'œuf.

Si la racine de Patience, dit Chomel, venoit de fort loin, paffoit les mers, on en feroit fans doute plus de cas qu'on n'en fait : mais on marche deffus dans les campagnes; le moyen d'y penfer ? C'eft cependant un des meilleurs remedes pour l'eftomac, pour le foie, & pour toutes les maladies opiniâtres de la peau. Elle fe prend en tifane, en bouillon, en poudre, en opiat : elle eft apéritive, diurétique, hépatique, cordiale : on peut la fubftituer à l'eau de rhubarbe, fi mal à propos vantée pour les maladies des enfants. Sa dofe eft d'une once pour une pinte d'eau.

La Patience entre dans l'onguent *martiatum* de Nicolas d'Alexandrie.

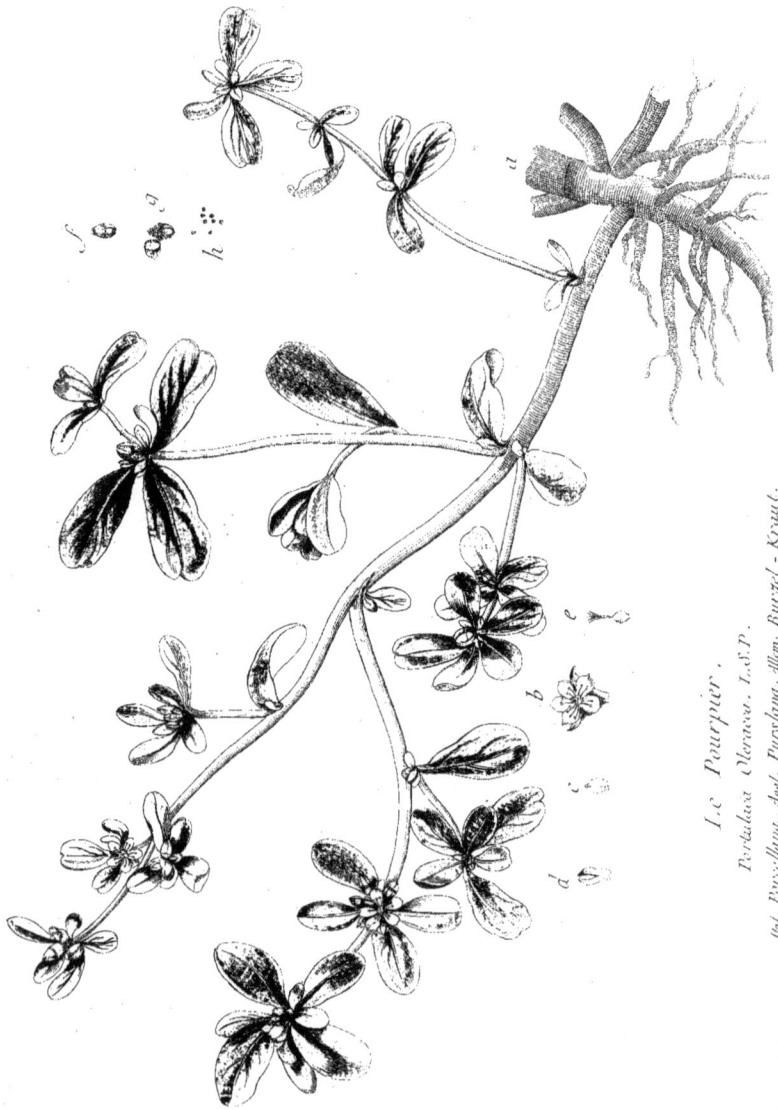

Le Pourpier.

Portulaca Oleracea. L.S.P.

Ital. Porcellana. Angl. Purselane. Allm. Burzel - Kraut.

Et. h. François Regnault.

18

LE POURPIER,

PLANTE ANNUELLE, DU NOMBRE DES RAFRAÎCHISSANTES.

Portulaca latifolia five sativa. C. B. P. 288. *Portulaca oleracea.* L. S. P.

TOURNEF. claff. 6. fection 1. gen. 2. LINN. Dodecandria monogynia. ADANS. 32. Famille des Pourpiers.

LE POURPIER eft une de ces plantes qui, par fon abondance, nous a rendu, pour ainfi dire, indifférents fur fes propriétés : elle croît naturellement dans les terreins gras : on la cultive dans les potagers, & nous devons plutôt les foins que l'on donne à fa culture aux avantages que l'on en retire comme comeftible, qu'à fes vertus médicinales. Sa racine (*a*) eft un pivot fimple, garni de quelques fibres tendres & caffantes. Les tiges s'élevent d'environ un pied & demi : elles font droites, rampantes : elles font cylindriques, liffes, tendres, rameufes & rougeâtres. Les feuilles font alternes & oppofées : elles font oblongues, terminées en cœur, graffes, charnues & luifantes.

Les fleurs naiffent indifféremment, ou dans les aiffelles des feuilles, ou attachées immédiatement à la tige : elles font rofacées ; chacune d'elles (*b*) eft compofée de cinq pétales (*c*) ovales : elle repofe dans le calice (*d*), lequel eft compofé de deux feuilles qui tombent avec les pétales de la fleur. Le nombre des étamines eft indéterminé, depuis dix jufqu'à vingt : elles font médiocres. Le piftil (*e*) eft placé au centre de la fleur ; il eft compofé de l'ovaire & d'un ftil qui fe divife en quatre ftigmates.

Le fruit (*f*) qui fuccede au piftil eft une capfule compofée de deux valves ou calottes qui s'ouvrent horizontalement, comme nous l'avons repréfenté dans la figure (*g*) : ces deux valves, par leur réunion, forment une feule loge qui renferme les graines (*h*).

La culture du Pourpier demande quelques foins : on le feme en hiver fur couche : on le couvre de cloches ; & dès le mois de Février, outre les cloches, il faut encore bien le couvrir avec des paillaffons, pour le garantir des frimats de la faifon qui le feroient périr.

Pour en obtenir la graine, on replante des pieds affez forts dans des planches bien préparées, & on les efpace d'un bon pied. Les mois de Mai, de Juin & de Juillet font propres pour cette récolte. Dès que les capfules menacent de s'ouvrir, on coupe tous les montants pour les mettre fécher au foleil fur un drap. Quand la graine eft bien feche, on la broie dans les mains & on la nettoie bien, puis on la met fur quelque autre linge pour la faire fécher parfaitement avant de la ferrer. Les gros cotons du Pourpier replantés pour graine, lorfqu'ils commencent à fleurir, font ceux qu'on confit dans du fel & du vinaigre, pour fervir l'hiver en falade comme les cornichons.

Le Pourpier eft une des plantes les plus rafraîchiffantes ; l'eau diftillée ou le fuc de fes feuilles fe donne à deux, trois & quatre onces dans les fievres ardentes, pour calmer l'impétuofité du fang & des efprits. Cette eau a une odeur qui lui eft propre, quoique la plante ne fente rien.

On applique fur le front le Pourpier dans les violents maux de tête, employé comme nous l'avons dit ci-deffus. Dans les hémorrhagies & les pertes de fang des femmes, l'eau de Pourpier eft fouvent un des remedes les plus affurés. Chomel dit l'avoir éprouvé. La dofe eft de deux à quatre onces.

Cette eau eft bonne contre les vers ; le même Auteur dit en avoir donné à des enfants avec fuccès : on peut leur faire avaler le fuc, qui fait le même effet à la même dofe. Le Pourpier eft propre pour le fcorbut & pour le crachement de fang. Il a vu, dit-il, très fouvent réuffir dans la dyffenterie bilieufe un bouillon fait dans un pot de terre verniffé, luté, & dans lequel on mettoit lit fur lit, une livre de veau coupé par tranches, & deux grandes poignées de Pourpier, mis auffi par couches entre chaque tranche de veau : on y ajoute une chopine d'eau commune pour deux petits bouillons. Ce remede calme les entrailles & l'ardeur de la bile. Dans les fievres putrides, épidémiques, dans la fuette, dans les fievres vermineufes, dans les fievres pourprées, le Pourpier ajouté dans les bouillons ordinaires, eft un très bon remede ; fon fuc, mêlé avec le miel rofat, eft bon pour graiffer les hémorrhoïdes, dont il appaife la douleur & l'inflammation ; fes feuilles mâchées appaifent la douleur des dents agacées pour avoir mangé des fruits verds.

Le Giroflier jaune ou Violier.
Cheiranthus Cheiri. L. S. P.
Ital. Viola Gialla. Angl. Wallflower. Allem. Gelbe Violen-Stock.

Gie de Danais Regnault f.

9

LE GIROFLIER JAUNE ou VIOLIER,

PLANTE VIVACE, DU NOMBRE DES HYSTÉRIQUES.

Leucoium luteum vulgare. C. B. P. 202. *Cheiranthus cheiri.* L. S. P.

TOURNEF. claff. 5. fection 4. gen. 2. LINN. Tetradynamia filiquofa. ADANS. 52. Famille des Cruciferes.

LE GIROFLIER (I.) croît naturellement fur les rochers, dans les mafures ; fon abondance fur les vieux murs a fait donner à fa fleur, vulgairement, le nom de *Giroflier de muraille.* Sa racine (*a*) eft une radicule fimple , garnie de quelques fibres. Ses tiges s'élevent d'environ deux pieds : elles font droites, rameufes. Les rameaux deviennent prefque de la même hauteur que les tiges, & s'alongent, ainfi qu'elle, à mefure que les fleurs fe développent. Les feuilles font alternes, longues, menues, à leur bafe : elles s'élargiffent vers le milieu de leur longueur & fe terminent en pointe : elles font entieres, unies à leurs bords, partagées par une nervure droite, & attachées à la tige par leur bafe. Les rameaux fortent des aiffelles des feuilles, & portent les mêmes caracteres de la tige.

Les fleurs naiffent au fommet de la tige & des branches, rangées en épi, portées par des pédicules cylindriques, foibles. Ces fleurs font cruciformes, compofées de quatre pétales (*b*) ovales, terminées par un onglet de la longueur du calice. La grandeur de ces pétales augmente confidérablement par la culture, & cette augmentation fait perdre aux fleurs en parfum ce qu'elles gagnent en grandeur. Nous avons repréfenté (II.) la premiere variété que la culture lui fait éprouver : elles ne different que par la grandeur ; mais les Curieux font parvenus à force de foins à dénaturer, pour ainfi dire, la plante : on obtient par la culture non feulement des fleurs doubles, mais des fleurs de diverfes couleurs : on en compte jufqu'à trente-quatre efpeces : de blanche, de violette, de marbrée : dans le nombre des variétés, quelques-unes ont mérité la préférence des Amateurs. La grande giroflée, de couleur d'écarlate, eft eftimée des Fleuriftes à caufe de fon éclat & de fa grandeur, quoiqu'elle ait le défavantage de produire rarement plus d'un jet de fleur. La giroflée des Alpes , jaune-pâle à fleurs double & feuilles étroites, eft au contraire très abondante en fleurs : elle tient auffi un rang diftingué ; mais la grande giroflée double, rougeâtre en dehors, jaune en dedans, femble l'emporter fur toutes par le contrafte de ces deux couleurs, & par l'agréable odeur qu'elle répand. Revenons à notre plante. Le piftil (*c*) eft environné de fix étamines (*d*), dont les antheres ont la forme d'un fer de fleche. Toutes les parties de la fleur repofent au fond du calice (*e*), lequel eft compofé de quatre feuilles égales, qui tombent à la maturité du fruit. Le fruit (*f*) eft une filique à deux valves, partagées par une membrane tranfparente : elle s'ouvre longitudinalement, & répand les graines (*g*).

Les feuilles & les fleurs font en ufage en Médecine : on les ordonne en infufion dans le vin blanc : on met une poignée pour une chopine. Ce remede convient aux filles qui ne font pas encore régléés. M. Chomel dit l'avoir vu fouvent réuffir dans la rétention d'urine ; il eft propre à défoppiler les vifceres & emporter les obftructions. L'huile des fleurs de Violier jaune, faite par infufion , eft bonne pour le rhumatifme : elle eft auffi réfolutive, fur-tout l'huile qu'on prépare par infufion de fes fleurs.

Le Giroflier eft auffi céphalique : on emploie les fommités entre fleurs & graines ; leur infufion ou macération à froid eft utile aux perfonnes fujettes aux étourdiffements, aux mouvements convulfifs, aux engourdiffements de quelques parties du corps, & à ceux qui font menacés de paralyfie.

Le Poivre d'Inde ou de Guinée.
Capsicum Annuum. L. S. P.
Ital. Pepere. Angl. Peper.

G.de de Rangis Regnault f.

20

LE POIVRE DE GUINÉE ou D'INDE,

PLANTE ANNUELLE, DU NOMBRE DES ERRHINES.

Piper indicum vulgatiſſimum. C. B. P. 102. *Capſicum annuum.* L. S. P.

TOURNEF. claſſ. 2. ſect. 6. gen. 5. LINN. Pentandria monogynia. ADANS. 18. Fam. des Solanum.

LE ſurnom de cette plante annonce le lieu de ſon origine : on la cultive dans les jardins en Europe. Sa racine (*a*) eſt un pivot garni d'une infinité de fibres médiocres. Ses tiges s'élevent d'environ un pied & demi :
elles ſont droites, cannelées & rameuſes.

Les feuilles ſont entieres, ovales, terminées en pointe & unies. Les branches ſortent des aiſſelles des feuilles,
& portent les mêmes caracteres que la tige.

Les fleurs naiſſent dans les aiſſelles des feuilles, où elles ſont ſoutenues par de longs pédicules, droits & fermes. Ces fleurs ſont monopétales ; chacune d'elles eſt un tube (*c*) évaſé preſque à ſa baſe , découpé en cinq
parties aiguës. Les cinq étamines ſont repréſentées dans la corolle ouverte (*b*) : elles ſont attachées par leurs
baſes à l'origine interne du tube, & n'en excedent point les diviſions : elles environnent le piſtil , lequel eſt
compoſé de l'ovaire, du ſtil & d'un ſtigmate qui en eſt peu diſtinct. Toutes les parties de la fleur repoſent
dans le calice (*d*) ; c'eſt un tube court à cinq diviſions. Le piſtil devient, par ſa maturité, un fruit (*e*), lequel
eſt une baie à deux loges ſans pulpe , partagée par une cloiſon , comme nous l'avons repréſentée dans la figure (*f*), où le fruit eſt coupé tranſverſalement, & laiſſe voir l'arrangement des graines (*g*).

Le fruit ou les capſules de cette plante ne ſont guere en uſage dans la Médecine. La ſemence eſt d'une
âcreté intolérable; la ſeule gouſſe ou capſule qui l'enveloppe eſt ſupportable : on la confit au ſucre, & on en
mange une demi-once au plus pour diſſiper les vents, aider à la digeſtion, & fortifier l'eſtomac.

Les Vinaigriers s'en ſervent pour donner plus de force au vinaigre. Suivant le rapport de quelques-uns,
les Eſpagnols, auſſi bien que les Indiens, s'accoutument dès leur jeuneſſe à manger ce fruit crud, qui nous
mettroit la gorge en feu, ſi nous voulions en goûter. L'uſage inconſidéré de ce fruit peut cauſer la dyſſenterie.

La Germandrée ou Petit Chêne.

Teucrium Chamædrys, L. S. P.

Ital. Quercivola. Angl. Germander. Allem. Gem œnderlein.

Gr.^{ve} de Bunis Raynault f.

21

LA GERMANDRÉE, PETIT CHÊNE ou CHÉNETTE,

PLANTE VIVACE, DU NOMBRE DES FÉBRIFUGES.

Chamædrys major, repens. C. B. P. 248. *Teucrium Chamædrys.* L. S. P.

TOURNEF. claff. 4. fect. 4. gen. 1. LINN. Didynamia gymnofpermia. ADANS. 25. Famille des Labiées.

LA GERMANDRÉE croît naturellement dans les bois, fur les côteaux fecs & arides : elle eft fur-tout abondante dans les provinces méridionales de France. Sa racine (*a*) eft compofée de quelques fibres menues, garnies de chevelus : elle eft tranfparente, & pouffe chaque année des rejettons par lefquels la plante fe multiplie. Les tiges s'élevent d'environ un pied : elles font quadrangulaires, rampantes pour l'ordinaire, & quelquefois droites, légérement velues & rameufes. Les feuilles font oppofées deux à deux, & difpofées en croix le long de la tige : elles font feffiles, entieres, oblongues, étroites à leur bafe, terminées en pointe, obtufes, découpées affez réguliérement en leur bords. Les branches fortent des aiffelles des feuilles : elles fe ramifient de nouveau, & portent, ainfi que leurs rameaux, les mêmes caracteres que la tige.

Les fleurs naiffent dans les aiffelles des feuilles deux par deux & quelquefois trois autour de la tige : elles font foutenues par des pédicules longs & foibles. Ces fleurs font labiées, hermaphrodites ; leur corolle eft un tube repréfenté (*b*) cylindrique à fa bafe, recourbé vers le milieu : on ne remarque à fon extrémité qu'une levre inférieure, la place de la fupérieure eft occupée par les étamines : cette levre eft divifée en cinq parties, comme nous l'avons démontré dans la figure (*c*), où la corolle eft ouverte par le milieu fupérieur du tube ; la partie inférieure & miroyenne de la levre eft prefque ovale, & creufée en forme de cuiller ; les quatre latérales font des efpeces de languettes, dont les deux plus voifines de la premiere font obtufes, les deux qui les fuivent font plus petites & terminées en pointe. Les quatre étamines que l'on voit dans la même figure font attachées intérieurement par leur bafe à la partie fupérieure de la corolle. Le piftil eft placé au-deffous des étamines & attaché au fond du calice (*d*) ; il eft compofé de l'ovaire, d'un ftil & de deux ftigmates. Le calice eft repréfenté ouvert ; il eft monophylle, découpé peu profondément en cinq parties aiguës ; il perfifte jufqu'à la maturité de l'embryon, qui donne alors, par fa défunion, quatre graines obrondes (*e*). On a prétendu trouver de la reffemblance entre les feuilles de cette plante & celles du chêne, c'eft ce qui a valu à la plante le nom de *petit chêne*. La Germandrée eft incifive, apéritive, fudorifique, arthritique, vulnéraire : elle leve les obftruction : elle déterge les vieux ulceres : on s'en fert extérieurement & intérieurement. L'infufion de Germandrée, prife intérieurement, à la dofe de quelques gouttes, dans du vin, eft emménagogue, & provoque les écoulements périodiques fupprimés par les relâchements des folides.

Cette plante eft employée dans les maladies du foie & de la rate, dans la fuppreffion des urines, dans les pâles couleurs & dans la jauniffe, dans les fievres intermittentes les plus opiniâtres, dans le commencement de l'hydropifie, dans le fcorbut même, & dans la goutte. La Germandrée réuffit également, foit en poudre, en infufion, en décoction, ou en extrait, à la même dofe que la petite centaurée. Chomel dit avoir vu des fievres qui avoient réfifté au kinkina, céder à la Germandrée & à la petite centaurée mêlées enfemble, & prifes en infufion dans le vin blanc. Véfale affure que Charles-Quint paffant par Gênes, les Médecins lui confeillerent la décoction de Germandrée comme un grand remede pour la goutte. Cette décoction, prife avec un peu de miel écumé, chaudement comme un bouillon, eft un remede pour la vieille toux, qui n'eft pas à méprifer, fur-tout pour les perfonnes qui font d'un tempérament froid & humide.

La Germandrée entre dans les firops hydragogue, apéritif & cachectique de Charas, dans l'huile de fcorpion compofée, dans l'onguent *martiatum*, dans le mondificatif d'ache, dans la thériaque, dans l'*hiera diacolocynthidos*, dans le firop d'armoife de Rhafis, & dans le firop de chamædrys de Bauderon.

l'Ambroisie ou Thé du Mexique.

Chenopodium Ambrosioides . L . S . P.

Ital. te. Messico. Angl. Mexico Thea. Allem. Mexicher thee.

G.^ne de Nangis Regnault f.

22

L'AMBROISIE ou THÉ DU MEXIQUE,

PLANTE ANNUELLE, DU NOMBRE DES HYSTÉRIQUES.

Botrys Ambrosioides Mexicana. C. B. P. 138, 516. *Chenopodium Ambrosioides.* L. S. P.

TOURNEF. claff. 15. fect. 2. gen. 4. LINN. Pentandria digynia. ADANS. 35. Famille des Blitum.

L'AMBROISIE croît naturellement au Mexique & en Portugal : on la cultive dans nos jardins, où elle fe naturalife, pour ainfi dire, par la facilité qu'elle a à fe reproduire par les femences. Sa racine (*a*) eft un pivot fimple, garni de quelques fibres. Ses tiges s'élevent d'environ deux pieds : elles font droites, cannelées & rameufes. Les feuilles naiffent alternativement le long de la tige, où elles font attachées par leur bafe : elles font entieres, oblongues, terminées en pointe & légérement découpées en leurs bords. Les rameaux fortent des aiffelles des feuilles, & portent les mêmes caractères que la tige. Les fleurs font rangées en grappe fur des rameaux qui s'élevent dans les aiffelles des feuilles; le long de ces rameaux, il naît plufieurs folioles alternes dans les intervalles des fleurs. Ces folioles font entieres, oblongues, pointues & unies. Les fleurs font portées fur les rameaux par des pédicules courts & cylindriques. Le calice, dans ces fleurs, fait l'office de corolle ; nous l'avons repréfenté (*b*) vu de face ; il eft divifé en cinq fegments arrondis. Le piftil (*e*) eft placé au centre : il eft compofé de l'ovaire, & de deux ftigmates difpofés en cornes ; il eft environné des cinq étamines qui font l'alternative avec les divifions du calice. Les filets des étamines font longs & les antheres font tefticulaires. Nous avons repréfenté le calice (*c*) vu par deffous; il fe referme, comme on le voit dans la figure (*d*), pour protéger la maturité des graines (*f*).

L'odeur forte & aromatique de cette plante femble indiquer qu'elle abonde en fel volatil aromatique huileux, comme l'affure Emmanuel Konig. Ainfi les Auteurs ont eu raifon de lui attribuer la vertu de pouffer les écoulements périodiques & les vuidanges, foit qu'on l'applique extérieurement fur la région de la matrice en forme de cataplafme, après l'avoir fait bouillir légérement dans le vin, foit qu'on en donne intérieurement l'infufion à la maniere du thé. La conferve qu'on en prépare avec le fucre ou le firop a les mêmes vertus. Ces préparations font auffi très utiles aux afthmatiques & à ceux qui ont de la peine à refpirer. Matthiole affure qu'il a guéri des perfonnes qui crachoient le pus, en leur faifant ufer de cette plante réduite en poudre, & liée enfuite avec le miel, en confiftance d'électuaire.

M. Hermans loue l'eau diftillée de cette plante pour les enfants qui ont le ventre enflé, & pour diffiper les vents ; il faut leur en donner par cuillerées : il ordonne de faire bouillir deux poignées de cette plante dans du vin, & d'y ajouter un peu de miel pour ceux qui ont une refpiration difficile. On met l'ambroifie dans les habits & dans le linge pour les garantir de la vermine, & pour leur communiquer fa bonne odeur.

Fernandès avance que cette plante, cuite avec les aliments, fortifie les afthmatiques & les phthifiques, auxquels elle fournit un aliment agréable : il ajoute que la décoction de fa racine arrête la dyffenterie & diffipe l'inflammation. On l'emploie avec fuccès en cataplafme pour nettoyer les anciens ulceres des jambes.

I.e Radix

Brassica Rapa. L. S. P.

Ital. Rapa. Angl. Radish. Allem. Rübe.

Gve de Nangis Regnault f.

23

LE RADIS,

PLANTE BISANNUELLE, DU NOMBRE DES APÉRITIVES.

Raphanus majus orbicularis, vel rotundus. C. B. P. 96 (*). *Raphanus fativus.* L. S. P.

TOURNEF. claff. 5. fect. 4. gen. 13. LINN. Tetradynamia filiquofa. ADANS. 52. Famille des Cruciferes.

LE RADIS differe fi peu de la Rave pour le caractere de la tige, des feuilles & des fleurs, que nous avons cru devoir les réunir dans le même article. Ils croiffent naturellement dans quelques endroits de l'Italie : on les cultive dans nos potagers pour leurs racines, qui fe mangent lorfqu'elles font encore tendres. Celle du Radis (*a*) eft ordinairement ronde, pivotante, blanche, garnie à fon extrémité de quelques fibres, charnue & fucculente. Celle de la Rave, qui eft connue de tout le monde, eft longue, pivotante, garnie de quelques fibres dans toute fa longueur, d'une couleur de pourpre. Cette couleur eft d'un éclat très vif lorfqu'elle eft encore jeune ; mais l'accroiffement la fait dégénérer & fouvent la lui fait perdre. Il s'éleve de la tige plufieurs feuilles radicales, foutenues par des pétioles médiocres : elles font ailées, découpées profondément, & dentelées inégalement en leurs bords. La tige fort du centre des feuilles radicales : elle s'éleve de deux à trois pieds : elle eft droite, cylindrique, creufe & rameufe. Les feuilles naiffent alternativement le long de la tige & des branches. Celles de la bafe (dont une eft repréfentée attachée à la tige) font de la forme des radicales : elles perdent leurs profondes découpures à mefure qu'elles approchent du fommet, & deviennent feffiles, longues, étroites & terminées en pointe. Les branches fortent des aiffelles des feuilles, & portent les mêmes caracteres que la tige. Comme le format de la planche ne nous a pas permis de repréfenter la plante depuis la racine jufqu'au fommet, nous avons coupé une des branches (*b*) où font portées les fleurs : elles font rangées en épi terminal & efpacé : elles font cruciferes, compofées de quatre pétales ovales (*c*), dont la bafe eft un onglet délié de la longueur du calice. Le piftil (*d*) eft environné des fix étamines, dont quatre font conftamment longues & égales entre elles ; les deux autres font courtes & oppofées. Toutes les parties de la fleur font raffemblées dans le calice (*e*), lequel eft compofé de quatre feuilles longues & étroites, dont la chûte précede la maturité du fruit. Le fruit (*f*) eft une filique renflée, dont les deux valves font féparées par une cloifon membraneufe (*g*) qui la partage en deux loges, comme nous l'avons démontré dans la figure (*h*), où la filique qui renferme les femences (*i*) eft coupée tranfverfalement.

Le plaifir de la table n'eft pas le feul motif de la culture des Raves. La nourriture abondante qu'elles fourniffent aux beftiaux mérite l'attention du Cultivateur. On feme les Raves en Juillet par un temps un peu humide, après qu'on a dépouillé la navette ou les orges primes. Il ne faut que deux livres & demie de graine de Rave pour enfemencer un arpent, parcequ'elle eft fort menue ; & pour la femer également, on prend autant de boiffeaux de fable, qu'il faudroit de boiffeaux de bled pour emblaver le terrein qu'on a choifi : le fable de mer, quand on peut en avoir, vaut encore mieux, parcequ'il fertilife la terre par les fels qu'il contient. Il faut avoir une demi-barique, muid ou baquet, y mettre une couche de fable au fond, & par deffus une couche bien claire de graine, & ainfi alternativement de couche en couche jufqu'à ce que toute la graine foit mêlée avec le fable ; enfuite on feme l'un & l'autre fur terre à pleine main, comme le bled. On doit faire le labour & la femaille le plutôt que l'on peut, à caufe des chaleurs de la faifon qui fécheroient la terre ; les racines en ont auffi plus de temps à groffir & à fructifier, quand on les a femées fans perdre un moment, fur-tout quand on l'a fait par un temps difpofé à la pluie, & qu'il a effectivement plu après la femaille.

Auffi-tôt que la femence eft répandue, il faut herfer la terre avec une petite herfe renverfée, à la queue de laquelle on met des épines, feulement pour couvrir la graine d'un peu de terre légere.

Pour faire groffir ces racines en terre, on roule par deffus, au commencement d'Octobre, une barique pleine d'eau ; elle abat les feuilles, & les racines profitent feules de toute la nourriture. Quand la feuille commence à jaunir d'elle-même & fans accident, c'eft la marque que les racines font mûres, & elles ne groffiffent plus : cela arrive ordinairement fur la fin de Novembre. Alors on les tire de terre, & jamais on ne doit attendre les grandes gelées. On doit couper tout le feuillage en les arrachant, parcequ'il les échaufferoit ; enfuite on les garde pour le befoin, dans quelque endroit à couvert de la pluie qui les feroit pourrir : elles fe conferveront ainfi pendant quatre, fix & dix mois. Les racines de Raves valent mieux au bétail que le foin ; elles les engraiffent davantage, & les femelles en ont beaucoup plus de lait.

La décoction de la Rave eft bonne pour les engelures, quand on s'en lave fouvent les mains & chaudement.

Le fuc de Radis s'emploie dans les maladies des reins & de la veffie, caufées par des glaires ou du gravier : on en donne trois ou quatre onces avec demi-once de miel, le matin, trois ou quatre jours de fuite : l'eau diftillée s'ordonne jufqu'à quatre onces dans les potions apéritives ; il ne faut pas en donner à ceux qui ont la pierre, car cette eau charrie trop les fels urineux dans la veffie.

(*) Il y a une erreur dans la phrafe triviale de *Linnæus* qui eft au bas de la plante, dont nous ne nous fommes apperçus qu'après l'impreffion de la planche.

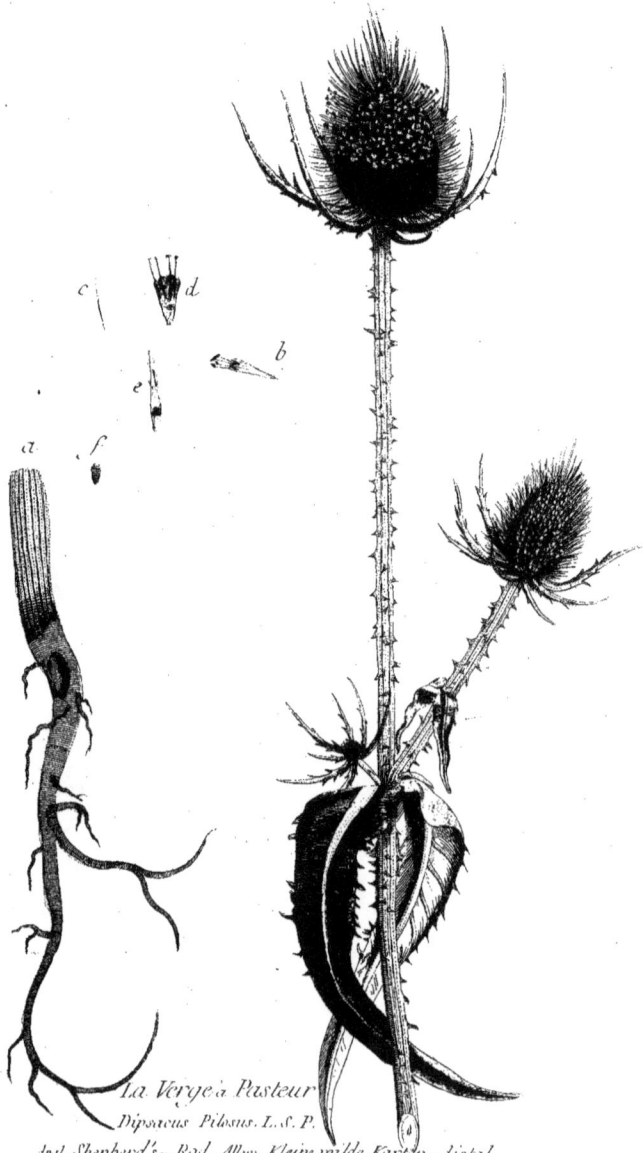

La Verge à Pasteur
Dipsacus Pilosus. L. S. P.
Angl. Shepherd's - Rod. Allem. Kleine wilde Karten - distal.

Gm de Pangis Regnault

24

LA VERGE A PASTEUR,

PLANTE BISANNUELLE, DU NOMBRE DES OPHTHALMIQUES.

Dipfacus fylveftris capitulo minore, feu Virga Paftoris. C. B. P. 385. *Dipfacus pilofus.* L. S. P.

TOURNEF. claff. 12. feᶜt. 6. gen. 2. LINN. Tetrandria monogynia. ADANS. 20. Famille des Scabieufes.

LA VERGE A PASTEUR, que l'on confond facilement avec le chardon à foulon, fe trouve abondamment aux bords des étangs, le long des foffés humides. Sa racine (*a*) eft fimple ; c'eft un pivot grêle, garni de quelques fibres : elle pouffe des tiges hautes de trois à quatre pieds. Ces tiges font droites, creufes & cannelées, armées dans toute leur longueur d'épines fortes & aiguës.

Les feuilles font oppofées deux à deux le long de la tige, qu'elles embraffent en partie par leur bafe. Ces feuilles font longues, larges à leur bafe, diminuant jufqu'à leur extrémité où elles fe terminent en pointe : elles font partagées & foutenues dans leur longueur par une nervure droite, unie en deffus, & garnie en deffous, dans toute fa longueur, d'épines courtes & droites. Les branches fortent des aiffelles des feuilles : elles font épineufes comme la tige, & portent des feuilles plus petites qu'elle, mais de même caraᶜtere.

Au fommet de la tige & des branches il s'élève un amas circulaire de fleurs ramaffées en tête fur un réceptacle conique & écailleux, foutenues par une enveloppe commune, compofée de fept à huit lames ou feuilles courbes, minces, fe terminant en pointe & s'élevant vers le ciel. Ces lames font unies en dedans, & armées fur leur dos d'épines dures comme celles de la tige. Chacune des fleurs qui compofent cette tête eft un fleuron (*b*) hermaphrodite, de la forme d'un tube menu à fa bafe, gonflé vers le milieu, & foiblement évafé à fon extrémité : il renferme les parties fexuelles qui font compofées de quatre étamines & du piftil (*c*), dont nous n'avons repréfenté que le ftil qui eft terminé par un ftigmate à peine diftinᶜt, & qui confifte en un fillon velouté qui regne fur un côté du ftil vers fon extrémité. Ce ftil fe détache facilement de l'ovaire qui eft pofé fur la fleur, & il excede peu les bords de la corolle. Les étamines au contraire excedent la corolle de plus de la moitié de leur longueur : elles font attachées, comme nous l'avons repréfenté dans la figure (*d*), aux parois de la corolle : elles font l'alternative avec ces divifions. Leurs antheres font ovoïdes, légérement attachées aux filets fur lefquels elles fe tournent en tous fens : elles font marquées de quatre fillons longitudinaux, & s'ouvrent en deux loges par les deux fillons des côtés. La pouffiere génitale confifte en corpufcules ovoïdes, jaunâtres & tranfparents. La même figure montre la corolle ouverte pour faire voir fes quatre divifions, lefquelles font arrondies & inégales.

Le calice (*e*) dans lequel repofe la corolle eft un tube qui fe termine par une languette pointue, droite, & garnie de quelques poils. La forme de cette languette eft un des principaux caraᶜteres qui diftinguent la Verge à Pafteur du chardon à foulon. Dans celui-là ces languettes font fermes & recourbées ; c'eft la différence de forme de ces languettes, qui ne permet pas à la Verge à Pafteur le même accès dans les fabriques d'ouvrages de laine, qu'au chardon à foulon, comme on peut le voir à la notice de ce dernier. A la maturité l'ovaire devient une graine (*f*) tubuleufe, cannelée, & couronnée par les rebords du calice.

Schroder eftime la décoᶜtion de la Verge à Pafteur faite dans le vin, pour raffermir les rhagades ou gerçures du fondement.

Mayerne recommande la poudre de cette plante à la dofe d'un gros, prife dans la décoᶜtion de la même plante, ou quelque autre liqueur convenable, pour le crachement de fang.

La   Jusquiame

Hyoscyamus   Niger . L. S. P.

Ital. Giuschiama . Angl. Henbayne . Allem . Pillkraut .

G. de Rances Reynaudt f.

25

LA JUSQUIAME, ou HANNEBANNE,

PLANTE BISANNUELLE, DU NOMBRE DES ASSOUPISSANTES.

Hyofciamus vulgaris, vel niger. C. B. P. 169. *Hyofciamus niger.* L. S. P.

TOURNEF. claff. 2. fect. 1. gen. 4. LINN. Pentandria monogynia. ADANS. 17. Famille des Perfonnées.

LA JUSQUIAME eft commune le long des chemins & dans les terreins pierreux & incultes. Sa racine (*a*) eft un pivot garni de quelques fibres : elle eft ridée, épaiffe, longue, brune en dehors, blanche en dedans. Les tiges s'élèvent d'un pied & demi : elles font droites, cylindriques, couvertes d'un duvet épais. Les feuilles font alternes, & quelquefois rangées fans ordre le long de la tige: elles font grandes, découpées profondément & inégalement : elles embraffent la tige par leur bafe, qui fe termine en deux efpeces d'oreilles, & font co-tonneufes comme la tige. Les rameaux fortent des aiffelles des feuilles, & portent à leur fommet des fleurs rangées en épi, & enveloppées pour ainfi dire dans un amas de feuilles femblables à celles de la tige ; les épis s'alongent à mefure que les fruits fe forment, & ne deviennent bien diftincts qu'à leur maturité : le fommet de la tige porte un épi de fleurs ainfi que les rameaux.

Les fleurs font hermaphrodites & monopétales ; chacune d'elles eft un tube (*b*) évafé & divifé en cinq fegments obtus. La corolle eft mince & couverte d'une infinité de rameaux : elle eft vue en deffous. Dans la figure (*c*) elle eft repréfentée ouverte, & laiffe voir les cinq étamines qui prennent leur origine à la bafe du tube. Le piftil eft compofé de l'ovaire, du ftil & d'un ftigmate fphérique & applati ; il eft placé, ainfi que les autres parties de la fleur, au fond du calice (*d*), dans lequel nous l'avons repréfenté. Le calice eft lui-même repréfenté ouvert ; c'eft un tube divifé en cinq fegments ovales & pointus. Le fruit (*e*) qui fuccede au piftil refte caché au fond du calice ; c'eft une capfule de la forme d'un petit vafe couvert ; cette reffemblance eft pro-duite par la différente forme des deux valves qui compofent la capfule : elle eft partagée en deux loges par une cloifon, comme on le voit dans la figure (*f*), où le couvercle eft renverfé. Les graines (*g*) font enfer-mées dans les deux loges : elles font uniformes, irrégulieres, ridées & applaties.

Toute la plante a une odeur forte & défagréable ; la racine a un goût fade : on l'emploie extérieurement ; fon ufage interne eft dangereux, & ne doit point être hafardé s'il n'eft prefcrit & dirigé par une main habile. Les femences font moins dangereufes que les feuilles. Hælideus les recommande mêlées avec la conferve de rofe pour le crachement de fang. Quelques perfonnes la font brûler fur une pelle rouge, & font parvenir la fumée qu'elles produifent dans la bouche de ceux qui ont mal aux dents, par le moyen d'un entonnoir ren-verfé, dont le bout s'applique près de la racine de la dent gâtée. Tragus affure que l'huile, tirée par infufion de fes femences, ou le fuc des feuilles, feringués dans l'oreille, en diffipent la douleur.

La racine de Jufquiame, féchée & coupée par petites tranches, eft affez communément employée par les nourrices pour faire des colliers aux enfants. Ces colliers calment quelquefois les douleurs de dents : mais on ne fauroit ufer de trop de circonfpection dans l'ufage d'un pareil remede ; car comme les enfants por-tent à leur bouche tout ce qu'ils rencontrent fous leurs mains, il eft à craindre qu'ils ne mâchent quelques morceaux de cette racine, dont ils feroient fort incommodés, & peut-être empoifonnés. On a vu arriver plu-fieurs accidents à l'occafion de cette plante, laquelle ayant été prife par inadvertence ou par ignorance, a caufé des tranchées douloureufes fuivies de flux dyffentériques, de mouvements convulfifs, de fyncopes, de pertes de vue & de fentiment, d'affections foporeufes & léthargiques, & de plufieurs autres effets pernicieux.

On emploie utilement la Jufquiame bouillie dans le lait, & appliquée en cataplafme fur les parties affligées de la goutte. Les feuilles amorties, ou cuites fous la braife, & mifes fur les mamelles, font paffer le lait. Ta-berna Montanus mêle avec le vin, les graines pilées pour les appliquer en cataplafme fur le fein des nouvelles accouchées.

Pour réfoudre les tumeurs, on emploie cette plante dans les cataplafmes anodins. Par exemple, on fait bouillir dans du lait deux poignées de Jufquiame, autant de mandragore, & de morelle à fruit noir, une once de graine de Jufquiame & de pavot : on paffe le tout par un linge, & on y ajoute un jaune d'œuf avec un peu de fafran. Ce cataplafme eft excellent pour la fauffe efquinancie.

Clufius confeille, pour concilier le fommeil, la graine de Jufquiame avec celle de pavot, pilées & mêlées enfemble & appliquées fur le front. Gafpar Hoffman recommande l'huile des femences dont nous parlons ci-deffus, comme très anodine ; il affure que fi on en frotte les tempes, elle procure le fommeil, & que cette même onction foulage les parties douloureufes.

La Jufquiame entre dans l'onguent *populeum*. Ses femences font employées dans le *requies Myrepfi*, dans le *philonium romanum* de Nicolas d'Alexandrie, dans les pilules de cynogloffe de Méfué, & dans les trochifques d'alkekenge.

La Mandragore

Atropa Mandragora. L. S. P.

Ital. Mandragola. Angl. Mandrake. Allem. ....

G.^{me} de Nangis Regnault f.

16

LA MANDRAGORE,

Plante vivace, du nombre des Assoupissantes.

Mandragora fructu rotundo. C. B. P. 169. *Atropa Mandragora.* L. S. P.

Tournef. claff. 1. fect. 1. gen. 1. Linn. Pentandria monogynia. Adans. 18. Famille des Solanum.

La Mandragore eft naturelle aux pays chauds. C'eft en Crete, en Efpagne & en Italie qu'elle fe trouve le plus communément. C'eft par fa racine (*a*) qu'elle a été rendue fameufe dans les fiecles où l'ignorance exerçoit encore tout fon empire. Le merveilleux que les Anciens prêtoient à la Mandragore, & l'appui de quelques Auteurs modernes, ont donné un crédit trop durable aux vertus furnaturelles de cette plante. L'in-pofture, aidée de la prévention, peut aifément faire agir fes refforts fur le foible vulgaire pour fervir la cupi-dité ; mais les Sciences, ces fruits lents d'une pénible étude, parviennent enfin à réduire des fables abfurdes & ridicules à leur jufte valeur. La configuration de cette racine, qui reffemble d'une maniere informe & grof-fiere aux cuiffes humaines, a donné lieu aux rêveries des Anciens & à la fourberie des Charlatans. Pour per-pétuer une erreur lucrative & rendre la plante plus précieufe, ces derniers la faifoient naître à la Chine dans un canton inacceffible. La reffemblance, qui a donné tant de vénération pour cette racine, peut être aifé-ment imitée avec plufieurs racines charnues. Perfonne n'ignore que les replis tortueux que nous préfentent plufieurs racines, ne font occafionnés fouvent que par le plus foible obftacle; un os, un caillou, la moindre chofe dérange le cours d'une jeune racine, dont les rejettons ferviront encore dans plufieurs fiecles de remparts contre les tempêtes. N'eft-il donc pas poffible, avec un peu d'art, de préparer des entraves aux racines qui fou-mettent la Nature à nos caprices ? Quoi qu'il en foit, la Mandragore s'éleve facilement dans nos jardins. Ses feuilles font radicales, grandes, oblongues, terminées en pointe, rudes au toucher, foutenues par de fortes nervures s'embraffant par leur bafe. Il s'éleve du centre des feuilles plufieurs fleurs portées chacune par une tige nue; cette tige ne remplit que l'office d'un pédicule, & l'on pourroit dire que les fleurs font radicales.

Les fleurs font hermaphrodites ; & quoiqu'on diftingue les efpeces de Mandragore en mâle & femelle, l'une n'eft qu'une variété de l'autre, dont les feuilles font étroites, les fleurs plus pâles, & le fruit plus alongé ; du refte, elles portent les mêmes caracteres. Nous avons repréfenté le calice (*b*) qui foutient la fleur : elle eft monopétale ; c'eft un tube menu à fa bafe, gonflé vers le milieu, évafé & divifé en cinq fegments ovales & pointus. Les parties fexuelles (*c*) occupent l'intérieur de la corolle. Les étamines environnent le piftil : elles font comme piquées par leur bafe dans un difque fpongieux. Nous avons féparé le difque pour laiffer voir la forme du piftil ; il eft compofé de l'ovaire, du ftil & d'un ftigmate fphérique ; il devient, par fa maturité, un fruit (*d*) rond, mou, foutenu par un calice perfiftant, dans lequel a repofé la fleur, lequel eft divifé en cinq parties foliées. Le fruit eft coupé tranfverfalement (*e*) pour montrer l'arrangement des graines repréfen-tées (*f*) : elles font comme noyées dans la pulpe qui remplit le fruit.

Les feuilles de Mandragore répandent une odeur défagréable ; on les emploie extérieurement en Méde-cine, ainfi que l'écorce de la racine, & même la racine entiere. On fait bouillir les unes & les autres dans le lait ou dans l'eau, après les avoir écrafées : elles font narcotiques, rafraîchiffantes, ftupéfiantes, réfoluti-ves & adouciffantes : on les applique en cataplafme fur les tumeurs fcrophuleufes & fchirreufes : on les affocie avec la jufquiame & la ciguë. Hartman recommande fur-tout l'emplâtre de Mandragore pour les fchirres de la rate.

Son ufage interne n'eft pas auffi fûr ; il eft même regardé comme dangereux. Elle purge violemment par haut & par bas, & donne des convulfions ; cependant on l'ordonne dans les mouvements convulfifs ; il faut toute la prudence d'un Médecin favant pour adminiftrer un remede auffi redoutable. Plufieurs Médecins an-ciens donnoient aux malades à qui on devoit couper quelque membre une infufion de racine de Mandragore dans du vin, pour leur procurer un engourdiffement officieux pendant le temps de l'opération.

Quelques Auteurs affurent que les fruits de Mandragore font agréables au goût, & qu'ils ne font ni fomni-feres, ni malfaifants. Terentius & Linceus, Profeffeurs de Botanique, en ont fait publiquement l'expérience, en avalant à jeun le fruit & les graines de Mandragore, fans éprouver le moindre fymptome d'affoupiffement ou de quelque autre mal.

On nous apporte les racines feches d'Italie : elles doivent être grifes en dehors, blanches en dedans, char-nues, fe rompant net, fans filaments, fans odeur, d'un goût un peu amer. Son infufion eft propre pour les inflammations des yeux & les éréfipeles.

Les feuilles de Mandragore entrent dans l'onguent *populeum* ; l'écorce des racines eft employée dans le *requies Myrepfi*, dans l'*aurea alexandrina* de Nicolas d'Alexandrie, & dans le *triphera magna* du même Auteur.

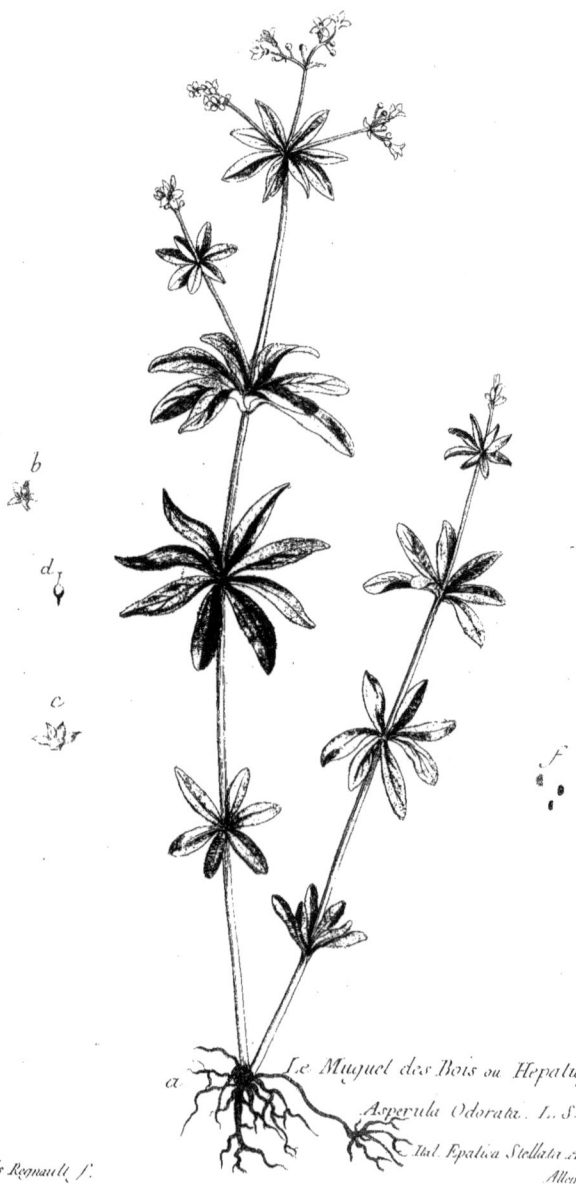

Le Muguet des Bois ou Hepatique étoilée

Asperula Odorata. L. S. P.

Ital. *Epatica Stellata* Angl. *Liver-wort*.
Allem. *Leber-kraut*.

LE MUGUET DES BOIS, ou HÉPATIQUE ÉTOILÉE,

PLANTE VIVACE, DU NOMBRE DES HÉPATIQUES.

Asperula five Rubeola montana odorata. C. B. P. 334. *Asperula odorata.* L. S. P.

TOURNEF. claff. 1. fect. 8. gen. 2. LINN. Tetrandria monogynia. ADANS. 19. Famille des Aparines.

QUOIQUE cette plante porte le nom de Muguet, il ne faut pas la confondre avec le Muguet, ou Lis des val-
lées, *Lilium convallium*, C. B. P. dont nous donnons la defcription à fon article, quoique ces plantes fe rencontrent toutes deux dans les bois : il ne faut pas non plus la confondre avec la plante que l'on nomme vulgairement hépatique, *Lichen petræus latifolius, five hepatica fontana*, C.B.P. dont elle differe effentiellement par
les caractères. Celle-ci eft une efpece de mouffe, ou une plante qui pouffe des feuilles graffes, charnues, pofées
les unes fur les autres comme des écailles ; découpées, vertes en deffus, cotonneufes ou mouffeufes en deffous,
attachées par des filaments aux murailles des puits & des fontaines. Quand ces feuilles vieilliffent, il s'éleve
d'entre elles des pédicules courts, grêles, tendres, foutenant chacun un chapiteau, d'où fortent des feuilles
jaunes en cloches. Ses fruits font renfermés dans des godets attachés aux feuilles. Cette plante croît aux lieux
ombrageux, humides, pierreux ; elle contient beaucoup d'huile & de fel effentiel : elle eft déterfive, apéritive ; on s'en fert pour les maladies du foie, de la rate, pour la gratelle, pour purifier le fang, prife en décoction : elle entre dans la compofition du firop de chicorée.

La racine (a) de notre plante eft menue & fibreufe : elle trace à fleur de terre, & reproduit la plante par
fes racines. Les tiges s'élevent de la hauteur d'environ un pied : elles font droites & cylindriques. Les feuilles
font verticillées ou rangées par étages, & difpofées circulairement autour de la tige : elles font compofées de fix
à huit folioles longues, entieres & unies. Ces feuilles reffemblent beaucoup à celles du grateron ou rieble,
mais elles font plus douces au toucher ; on pourroit même confondre ces deux plantes au premier coup d'œil,
par rapport aux feuilles & aux tiges, car elles n'offrent de différence que par l'étendue de celles-ci. Il fort des
aiffelles des feuilles quelques rameaux qui portent les mêmes caractères que la tige.

Les fleurs naiffent au fommet des tiges & dans les aiffelles des feuilles : elles font difpofées en une efpece
d'ombelle ; la bafe des rayons eft accompagnée de deux folioles qui font l'office d'enveloppe. Les fleurs font
monopétales ; chacune d'elles eft un tube (b) menu à fa bafe, évafé & divifé en quatre parties ovales & pointues. Les quatre étamines font repréfentées dans la corolle ouverte (c) : elles font courtes, attachées par leurs
bafes aux parois de la corolle. Leurs antheres font fphériques & font l'alternative avec les divifions de la corolle.
Le piftil (d) eft placé au centre ; il eft compofé de l'ovaire, d'un ftil, & d'un ftigmate fphérique & applati ;
il devient, par fa maturité, un fruit (e), lequel eft une capfule, à deux loges & deux valves (f), renfermant
chacune une graine (g) : les valves font couvertes de poils durs comme celles du grateron.

Cette plante eft cordiale. Toutes les plantes que les Auteurs ont réunies dans cette catégorie, paffent pour
avoir la propriété de fortifier le cœur, & pour être fpécifiques dans les maladies qui femblent attaquer cette
partie, comme font les défaillances, les fyncopes, les évanouiffements, &c. dans lefquelles le mouvement du
cœur eft interrompu ou fufpendu ; néanmoins les cordiaux ne fortifient pas plus le cœur que les autres parties
du corps : on confond vulgairement dans ce cas l'eftomac avec le cœur. Les naufées & quelques autres maladies qui fe font fentir à l'eftomac ne font ordinairement définies que par le nom de mal de cœur, mais c'eft
effectivement l'eftomac qui fouffre.

L'ufage du Muguet des bois, en infufion & en décoction, eft propre à lever les obftructions, à exciter l'u-
rine, à favorifer les écoulements périodiques & à accélérer le travail de l'enfantement. Elle eft vulnéraire, employée extérieurement : on applique l'herbe écrafée en cataplafme pour réunir les plaies récentes.

En Allemagne on fait ufage de cette plante avec confiance pour les maladies du foie. On la fait entrer, au
rapport de Simon Pauli, dans les potions vulnéraires & dans les décoctions pour la gale. Le nom d'*Asperula*
dérive d'*afpera*, rude, qu'on peut entendre par petite plante rude au toucher.

Largentine

Potentilla Anserina. L. S. P.

Ital. Argentina, Angl. Silver-weed, Allem. Silber-kraut.

Cᵗᵉ de Rivière Esmenale F.

28

L'ARGENTINE,

Plante vivace, du nombre des Fébrifuges.

Potentilla Math. C. B. P. 321. *Potentilla anserina.* L. S. P.

Tournef. claff. 6. fect. 8. gen. 10. Linn. Icofandria polygynia. Adans. 41. Famille des Rofiers.

L'Argentine croît abondamment au bord des rivieres & des fontaines, & dans les terreins argilleux & humides. Sa racine (*a*) eft menue & fibreufe : elle pouffe hors de terre plufieurs filets cylindriques, qui s'éten-dent à fleur de terre, & vont reprendre racine de diftance à autre ; c'eft par le fecours de ces filets que la plante fe multiplie continuellement. Il s'éleve de la racine plufieurs feuilles radicales, compofées de plufieurs grandes folioles, rangées par paires, foit oppofées, foit alternes, & terminées par une impaire. Ces folioles font accompagnées dans leurs intervalles de folioles beaucoup plus petites, rangées de même qu'elles. Toutes ces folioles font ovales, terminées en pointe, & dentelées réguliérement en forme de fcie : elles font vertes en deffus : le revers des feuilles eft couvert d'un duvet léger qui leur donne une couleur argentée, d'où la plante a tiré fon nom. Les tiges naiffent parmi les feuilles radicales : elles s'élevent très peu ; elles portent quelques feuilles caulinaires très petites, du même caractere que les radicales. Les fleurs naiffent ordinairement deux à deux, portées par de longs pédicules cylindriques, accompagnées à leur origine de deux ftipules membra-neufes, ovales & terminées en pointe. Les fleurs font rofacées, compofées de cinq pétales ovales (*b*). Les vingt étamines (*c*) environnent le piftil ; les cinq du centre l'accompagnent immédiatement : elles font plus courtes que les quinze autres ; celles-ci font difpofées par grouppes de trois : les cinq grouppes qu'elles forment font l'alternative avec les cinq étamines centrales. Le piftil eft repréfenté au fond du calice : il eft compofé de foi-xante ovaires : du fommet de chaque ovaire il s'éleve un ftil court, terminé par un ftigmate qui paroît tronqué obliquement vers fa face interne. Toutes les parties de la fleur font raffemblées dans le calice (*d*) : il eft d'une feule piece, partagée en dix divifions qui paroiffent difpofées fur deux rangs : celles du premier rang font unies, ovales & terminées en pointe ; celles du fecond rang font l'alternative avec les premieres : elles font fo-liées & découpées en plufieurs dentelures. Le fruit (*e*) fuccede au piftil. Les foixante ovaires qu'il compo-foit font devenus autant de capfules à une feule loge, renfermant chacune une des femences (*f*).

Les feuilles & les femences de cette plante font les parties d'ufage. Le fuc de toute la plante fe donne avec fuccès depuis quatre onces jufqu'à fix, dans les fievres intermittentes ; ou bien on fait bouillir une poignée des feuilles dans un bouillon de veau, qu'on réitere deux fois par jour. Le fel d'Argentine paffe dans l'efprit de quelques Auteurs pour un bon remede contre la fievre : M. Rai en fait mention. Cette plante eft ordinaire-ment employée intérieurement dans les tifanes & dans les bouillons pour le cours de ventre, le flux de fang & les hémorrhagies. Lorfqu'on ajoute deux ou trois écreviffes de riviere à chaque bouillon, c'eft un excellent remede pour les fleurs blanches.

Caftor Durantes, Harthman & Borel de Caftres, prétendent que l'Argentine portée dans les fouliers, étant immédiatement appliquée fous la plante des pieds, guérit la dyffenterie. Ce remede, fuivant M. Cho-mel, ne paroît pas plus fûr que les épicarpes. On recommande l'Argentine pour la jauniffe, pour le fcorbut & pour l'hydropifie.

La graine concaffée, & prife à la dofe d'un demi-gros, dans quatre onces de fon eau diftillée, modere & ar-rête quelquefois les pertes de fang : elle eft bonne auffi pour les injections qu'on fait dans le vagin, & pour les ulceres fiftuleux.

L'Argentine adoucit l'inflammation des reins & de la veffie : elle tempere l'ardeur de l'urine, & fournit aux dames une eau diftillée qu'on eftime beaucoup pour décraffer le vifage, pour les hâles & pour les rougeurs. Cette eau eft bonne pour la chaffie & pour les ulceres des yeux.

La Perce Feuille

Bupleurum Rotundifolium L.S.P.

Ital. Marabuto. Angl. Therow - wax. Allem. Bruch - wurz.

29

LA PERCE-FEUILLE,

PLANTE ANNUELLE, DU NOMBRE DES ASTRINGENTES.

Perfoliata vulgatiſſima , ſive arvenſis. **C. B. P.** 277. *Bupleurum rotundifolium.* **L. S. P.**

TOURNEF. claſſ. 7. ſect. 1. gen. 11. LINN. Pentandria digynia. ADANS. 15. Fam. des Ombelliferes.

La PERCE-FEUILLE croît aſſez communément dans les champs : elle ſe plaît dans les terreins ſecs, fablonneux & arides : on donne vulgairement à cette plante le ſurnom d'*oreille de lievre.* Ce ſurnom lui convient moins qu'à une eſpece de *bupleurum* qu'on rencontre ſur les terreins élevés , parmi les broſſailles , lequel n'eſt point d'uſage. C'eſt à ſes feuilles radicales qu'il doit le nom d'oreille de lievre, parcequ'effectivement elles reſſemblent beaucoup aux oreilles de cet animal ; du reſte, on ne peut pas le confondre avec la Perce-feuille. Ses tiges s'élevent d'environ deux pieds ; ſes feuilles ſont longues & étroites ; ſes fleurs ſont diſpoſées en ombelle, & reſſemblent un peu à celles du fenouil commun.

La racine (*a*) de la Perce-feuille eſt ſimple ; c'eſt un pivot garni de quelques fibres tendres : elle porte ordinairement une ſeule tige d'environ un pied & demi : elle eſt cylindrique, cannelée, noueuſe, creuſe & rameuſe. Les feuilles inférieures ſont ſoutenues par des pétioles, au lieu que celles du haut de la tige l'embraſſent par leur baſe, & ſemblent enfilées ou percées par cette même tige ; c'eſt de cette ſinguliere conſtruction que la plante a tiré ſon nom. Ces feuilles ſont portées alternativement par les nœuds de la tige : elles ſont ovales, terminées en pointe ; leur baſe eſt formée par deux eſpeces d'oreilles qui ſe réuniſſent après avoir enveloppé la tige ; c'eſt cette réunion qui donne lieu de croire que les feuilles ſont traverſées par la tige. Les rameaux naiſſent dans les aiſſelles des feuilles , & portent les mêmes caracteres que la tige.

Les fleurs naiſſent au ſommet de la tige & des rameaux & dans les aiſſelles des feuilles : elles ſont diſpoſées en ombelle. L'ombelle générale eſt compoſée de ſix à huit rayons qui ſoutiennent chacun une ombelle partielle ; l'enveloppe univerſelle, d'où ſortent les rayons, eſt nue ou formée par quatre ou cinq feuilles larges, ovales & pointues : les enveloppes partielles ſont compoſées de quatre à huit feuilles ovales, minces & terminées en pointe. Les rayons des ombelles partielles ſuivent ordinairement le nombre de l'ombelle univerſelle. Les fleurs ſont hermaphrodites, roſacées, compoſées de cinq pétales. Nous en avons repréſenté une (*b*) grandie au microſcope. Les pétales (*c*) ſont ovales & recourbés. Les cinq étamines ſont l'alternative avec les pétales, & ſont attachées par leur baſe ſur les bords du calice, en oppoſition avec ſes diviſions. Le piſtil (*d*) eſt placé au centre de la corolle ; il fait corps avec le calice qui l'accompagne juſqu'à ſa maturité, en l'enveloppant ſous l'apparence d'une pellicule aſſez fine. Ce calice eſt difficile à appercevoir ; il ſe fait reconnoître par cinq petites dents qui couronnent l'ovaire & qui ſont quelquefois inſenſibles. Ces deux figures ſont augmentées ainſi que la premiere. Le piſtil donne, par ſa maturité, un fruit (*e*) cannelé, applati, compoſé de deux des ſemences repréſentées (*f*), leſquelles ſont ovales, plates en dedans, convexes & cannelées en dehors. Toute la plante eſt déterſive, vulnéraire & deſſiccative. La ſemence, priſe intérieurement, eſt eſtimée propre à prévenir les ſuites fâcheuſes de la piquure du ſerpent.

Les feuilles, ſéchées & réduites en poudre, ſe donnent intérieurement, lorſqu'après quelque chûte ou contuſion violente on craint la rupture de quelque vaiſſeau dans le corps, cette plante étant, de l'aveu de tous les Auteurs, vulnéraire & aſtringente.

On emploie avec ſuccès toute la plante fraîche pilée ou bouillie dans du vin avec la farine de feve, & appliquée en cataplaſme ſur les deſcentes umbilicales, ſur-tout celles des enfants. Ce cataplaſme garantit de l'exomphale les enfants qui en ſont menacés : on s'en apperçoit lorſque le nombril eſt plus élevé qu'il ne doit l'être.

Dodonée prétend que ce remede, appliqué ſur les écrouelles, les réſout ; & Schwenfeld, au rapport de Jean Bauhin, eſtime ce cataplaſme pour les exoſtoſes.

La Rhubarbe
Rheum Rhabarbarum, L. S. P.
Angl. Rhubarbe, Allem. Rabarber

30

LA RHUBARBE,

PLANTE VIVACE, DU NOMBRE DES PURGATIVES.

Rhabarbarum officinarum. C. B. P. 116. *Rheum Rhabarbarum.* L. S. P.

TOURNEF. claff. 1. fect. 3. gen. 6. LINN. Enneandria trigynia. ADANS. 39. Famille des Perficaires.

LA RHUBARBE eft originaire de la Chine & de la Mofcovie, la culture l'a naturalifée dans nos climats. Sa racine (*a*) eft un pivot long d'un pied & demi, qui fe partage en plufieurs branches, & qui eft garni de fibres courtes & rameufes : elle pouffe d'abord plufieurs feuilles radicales, portées par de longs & forts pétioles. Ces feuilles font amples, velues, cordiformes & découpées peu profondément ; le format ne nous a pas permis de les repréfenter. La tige s'éleve au centre des feuilles radicales d'environ un pied & demi : elle eft cannelée. Les feuilles caulinaires font alternes, de la forme des radicales, mais foutenues par des pétioles courts, qui font accompagnés à leur origine d'une gaîne membraneufe qui fait corps avec eux & qui leur tient lieu de ftipule. Cette gaîne eft enfilée par la tige qui la fend irréguliérement. Les fleurs naiffent au fommet de la tige & dans les aiffelles des feuilles, rangées en grappes, & difpofées en panicules : elles font à pétales. Nous en avons repréfenté une (*b*) vue de face : elle eft divifée en fix fegments arrondis : elle renferme les neuf étamines. La figure (*c*) montre la fleur extérieurement ; c'eft un tube de la forme d'une cloche foutenue à la grappe par un pédicule foible qui la laiffe incliner vers la terre. Le piftil (*d*) eft attaché au fond du calice, & fe trouve placé au centre des étamines ; il eft compofé de l'ovaire d'un ftile très court, & couronné par un triple ftigmate. Ces trois figures font augmentées au microfcope. Le fruit (*e*) qui fuccede au piftil eft de figure triangulaire, il eft repréfenté (*f*) dans l'état de ficcité, & dépouillé du calice. Sa conformation eft due à l'affemblage des trois valves membraneufes qui forment, par leur réunion, trois ailes régulieres, au centre defquelles eft pratiquée une feule loge où réfide la graine (*g*).

Quoique la culture de la Rhubarbe foit toute fimple, nous fommes dans l'ufage de nous procurer la racine feche de cette plante [qui eft la feule partie en ufage], par la voie du Commerce. Ne pourrions-nous pas, comme les Chinois, lui donner les préparations convenables ? puifqu'elles ne confiftent qu'à monder la racine, lorfqu'elle eft fortie de terre, de fa premiere écorce, & d'une membrane mince & jaunâtre qui eft deffous ; enfuite on les perce d'outre en outre, afin de faire paffer une corde de jonc, par le moyen de laquelle on les fufpend pour les faire fécher à l'air. Il eft à remarquer que comme les gros morceaux fechent difficilement à caufe de leur épaiffeur, le cœur eft fujet à fe pourrir pendant que le dehors feche parfaitement, c'eft pourquoi nous voyons fouvent les groffes pieces de Rhubarbe pourries intérieurement. On peut obvier à cet inconvénient en la faifant fécher par petites parties.

Les propriétés de la Rhubarbe font en fi grand nombre que Tilingius, Auteur célebre, en a compofé un Traité tout entier. Ses vertus les mieux autorifées par l'expérience, font de purger avec douceur les humeurs bilieufes, de rétablir le reffort des fibres inteftinales lorfqu'elles ont été trop relâchées par des flux de ventre & des lienteries ; de fortifier l'eftomac, de faciliter la digeftion, de détruire les matieres vermineufes, & de tuer les vers auxquels les enfants font fujets ; c'eft pour cela qu'on leur donne avec fuccès, pendant quelques jours, pour boiffon ordinaire, une légere infufion d'un gros de Rhubarbe dans une pinte d'eau, avec un peu de régliffe. La Rhubarbe ne convient pas à tous les enfants, mais feulement à ceux qui font pâles, fujets au dévoiement, & qu'il faut purger en fortifiant. Dans tous les autres cas elle leur fait plus de mal que de bien. On l'ordonne affez communément en fubftance ou en poudre dans une cuillerée de foupe ou de bouillon avant le dîner, ou de la mâcher fimplement ; fon amertume eft fupportable : la dofe eft depuis quinze grains jufqu'à demi-gros. L'infufion de deux gros de Rhubarbe coupée par morceaux, & mife enveloppée d'un linge dans une livre d'eau de chicorée fauvage, & prife enfuite à la dofe de quatre onces, après avoir preffé le nouet, eft un affez bon remede pour les fievres longues & opiniâtres ; il faut en continuer l'ufage pendant huit ou quinze jours, & laiffer feulement infufer la Rhubarbe pendant la nuit.

L'ufage de cette racine, au rapport de Chomel, ne convient pas dans l'ardeur d'urine, ni dans les maladies où il y a difpofition inflammatoire dans le bas-ventre. Quelques Auteurs prétendent que la Rhubarbe rôtie eft plus aftringente que purgative, & qu'elle convient de cette maniere dans le cours de ventre : d'autres blâment cette méthode. Le feu, difent ils, enlevant les parties volatiles de cette racine, la rend plus âcre & plus capable de caufer des tranchées. L'expérience nous apprend que la Rhubarbe réuffit dans le cours de ventre fans qu'il foit befoin de la faire rôtir. Un ancien ufage n'eft prefque plus familier, & la maniere la plus ordinaire de l'employer eft d'en ordonner la préparation nommée *catholicon double* de Rhubarbe, à la dofe d'une once délayée dans un verre d'eau de plantain : elle réuffit mieux dans l'infufion d'un gros de mirobolans citrins.

On prépare de la maniere fuivante un excellent ftomachique. Prenez de la Rhubarbe, & des trois fantaux en poudre, de chacun deux gros ; rapure d'ivoire & de corne de cerf, de chacun un gros & demi ; enveloppez le tout dans un nouet de linge, & faites-le bouillir dans trois pintes d'eau que vous laifferez réduire aux deux tiers fur un feu doux : on en prend un poiffon ou quatre onces à jeun, & on mange deux heures après.

On prépare des pilules de Rhubarbe dont la dofe eft depuis demi-gros jufqu'à un gros. Son extrait, fait avec l'eau de pluie, fe donne à demi-gros, ainfi que les trochifques de Rhubarbe du Renou. Elle entre dans le catholicon fimple & dans le double, dans la confection Hamech, dans l'électuaire *de pfyllio*, dans l'extrait bénit de Schroder, dans l'extrait panchimagogue de Crolius & d'Arthman, dans l'extrait catholique de Sennert, dans les pilules panchimagogues de Quercetan, dans le firop magiftral, &c.

Le Chou Pommé blanc.

Brassica oleracea d. Capitata. L. S. P.

Ital. Cavolo Capuccio. Angl. With cabbage. Allem. Kapskraut, Kopfkohl.

LE CHOU POMMÉ BLANC,

PLANTE BISANNUELLE, DU NOMBRE DES BÉCHIQUES.

Braſſica capitata alba. C. B. P. 111. *Braſſica oleracea capitata.* L. S. P.

TOURNEF. claſſ. 5. ſect. 4. gen. 1. LINN. Tetradynamia ſiliquoſa. ADANS. 52. Famille des Cruciferes.

LE CHOU eſt en uſage dans les aliments de temps immémorial. Cette plante étoit même recommandable dans la Médecine ancienne. Les Romains la regardoient encore , pluſieurs ſiecles après la fondation de leur République, comme une panacée univerſelle. Un remede auſſi ſimple a pu ſuffire long-temps à des Soldats Cultivateurs, qui ne réparoient leur forces épuiſées par le faix du bouclier ou le ſoc de la charrue , qu'avec une nourriture ſimple & frugale ; mais le même temps qui a vu naître la ſomptuoſité de ce peuple de Souverains, a vu perdre ſon crédit. La décadence du remede a précédé de beaucoup celle de la République, & il ſe trouve réduit aujourd'hui, ainſi qu'elle , à des bornes bien étoites en comparaiſon de ſon ancienne ſplendeur. Quoi qu'il en ſoit, la culture du Chou fait un objet digne d'attention pour pluſieurs nations de l'Europe. Les Allemands, ſur-tout , & les Hollandois en font un grand uſage : des familles entieres en Allemagne s'en nourriſſent pendant l'hiver, après l'avoir laiſſé fermenter pendant quelque temps dans un tonneau défoncé par en haut , & en avoir extrait une liqueur infecte qui réſulte de la fermentation. On ſeme la graine de Chou en pleine terre au mois d'Août ; au bout de ſix ſemaines on les tranſplante en pépiniere , & le printemps ſuivant on leve les Choux de la pépiniere pour les planter dans une bonne terre à potager ; on les y met à deux pieds l'un de l'autre. Toutes ſortes de Choux veulent être plantés le pied en terre juſqu'au collet, le pivot coupé, le pied bien butté de terre , & arroſé amplement durant les grandes chaleurs ; c'eſt le moyen de faire périr les inſectes qui les rongent, & nommément la chenille du Chou qui s'attache particuliérement à ravager cette plante, & qu'un Auteur Hollandois a voulu rendre fameuſe en renfermant ſon hiſtoire dans un *in-folio.*

Quelques Curieux ſont parvenus, par le moyen du ſalpêtre , de la laque, & d'autres ingrédients dont le détail eſt étranger aux vues de cet ouvrage, à obtenir de nouvelles eſpeces de Choux fort agréables à la vue par la variété des couleurs dont les feuilles ſe chargent.

La racine (*a*) eſt un pivot ſimple , garni de quelques fibres : elle pouſſe d'abord un nombre de grandes feuilles radicales ; ce ſont ces feuilles auxquelles l'induſtrie du Jardinier donne la forme pommée que tout le monde lui connoît. La tige s'éleve du centre des feuilles radicales : elle eſt couverte d'une écorce épaiſſe & remplie d'une ſubſtance moëlleuſe, d'une ſaveur âcre, tirant ſur le doux. Les feuilles caulinaires ſont alternes, attachées immédiatement à la tige , oblongues, terminées en pointes & légérement découpées. Les branches ſortent des aiſſelles des feuilles & portent les mêmes caracteres que la tige.

Les feuilles naiſſent au ſommet de la tige & des branches, rangées en épis lâches : elles ſont cruciferes (*d*) , compoſées de quatre pétales (*b*) ovales, terminées à leur baſe par un onglet de la longueur du calice. Les ſix étamines (*c*) environnent le piſtil ; quatre de ces étamines ſont longues & égales entre elles ; les deux autres ſont courtes & oppoſées. Le piſtil devient, à ſa maturité, une ſilique à deux valves partagées par une cloiſon membraneuſe. Nous avons repréſenté la ſilique ouverte (*e*). Les graines (*f*) ſont attachées à la cloiſon, & ſe répandent facilement par la ſéparation naturelle des valves, ſi on ne les recueille à propos comme nous le diſons à la notice du Chou rouge.

Les Médecins diſtinguent des vertus oppoſées dans les différentes parties du Chou. Son ſuc a la propriété de lâcher le ventre, & ſa ſubſtance, qui eſt aſtringente, de le reſſerrer. C'eſt de là qu'eſt venu ce proverbe de l'Ecole de Salerne : *Jus caulis ſolvit , cujus ſubſtantia ſtringit.* Les eſtomacs délicats s'accommodent mal de l'uſage habituel du Chou. L'on peut juger , par les rapports déſagréables qu'ils excitent, que cet aliment eſt difficile à digérer, & ne convient qu'à des tempéraments robuſtes. Piſanelli conſeille, dans ſon Traité des aliments , d'aſſaiſonner les Choux avec de bonne huile & du ſuc d'orange, pour les rendre plus faciles à digérer. Camérarius aſſure que les feuilles de Chou blanc, bouillies dans du vin , ſont admirables pour les ulceres de la peau, & même pour la lepre. Platérus dit que la ſaumure des Choux, que l'on conſerve en Allemagne, eſt propre pour guérir les inflammations naiſſantes de la gorge.

Le cataplaſme fait avec les feuilles de Chou & les poireaux amortis dans la poële avec de fort vinaigre , eſt un remede familier aux gens de la campagne, dans la pleuréſie, en l'appliquant ſur le côté du malade. Les Hollandois font uſage, pour les rhumatiſmes, d'une eſpece d'onguent, appliqué en cataplaſme, fait avec un Chou bouilli avec de la terre à Potier, dans un pot de terre, avec ſuffiſante quantité d'eau pour le détremper : il faut faire bouillir ce mêlange juſqu'à ce que le Chou ſoit en bouillie : on l'applique un peu chaud ſur la partie affligée. Chomel dit avoir connu pluſieurs perſonnes à Paris qui en ont été guéries. Le Chou entre dans le mondificatif d'ache.

Le Cornouiller.
Cornus Mas. L. S. P.

Gre de Bangis Regnault f.   Ital. *Cornio*, Angl. *Cornil-tree*, Allem. *Kornel-Baum*.

LE CORNOUILLER,

ARBRISSEAU DU NOMBRE DES PLANTES VULNÉRAIRES ASTRINGENTES.

Cornus fylveſtris mas. C. B. P. 447. *Cornus mas.* L. S. P.

TOURNEF. claſſ. 21. ſect. 9. gen. 1. LINN. Tetrandria monogynia. ADANS. 21. Famille des Chévrefeuilles.

L E CORNOUILLER , appellé en quelques endroits *Cornier* ou *Cornillier* , ſe rencontre communément dans les bois : on le diſtingue du ſanguin par le nom de mâle , & celui-là par le nom de femelle. Ces deux dénominations ſont impropres , puiſque chacune de ces eſpeces a les fleurs hermaphrodites. On cultive celui-ci avec la plus grande facilité ; toutes ſortes de terreins & d'expoſitions lui conviennent, même les ſables & l'ombre, pourvu qu'il y trouve un peu de ſubſtance & de fraîcheur. On le greffe en fente ou en écuſſon , ſur l'épine blanche ou ſur le poirier ſauvage : on peut auſſi l'élever de graine ; il ne demande que quelques labours; on en tranſplante auſſi de ſauvages qui réuſſiſſent bien. Cet arbriſſeau s'eleve de quinze à vingt pieds. Ses rameaux ſont nombreux, & ſe taillent facilement ; il réunit pluſieurs avantages dans les jardins d'agrément ; il eſt ſuſceptible de former des berceaux , des paliſſades baſſes & autres compartiments. Ses fleurs paroiſſent dès le mois de Février : elles ſont aſſez apparentes & durent long-temps, & ſon feuillage eſt exempt de la piquure des inſectes , & l'intempérie des ſaiſons n'arrête point les progrès de ſon accroiſſement. Mais toutes ces qualités ſont rachetées par ſa lenteur : quinze années ne ſuffiſent pas toujours pour l'élever à dix pieds. L'écorce eſt rude & noueuſe ; le bois eſt très dur & maſſif ; c'eſt même la qualité de ſon bois qui lui a fait donner le nom de Cornier, parcequ'il eſt dur comme de la corne : on l'emploie dans les ouvrages qui demandent de la ſolidité. Les échelons des échelles de fatigue , les boulons des brouettes de jardinage ſont faits avec ce bois. Les Anciens en fabriquoient les fers des fleches & des javelots, & Pline rapporte qu'on l'employoit à faire les rais des roues : on tourne auſſi les jeunes branches pour faire de cannes. Les feuilles ſont oppoſées , quelquefois alternes , & ſoutenues par des pétioles courts : elles ſont ovales , terminées en pointe ſans dentelures.

Les fleurs naiſſent dans les aiſſelles des feuilles , & à l'extrémité des rameaux. Nous les avons repréſentées ſur la branche (*a*) : elle ſont raſſemblées pluſieurs dans une eſpece de calice commun (*b*) compoſé de quatre folioles preſque rondes , terminées en pointe & concaves. Les fleurs ſont roſacées , compoſées de quatre pétales ovales & pointus. Nous en avons repréſenté une (*c*) vue de face ; celle qui eſt repréſentée (*d*) eſt montrée par-deſſous, & laiſſe voir le calice propre, lequel eſt petit, à quatre dentelures , & repoſant ſur l'ovaire. Les quatre étamines (*e*) ſont raſſemblées autour du piſtil : elles ſont l'alternative avec les pétales. Le piſtil eſt compoſé de l'ovaire, du ſtil & d'un ſtigmate hémiſphérique. Le fruit (*f*) qui lui ſuccede ſe nomme Cornouille ou Corne; il eſt ovoïde , umbilique, charnu, acerbe avant ſa maturité ; il acquiert, avec la couleur , un goût aigrelet aſſez agréable. Le noyau (*g*) qu'il renferme a autant contribué par ſa dureté à le faire comparer à la corne que le bois même. Nous l'avons coupé tranſverſalement (*h*) pour faire voir les deux loges qui ſont pratiquées intérieurement & qui renferment chacune une petite amande (*i*).

Les fruits du Cornouiller ſont recommandés pour arrêter le cours de ventre & les hémorrhagies ; ils appaiſent la ſoif par leur agréable acidité, & conviennent dans l'ardeur de la fievre. On prépare un électuaire avec la pulpe de Cornouille paſſée par un tamis; il eſt propre pour réveiller l'appétit & pour la dyſſenterie ; la doſe eſt depuis deux gros juſqu'à demi-once : on en fait auſſi une conſerve ou une marmelade en y ajoutant du ſucre ; la doſe en eſt double. Les Cornouilles ſeches s'emploient dans les tiſanes rafraîchiſſantes.

On emploie avec ſuccès le vin de Cornouilles pour arrêter le dévoiement. Voici la méthode que nous a laiſſée Jean Bauhin : Mettez dix livres de fruits dans cent livres de bon vin roſé , mêlé avec douze livres d'eau ferrée : laiſſez le tout fermenter pendant quinze jours , après quoi il faut le ſoutirer & le conſerver dans des bouteilles. Le ſuc de Cornouille , épaiſſi ſans ſucre, s'appelle *rob de cornu* ; il a les mêmes vertus que le vin, en l'ordonnant à la doſe d'une demi-once.

Le Pouliot.
Mentha Pulegium. L. S. P.
Ital. Puleggio. Angl. Penny - royal. Allem. Poley.

Gme de Rangie Regnault.

33

LE POULIOT,

Plante vivace, du nombre des Céphaliques.

Pulegium latifolium. C. B. P. 222. *Mentha pulegium.* L. S. P.

Tournef. claff. 4. fect. 2. gen. 11. Linn. Didynamia gymnofpermia. Adans. 25. Fam. des Labiées.

Le Pouliot croît abondamment dans les lieux humides, au bord des marais & des étangs : on le rencontre auffi dans les foffés le long des grands chemins. Sa racine (*a*) eft un pivot garni d'une quantité de fibres rameufes. Les tiges font ordinairement rampantes, ainfi que la racine, & quelquefois elles s'élevent droit ; leur longueur n'excede guere un pied & demi : elles font cylindriques, liffes & rameufes. Les feuilles font oppofées deux à deux le long de la tige : elles font ovales, découpées réguliérement, attachées immédiatement à la tige. Les rameaux portent les mêmes caracteres que la tige.

Les fleurs font verticillées ou rangées par étage, difpofées annulairement autour de la tige, & raffemblées en bouquets arrondis. Ces fleurs font labiées ; chacune d'elles eft un tube (*b*) menu & cylindrique à fa bafe, évafé à fon extrémité, partagé en deux levres, dont la fupérieure eft arrondie & creufée en forme de cuiller ; l'inférieure découpée en trois parties rondes & prefque égales : les deux levres & leurs parties font difpofées de maniere que la corolle paroît divifée en quatre parties égales.

Le piftil eft repréfenté dans le calice (*c*), au fond duquel il repofe ; il eft compofé de quatre ovaires diftincts, raffemblés autour d'un ftil qui leur eft commun fans leur être attaché, fi ce n'eft, peut-être, fuivant les remarques de M. Adanfon, par leur partie inférieure, ou par le difque même avec lequel ils font corps dans le commencement, & qui s'éleve au deffus du fond du calice. Le ftil eft terminé par deux ftigmates coniques & inégaux en grandeur. Le piftil traverfe la corolle (dont il excede la longueur) par l'ouverture de fa bafe ; il eft environné des quatre étamines, lefquelles font attachées par leur bafe vers le milieu des parois de la corolle : elles excedent moins la longueur du tube que le piftil ; leurs antheres font ovoïdes ; la pouffiere génitale qui les couvre eft compofée de corpufcules blancs & tranfparents. Le calice eft monophylle ou compofé d'une feule piece ; c'eft un tube cylindrique, découpé en cinq dents aiguës. Nous l'avons repréfenté ouvert (*d*). Cette figure, ainfi que les précédentes, eft augmentée à la loupe. Les quatre femences repréfentées (*e*) font placées au fond du calice.

Le Pouliot eft d'un fréquent ufage dans la Médecine. L'ignorance de plufieurs Herboriftes, qui font la plupart peu inftruits, comme l'a affez judicieufement remarqué M. Chomel, fait fouvent fubftituer à cette plante le pouliot-thym, *calamentha arvenfis verticillata hirfuta.* C. B. P. 229. qui lui reffemble beaucoup. Le *quiproquo* n'eft pas dangereux, d'autant qu'avec la même figure il a les mêmes vertus, mais à un moindre degré.

L'infufion du Pouliot eft emménagogue : elle provoque les écoulements périodiques fupprimés par le relâchement des folides. La même infufion, mêlée avec du miel ou du fucre, s'ordonne avec fuccès pour guérir l'afthme, ainfi que la toux feche & convulfive, qui doit fon origine à la foibleffe des entrailles, & les crudités caufées par les vers ou par l'acrimonie des humeurs. Cette plante eft naturellement échauffante, on doit éviter d'en preferire l'ufage dans les maladies où la chaleur eft à éviter. On prend le Pouliot comme le thé ; la dofe eft d'une pincée, lorfqu'il eft fec, pour un demi-feptier d'eau, & à celle d'une petite poignée quand il eft récent. Chomel dit en avoir vu de très bons effets dans la toux opiniâtre & dans les rhumes invétérés. Il obferve que les plantes odorantes & aromatiques font plus efficaces étant feches qu'étant fraîches ; la plus grande partie du phlegme étant évaporée, les principes volatils & les huiles éthérées qui fe trouvent dans ces plantes fe développent plus aifément & avec plus d'effet. Le Pouliot facilite le crachement. Boyle affure qu'une cuillerée du fuc de cette plante eft bonne pour appaifer la toux convulfive des enfants. Cheneau ordonnoit un verre de la décoction pour l'enrouement.

Tragus eftime le vin blanc où le Pouliot a bouilli, pour les fleurs blanches & les pâles couleurs ; il affure auffi que fon fuc éclaircit la vue, & diffipe la chaffie. Montanus faifoit prendre la poudre de Pouliot mêlée avec autant de miel & d'eau pour les maladies des yeux.

Le Pouliot entre dans l'*aurea alexandrina* de Nicolas de Salerne, dans le firop d'armoife de Rhafis, dans le *diacalamenthes* de Nicolas d'Alexandrie, dans la poudre *diaireos*, dans celle *diahyffopi*, dans celle *diapraffu*, & dans la poudre de l'électuaire de Juftin du même Auteur.

Le Genet d'Espagne.
Spartium Junceum L. S. P.

Ital. *Ginestra colle foglie simili ai giunco.* Angl. *Spanish Broom.* Allem. *Spanischer Ginster.*

33 bis

LE GENÊT D'ESPAGNE,

ARBRISSEAU DU NOMBRE DES PLANTES APÉRITIVES.

Spartium arborescens seminibus lenti similibus. C. B. P. 396. *Spartium junceum.* L. S. P.

TOURNEF. claff. 22. fect. 1. gen. 3. LINN. Diadelphia decandria. ADANS. 43. Famille des Légumineufes.

QUOIQU'ON ait donné à cette efpece de Genêt le nom de *Genêt d'Efpagne*, ce n'eft pas à ce royaume feul qu'il doit fon origine. La Turquie, l'Italie, la Sicile & le Languedoc peuvent, au même titre, lui donner leur nom. Il eft même devenu indigene dans une montagne du Forez, où vraifemblablement il a été cultivé autrefois : on le cultive affez facilement dans nos climats. Cet arbriffeau s'éleve d'environ deux pieds. Ses tiges font droites, liffes ; le bois en eft tendre & flexible, & propre à faire des liens. Les rameaux font cylindriques ainfi que la tige ; ils font quelquefois alternes & fouvent oppofés ; ils fortent ordinairement de l'aiffelle d'une feuille. Les feuilles font communément alternes, quoiqu'on les trouve quelquefois oppofées : elles font entieres, ovoblongues, fans découpures : elles s'attachent à la tige par leur bafe, & font peu nombreufes.

Les fleurs naiffent en grand nombre au fommet de la tige & des branches rangées en épi lâche : elles font légumineufes, compofées de quatre pétales dont la figure différente eft caractérifée par la différence des noms. L'étendard (*a*), qui eft le pétale fupérieur, eft relevé, de la forme d'un cœur, fe repliant fur lui-même à peu près comme les ailes d'un papillon, ce qui a fait nommer ce genre de fleur, par quelques Botaniftes, *papillonacée* ; fa bafe eft un onglet court qui l'affujettit au calice. Les ailes ou pétales latéraux (*b*), dont nous n'avons repréfenté qu'un, font ovales, terminés à leur bafe par une oreille ; leur origine eft un filet long & étroit qui s'attache au fond du calice. Le pétale inférieur (*c*), qui porte le nom de carene, à caufe de fa reffemblance avec la proue d'un navire, eft compofé de deux pétales réunis qui fe terminent en pointe à l'extrémité : la bafe de la carene eft découpée en oreilles comme celle des ailes, & elle eft attachée comme elle au fond du calice par le fecours de deux filets plats & étroits qui forment fon origine. Les parties fexuelles font comme enveloppées dans la carene par l'approche des deux pétales qui la compofent. Le piftil (*d*) eft logé au fond d'un calice monophylle, au bord duquel on n'apperçoit aucune dent fenfible ; c'eft un ovaire alongé, continué par un ftil en forme de corne, & terminé par un ftigmate velu qui fait partie du ftil. Les dix étamines forment une gaîne dans laquelle l'ovaire du piftil eft enfermé : elles font diftinctes, inégales à leur fommet, & la réunion de leur bafe forme une membrane que nous avons repréfentée ouverte (*e*).

Le fruit (*f*) fuccede au piftil ; c'eft un légume long & cylindrique, compofé de deux valves (*g*) qui forment par leur réunion une feule loge qui renferme les graines (*h*).

Les jeunes branches de Genêt d'Efpagne, brûlées, dépofent une huile qui eft cauftique, & qu'on peut employer contre les dartres, fi toutefois il eft prudent de guérir les dartres, fur-tout par le moyen des cauftiques. C'eft une queftion qui refte encore indécife entre les plus grands Médecins, & nous ne nous permettrons pas de la décider. Les cendres du bois de Genêt font apéritives, & s'emploient en infufion.

Les fleurs & les femences de Genêt font apéritives, propres pour la gravelle, pour la pierre, pour les obftructions de la rate, pour les humeurs fcrophuleufes & pour exciter l'urine. On emploie les fommités des branches chargées de fleurs & les femences en décoction : elles provoquent quelquefois le vomiffement. Le fuc des jeunes branches, tiré par expreffion, s'ordonne à la dofe d'une once ; il purge par haut & par bas. On donne la conferve de fleurs à la dofe d'une demi-once, & la poudre des femences à un ou deux gros : on prépare un firop de fleurs de Genêt, ou leur infufion dans l'eau commune qu'on fait bouillir légérement avec les fommités de menthe ou de farriette : on les ordonne depuis une once jufqu'à deux dans l'hydropifie, dans la goutte, dans le rhumatifme, & dans les maladies du foie, de la rate & du méfentere. La fumigation des fleurs eft utile aux hydropiques pour diffiper l'enflure des jambes. Les cendres de Genêt, infufées dans le vin blanc, foulagent les hydropiques. Dodonée, qui recommandoit ce remede, ordonnoit auffi l'infufion des jeunes branches pour faire paffer les eaux & les urines des hydropiques. Claudius y ajoutoit du fel d'abfinthe, & il a publié ce remede comme un grand fecret pour l'hydropifie. L'extrait des feuilles de Genêt a les mêmes vertus.

On confit les fleurs de Genêt avant leur épanouiffement avec le vinaigre ou l'eau-de-vie ; de cette maniere elles font ftomachiques, & excitent l'appétit. On fait que les acides affoibliffent les purgatifs ; c'eft pour cette raifon que, préparées de cette maniere, elles n'excitent point le vomiffement ; cependant Simon Pauli prétend que l'infufion de deux gros de fes fleurs eft purgative. Sa conferve & l'extrait des fleurs font propres pour les maladies de l'eftomac : on les emploie dans les pilules balfamiques que l'on fait prendre au commencement du repas.

Les fleurs du Genêt d'Efpagne entrent dans la décoction apéritive, hépatique, & dans le firop hydragogue de Charas.

Le Cassis ou Groseiller à Fruit noir.

Ribes Nigrum . L . S . P .

Angl. Black - Currant. Allem. Johannis-beer - Strauch - mit Schwartzen trauben.

Cte. de Pannis Regnault f.

LE CASSIS, ou GROSEILLER A FRUIT NOIR,

ARBRISSEAU DU NOMBRE DES PLANTES RAFRAÎCHISSANTES.

Groffularia non fpinofa, fructu nigro majore. C. B. P. 455. *Ribes nigrum.* L. S. P.

TOURNEF. claff. 11. fect. 8. gen. 7. LINN. Pentandria Monogynia. ADANS. 32. Famille des Pourpiers.

LE GROSEILLER à fruit noir eft commun en Languedoc : on le cultive dans les jardins. C'eft un arbriffeau qui s'éleve peu ; fon bois eft couvert d'une écorce brune & raboteufe : on le multiplie aifément de rejettons enracinés, ou de boutures d'un pied de long qu'on coupe fur de vieux bois & qu'on plante en terre à la profondeur de huit pouces, & à la diftance de fix pieds au moins l'un de l'autre. Dans toutes les plantations on ne court aucun rifque d'efpacer les plants plus que moins ; quand les racines des fujets fe communiquent, leur avidité à pomper les fucs de la terre, les expofe à fe ravir mutuellement la fubfiftance ; c'eft par cette raifon qu'on fait rarement des planches entieres de cet arbriffeau : on le plante quelquefois en quinconces, & le plus ordinairement on le place dans l'intervalle des buiffons : on le plante au printemps & en automne. Quoique toutes fortes d'expofitions lui foient propres, celle du midi eft la plus favorable : la chaleur augmente la qualité de fes fruits. Cet arbriffeau eft peu propre à former des efpaliers : on le plante ordinairement en buiffon : on le taille en forme ronde, & on évite la confufion des branches dans le centre pour que les fruits profitent plus également des rayons du foleil.

Nous avons repréfenté (*a a*) deux branches ; l'une eft dans l'état de floraifon, & l'autre eft chargée de fruits : elles font droites, & fortent naturellement de la tige depuis la bafe jufqu'au fommet ; on les y voit peu à la bafe dans les jardins, parceque les jardiniers ont foin de les détruire, ainfi que les rejettons qui affament le fujet & ne font bons qu'à receler les infectes, les limaçons & les plantes parafites. Les feuilles font alternes le long des branches, portées par de longs pétioles fermes & cylindriques : elles font divifées en trois lobes principaux qui fe fubdivifent en quelques autres ; chacun des principaux lobes eft foutenu par une nervure droite, & terminé par les dentelures qui bordent la feuille.

Les fleurs naiffent dans les aiffelles des feuilles, difpofées en grappes pendantes : elles font rofacées, compofées de cinq pétales adhérents, pour ainfi dire, au calice, comme nous l'avons démontré dans le calice ouvert (*b*), lequel eft un tube court à cinq divifions. Les cinq étamines font oppofées aux divifions du calice, & font l'alternative avec les pétales. Le piftil (*c*) eft placé au centre ; il eft compofé de l'ovaire, d'un ftil & de deux ftigmates qui le couronnent. Les fruits (*d*) fuccedent aux fleurs ; chacun d'eux eft une baie fphérique, fucculente, renfermant plufieurs graines longues & anguleufes.

Les feuilles & les fleurs du Caffis ont une odeur forte & défagréable, & les fruits reftent acerbes quoique mûrs. Les feuilles & les fruits font eftimés ftomachiques, diurétiques & diaphorétiques : on prend fes feuilles en infufion théiforme pour fortifier l'eftomac : cette infufion eft propre, fuivant Chomel, à appaifer la migraine, & réparer l'effet des mauvaifes digeftions, à diffiper les dégoûts qui en font la fuite, à détruire les glaires des reins & de la veffie. Son fuc convient dans les maux de gorge, foit en boiffon avec du fucre & en forme de firop, foit en gargarifme.

La mode impérieufe fur le choix des Médecins ainfi que des remedes [dit le même Auteur], avoit introduit depuis quelque temps l'ufage des feuilles, du fuc, du firop & du ratafia de Caffis : il vient de retomber dans l'oubli, quoique plufieurs perfonnes aient cru que cette plante étoit une panacée univerfelle. Quoi qu'il en foit, on en fait un fort bon ratafia qui n'a pas les inconvénients des ratafias ordinaires qui échauffent beaucoup & dont l'ufage eft fi pernicieux ; mais qui, en facilitant la digeftion, tempere l'ardeur de l'eftomac. Ce ratafia fe fait de la maniere fuivante.

On prend une pinte de bonne eau-de-vie : on y met une demi-poignée de framboifes pour en tirer la teinture : on ajoute enfuite deux livres & demie de Caffis bien mûr, qu'on a eu foin d'égratigner ; il faut auffi en couper exactement une petite pointe noire reftée après la fleur, & qui, fi on la laiffoit, rendroit le ratafia défagréable. On met le tout dans une cruche des grès neuve & bien vernifée, & on le laiffe infufer à l'ombre pendant deux ou trois mois ; après ce temps on retire la liqueur, on la fait paffer par la chauffe, & fur chaque pinte on ajoute fix onces de fucre, qui aura été fondu auparavant dans de l'eau de fontaine ou de riviere. On conferve ce ratafia dans des bouteilles pour l'ufage.

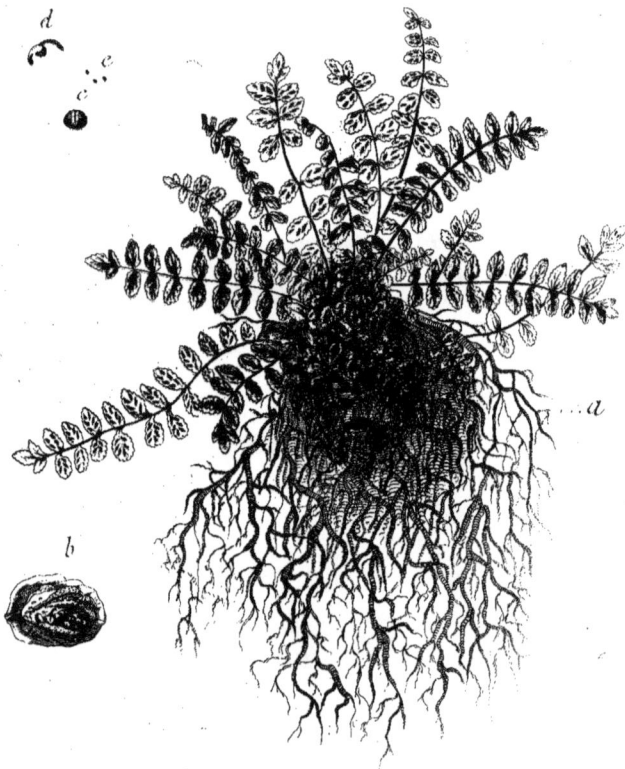

Le Politric

Asplenium   Trichomanes. L. S. P.

Ital. Politrico Angl . English-black, Maiden - hair. Allem. Wider - Thon .

LE POLITRIC,

PLANTE VIVACE, DU NOMBRE DES BÉCHIQUES.

Trichomanes, five Politricum officinarum. C. B. P. 356. *Afplenium Trichomanes.* L. S. P.

TOURNEF. claff. 16. fect. 1. gen. 3. LINN. Cryptogamia filices. ADANS. 58. Famille des Mouffes.

LE POLITRIC eft une des efpeces de capillaire. Cette plante s'attache ordinairement dans les fentes des rochers, fur les vieux murs humides, dans les puits & dans les fontaines.

Sa racine (*a*) eft compofée d'un nombre confidérable de fibres chevelues & rameufes; la fineffe des fibres leur donne la facilité de s'introduire dans les interftices des pierres & d'y pomper la fubftance néceffaire aux progrès & à l'entretien de la plante; & la Nature, fage dans toutes fes productions, femble les avoir multipliées pour fuppléer par leur nombre à l'infuffifance de chacune en particulier.

Le Politric n'a point de tige; les pétioles des feuilles lui en tiennent lieu: elles font toutes radicales; les folioles qui les compofent font rangées par paires & terminées par une impaire fur les pétioles, lefquels font, pour ainfi dire, de la fineffe des cheveux, & ont fait donner par cette raifon à la plante le nom de *Capillaire*. Ces folioles font prefque rondes, crenelées en leurs bords, & feffiles.

Les fleurs naiffent fur le revers des feuilles, rangées par paquets ovales fous chaque divifion des feuilles. Nous en avons repréfenté une (*b*) vue par derriere, & augmentée au microfcope, dans laquelle on remarque, autant qu'il paroît poffible, la floraifon & la fructification. Les fruits font enveloppés dans quelques écailles. Ces fruits paroiffent autant de capfules (*c*) fphériques à une feule loge, fermées par deux valves ou coques fphériques & adhérentes par leur bafe. Ces valves font foutenues par un cordon à reffort, qui, par fa contraction, fe détache & fait crever les capfules, comme nous l'avons démontré dans la figure (*d*). Les capfules renferment les femences (*e*). Ces trois figures font augmentées, ainfi que la premiere.

Cette plante eft apéritive, pectorale, déterfive, propre pour les maladies de la rate, & pour exciter les écoulements périodiques. On l'emploie en infufion comme le thé, & en décoction.

Le Politric a toutes les vertus des autres capillaires, & peut leur être fubftitué dans les différentes maladies où on les emploie. Voyez les notices de chacun d'eux. Il eft plus incifif que le capillaire commun, & convient, fur-tout, dans les coqueluches des enfants, dans l'afthme humide, dans les obftructions des vifceres du bas-ventre, & particuliérement dans celles de la rate.

Le Jujubier

Rhamnus Zizyphus. L. S. P.

Ital. Giuggiolo. Angl. Jujube - tree. Allem. Brust - Beerlein - Baum.

G.re de Mangis Regnault f.

36

LE JUJUBIER,

ARBRISSEAU DU NOMBRE DES PLANTES BÉCHIQUES.

Jujubæ majores oblongæ. C. B. P. 446. *Rhamnus zizyphus.* L. S. P.

TOURNEF. claff. 21. fect. 7. gen. 6. LINN. Pentandria monogynia. ADANS. 42. Famille des Jujubiers.

LE JUJUBIER aime les climats chauds ; il eft affez commun dans nos provinces méridionales ; il fe plaît dans les terreins chauds & en belle expofition, néanmoins toutes fortes de terres lui conviennent : on en trouve même en Italie dans les carrefours & dans les places publiques : on le cultive, quoique rarement, dans les climats tempérés. Comme le foleil prodigue moins fes bienfaits, on appelle l'Art au fecours de la Nature ; une terre graffe & l'appui d'une muraille expofée au midi, qui renvoie les rayons de cet aftre bienfaifant, fupplée en quelque forte au degré de chaleur néceffaire à cet arbre. Quoi qu'il en foit, la curiofité peut feule engager à cultiver cet arbre fous notre climat, parceque les fruits y acquierent difficilement un certain degré de maturité. On peut élever le Jujubier par les femences : on plante les noyaux des Jujubes dans une planche de bonne terre légere, bien ameublie & expofée au midi ou au levant ; il fuffit que cette planche ait trois pieds de large fur quinze pieds de long : il faut faire ce travail au mois d'Avril ou de Mai : on laiffe tremper les noyaux dans l'eau pendant huit jours avant de les confier à la terre, qui doit être fumée avec de la marne bien confommée ; ou fi cet engrais naturel manque, on lui fubftitue le terreau de fumier de cheval, mêlé avec égale quantité de fumier de mouton bien pourri : on place les noyaux trois par trois, dans des trous peu profonds, que l'on fait avec le plantoir, en droite ligne, enfuite on les recouvre avec le rateau. Il eft néceffaire de les arrofer de temps en temps avec de l'eau qui ait perdu fa crudité, à l'heure de midi, jufqu'à ce qu'ils fortent de terre, & le foir, quand ils font levés ; alors on a foin de les labourer & de les farcler. Lorfqu'ils ont acquis un pouce de groffeur, on les leve pour les mettre en place, dans le mois de Novembre ; ils ne demandent plus que de légers labours & quelques arrofements.

Le Jujubier eft de la grande taille des arbriffeaux. Sa tige eft tortueufe ; fon bois eft couvert d'une écorce rude, raboteufe & crevaffée. Les jeunes branches font pliantes : elles font armées, à leur infertion avec les groffes branches, de deux épines fermes & piquantes qui tiennent lieu de ftipules. Les feuilles font alternes, portées aux branches par des pétioles très courts : elles font ovoblongues, obtufes, dentelées finement, & traverfées longitudinalement par des nervures fenfibles. Les fleurs naiffent dans les aiffelles des feuilles, difpofées en corymbe, portées par des pédicules très courts : elles font rofacées, compofées de cinq pétales très petits, & creufés en cuilleron, qui font attachés par leur bafe fur le bord du tube du calice alternativement avec fes divifions & au-deffus des bords du difque ; de maniere qu'ils font fort éloignés de l'ovaire, comme on le voit dans la figure (*a*), où la fleur eft repréfentée de face. Les cinq étamines font attachées, de même que les pétales, au bord du calice. Le piftil eft pofé, fur un difque de la figure du fruit de la mauve, au centre du calice. Nous avons repréfenté le calice (*b*) vu en deffous ; il eft monophylle, divifé en cinq dents plus grandes que les pétales qui occupent les intervalles. Ces deux figures font augmentées au microfcope. Le fruit (*c*), qui fuccede au piftil, eft vulgairement connu fous le nom de *Jujube* ou *Gingeole* ; de même que l'arbre s'appelle *Jujubier* ou *Gingeolier* : c'eft une baie ovale, d'abord verte, & rouge à fa maturité. Nous l'avons repréfenté (*d*) coupée tranfverfalement pour laiffer voir l'efpace qu'occupe le noyau (*e*), lequel eft coupé (*f*), & renferme l'amande (*g*).

On cueille les Jujubes au commencement de l'automne, & on en fait des poignées qu'on pend au plancher dans un lieu fec pour les conferver, après les avoir fait un peu fécher au foleil. Le goût des Jujubes eft doux & agréable : elles peuvent fe conferver deux ans quand elles font féchées avec précaution & confervées dans un lieu fec. Dans les pays dont la température ne permet pas la récolte de ce fruit, on l'obtient par la voix du commerce ; il faut les choifir récentes, groffes, bien nourries, d'une belle couleur rouge, & s'affurer par le goût fi elles n'ont point été échauffées dans les balles.

Les Jujubes font fort eftimées pour les maladies de la poitrine : on en met une douzaine dans une pinte de tifane : on les ordonne communément avec les fébeftes, les dattes, & les autres fruits pectoraux : mais il faut prendre garde à la dofe ; car au lieu d'une tifane légere, qui fe diftribue facilement dans le fang pour le délayer, on fait fouvent une décoction trop épaiffe & trop chargée, laquelle dégoûte un malade, fatigue fon eftomac & le gonfle, & par conféquent augmente fouvent l'oppreffion & la difficulté de refpirer, loin de l'adoucir : quand la tifane fe trouve trop épaiffe, il faut y ajouter de l'eau. Les Jujubes entrent dans la plupart des firops compofés qu'on prépare pour le poumon, entre autres dans celui qui en retient le nom, qui eft de la compofition de Méfué, dans le firop d'hyfope, dans le *looch fanuna*, & dans le lénitif fin.

La Paquette.

Bellis Perennis. L. S. P.

Ital. Bellide, margheritina Angl. Common daisie Allem. Map - lieben.

Gr. de Purys Regnault f.

LA PAQUETTE, ou PETITE MARGUERITE,

PLANTE VIVACE, DU NOMBRE DES ASTRINGENTES.

Bellis fylveftris minor. C. B. P. 267. *Bellis perennis.* L. S. P.

TOURNEF. claff. 16. fcct. 3. gen. 1. LINN. Syngenefia polygamia fuperflua. ADANS. 16. Fam. des Compofées.

LA PAQUETTE, affez vulgairement nommée *Pâquerette*, fe trouve naturellement dans les prés : elle fe rencontre auffi le long des grands chemins, dans quelques terreins incultes & fur les gazons. Cette plante ne doit fon nom à aucune reffemblance : le terme de fa floraifon, qui arrive aux environs de Pâques, lui a valu le nom de *Pâquette*. Sa racine (*a*) eft compofée de plufieurs fibres fimples. Les feuilles font radicales, fimples, ovales, légérement crenelées, portées au fommet de la racine par leur bafe, qui eft longue & menue : elles font épaiffes, fucculentes & couchées à terre. Les tiges font des hampes nues, au fommet de chacune defquelles eft portée une fleur. Les fleurs font radiées, compofées d'un amas de fleurons hermaphrodites dans le difque, & environnées de demi-fleurons femelles qui forment la circonférence. Le fleuron (*b*) eft un tube divifé à fon extrémité en cinq dents prefque infenfibles. Les étamines font attachées aux parois du tube, dont elles n'excedent pas la longueur. Le piftil traverfe la corolle : il eft compofé de l'ovaire, d'un ftil long, & d'un ftigmate. Le demi-fleuron (*c*) eft un tube menu, terminé par une languette découpée en trois dents. Les fleurons & les demi-fleurons font raffemblés dans une enveloppe (*d*) qui leur eft commune, laquelle eft compofée de plufieurs feuilles tuilées & obtufes, & leur bafe eft attachée fur un réceptacle conique qui eft placé au centre de cette enveloppe. Les femences (*e*) qui fuccedent aux fleurs font folitaires, ovoïdes, applaties & nues.

La Pâquerette eft rafraîchiffante, aftringente, vulnéraire & confolidante ; cette derniere propriété a été caractérifée par le nom de *folidago*, qu'elle a reçu d'un Auteur ancien, parcequ'elle confolide les plaies par le fuc glutineux qu'elle contient. Elle eft propre pour arrêter le cours de ventre & les hémorrhagies, & pour les inflammations des yeux.

Les feuilles & les fleurs de Pâquette entrent dans l'eau vulnéraire, dans les décoctions & dans les infufions qu'on donne à ceux dans lefquels on foupçonne intérieurement du fang caillé ou extravafé, à la fuite de quelque chûte ou de quelque coup. Ceux qui crachent du pus fe trouvent bien auffi de la tifane faite avec cette plante : elle convient dans la pleuréfie. Ruel affure qu'un cataplafme fait avec la Pâquette & l'armoife, fond les tumeurs fcrophuleufes, réfout celles où il y a inflammation, & foulage les goutteux & les paralytiques ; c'eft auffi le fentiment de Needam. Céfalpin eftime cette plante pour les plaies de la tête, & en ordonne le jus qu'on peut faire prendre à deux ou trois onces.

Les fleurs de Pâquerette, avec l'herbe à Robert, amorties fur une pelle chaude, & appliquées fur la tête, foulagent confidérablement la migraine, fuivant le rapport de Chomel, qui dit en avoir vu les effets. Céfalpin recommande, pour la teigne, l'onguent fait avec le fain-doux & les fleurs de petite marguerite.

Wepfer employoit la Pâquette avec la nummulaire & le creffon d'eau dans la pulmonie. On fait prendre dans la même maladie, à jeun, quatre onces d'eau de chaux qu'on a verfée toute bouillante fur une pincée de fleurs & de feuilles de cette plante. Quelques perfonnes fe contentent de faire macérer cette plante dans l'eau de chaux après qu'elle a bouilli ; ils l'y laiffent pendant la nuit feulement. Michael dit qu'il a guéri quelques hydropiques par l'ufage de cette plante cuite dans le bouillon : on peut auffi en boire le fuc clarifié à deux ou trois onces. Schroder obferve que les femmes de fon pays donnent la décoction des feuilles & des fleurs de cette plante à leurs enfants pour les purger. La décoction eft moins purgative que le fuc de la plante.

Le Chardon à Foulon ou à Bonnetier

Dipsacus Fullonum . L. S. P.

Gre de Nangis Regnault. Ital. *Cardo da Scardassare Dipsaco* Angl. *Manured Teasel* Allem. *Weber-kraute Weber-Diesel.*

58

LE CHARDON A FOULON, ou A BONNETIER,

PLANTE BISANNUELLE DU NOMBRE DES OPHTHALMIQUES.

Dipsacus sativus. C. B. P. 385. *Dipsacus fullonum.* L. S. P.

TOURNEF. claff. 11. feĉt. 6. gen. 1. LINN. Tetrandria Monogynia. ADANS. 10. Famille des Scabieufes.

ON trouve le Chardon à Foulon dans quelques contrées de l'Italie, de la France & de l'Angleterre; mais comme la Nature ne le donne pas affez abondamment pour fuffire à la grande confommation qui s'en fait dans les manufaĉtures, on s'eft attaché particuliérement dans quelques provinces de France, & fur-tout en Picardie, à la culture de cette plante. On feme la graine à la fin de Mars ou au commencement d'Avril dans une terre bien ameublie par les labours : on la feme à claire voie, afin que le jeune plant ne s'étouffe pas, enfuite on le recouvre avec la herfe ou le rateau : on choifit pour cette femaille un petit terrein ; car la production qui en réfulte n'eft, pour ainfi dire, qu'une pepiniere. Six femaines ou deux mois après qu'on a fait cette femaille, on leve le jeune plant pour lui donner une nourriture plus abondante & un terrein plus étendu : on le tranfplante dans une terre bien amendée par les engrais : on laiffe un pied & demi de diftance entre chaque pied, & on preffe la terre tout autour, en la piétinant, pour mieux affurer les racines : on a foin de les farcler pour que des plantes inutiles ne raviffent point la fubftance qui leur eft deftinée. La premiere récolte fe fait à la fin de Septembre : elle confifte dans ce qu'on appelle vulgairement *tête de chardon;* c'eft l'affemblage de tous les calices qui ont renfermé les fleurs, comme nous le dirons dans la defcription : on arrache feulement celles qui ont fleuri cette premiere année, & on laiffe les autres pour les cueillir l'année fuivante quand elles auront fleuri à leur tour. Cette récolte eft un objet important pour les Cultivateurs ; quelques-uns préferent la culture de cette plante à celle du bled. Le Chardon à Foulon eft fi néceffaire aux Bonnetiers & aux Drapiers drapants, qu'on trouve fouvent plus de profit à fa culture qu'à celle du froment. En 1772 plufieurs Fabriquants Anglois ont emporté la majeure partie de la récolte de Picardie, au prix que les Cultivateurs leur en demandoient. Les têtes commencent à fleurir par le fommet, & la chûte des fleurs de la bafe annonce le temps de la récolte : on les coupe le foir ou le matin, à un demi-pied de longueur, puis on en fait des paquets de dix ou douze, qu'on pend à l'ombre féparés les uns des autres ; ou bien on les expofe au vent, & jamais au foleil ni dans les endroits humides. On évite auffi de les approcher des grains, de crainte de leur communiquer la vermine à laquelle le Chardon eft fujet. Cette vermine ronge fouvent la tige du Chardon & la fépare de la tête ; c'eft pourquoi on les fufpend ordinairement à des perches fous des hangards ou autres lieux couverts, fans les mettre les uns fur les autres. Quand ils ont été ainfi expofés quelques jours, on choifit ceux qui font propres à carder les bonnets : ce font les plus eftimés ; les autres ne font propres que pour les draps, & la derniere qualité ne s'emploie que pour les couvertures.

La racine du Chardon à Foulon (a) eft charnue & blanchâtre ; c'eft un pivot garni de quelques fibres peu rameufes. Les tiges s'élevent de trois à quatre pieds : elles font droites, radicales, creufes, cannelées, hériffées, à leur fommet fur-tout, d'épines courtes & dures. Les feuilles font oppofées deux à deux le long de la tige : elles font longues, entieres, découpées légérement & inégalement, & terminées en pointe ; leur bafe s'attache immédiatement à la tige qu'elles embraffent par leur réunion. Il fe forme de cette réunion un baffin naturel qui recele les gouttes de pluie & de rofée : elles font foutenues par une nervure droite, armée au revers de la feuille de plufieurs épines aiguës. Les branches fortent des aiffelles des feuilles & portent les mêmes caracteres que la tige.

Les fleurs naiffent au fommet de la tige & des branches, ramaffées en tête par une enveloppe commune qui eft formée par plufieurs lames fimples. Ces têtes font compofées d'un amas de fleurons hermaphrodites. Nous en avons repréfenté un (b) ; c'eft un tube menu & prefque égal dans fa longueur, divifé en trois ou quatre dents. Les étamines fuivent communément le nombre des divifions de la corolle dont elles excedent la longueur. Le piftil eft au centre ; il eft compofé du ftil qui eft pofé fur l'ovaire, & d'un ftigmate qui ne paroît pas diftinĉt du ftil. M. Adanfon a obfervé qu'il ne confifte qu'en un fillon velouté, qui regne fur un côté du ftil vers fon extrémité. La corolle repofe dans le calice (c), lequel eft un tube terminé par une lame recourbée en deffous qui renferme une feule graine (d). La lame du calice eft ferme, & c'eft à fa forme que le Chardon doit fon utilité dans les manufaĉtures. On enfile la tête de Chardon avec une petite broche de fer qui fait l'office d'aiffieu : elle eft foutenue par un manche fourchu, qui lui laiffe affez de mobilité pour faire rouler le Chardon fur les étoffes qu'on veut parer. Le Chardon n'eft pas feulement utile dans les Arts : fes vertus médicinales font communes ; les têtes & les racines font fudorifiques & apéritives. Tragus & plufieurs autres Auteurs affurent que l'eau dépofée dans la cavité de fes feuilles eft excellente pour appaifer l'inflammation & la rougeur des yeux. C'eft encore un cofmétique propre à embellir & décraffer la peau. Schroder eftime la décoĉtion de cette plante dans le vin pour raffermir les rhagades ou gerçures du fondement.

Mayerne recommande la poudre de cette plante à la dofe d'un gros, prife dans la décoĉtion de la même plante, ou quelque autre liqueur convenable, pour le crachement de fang.

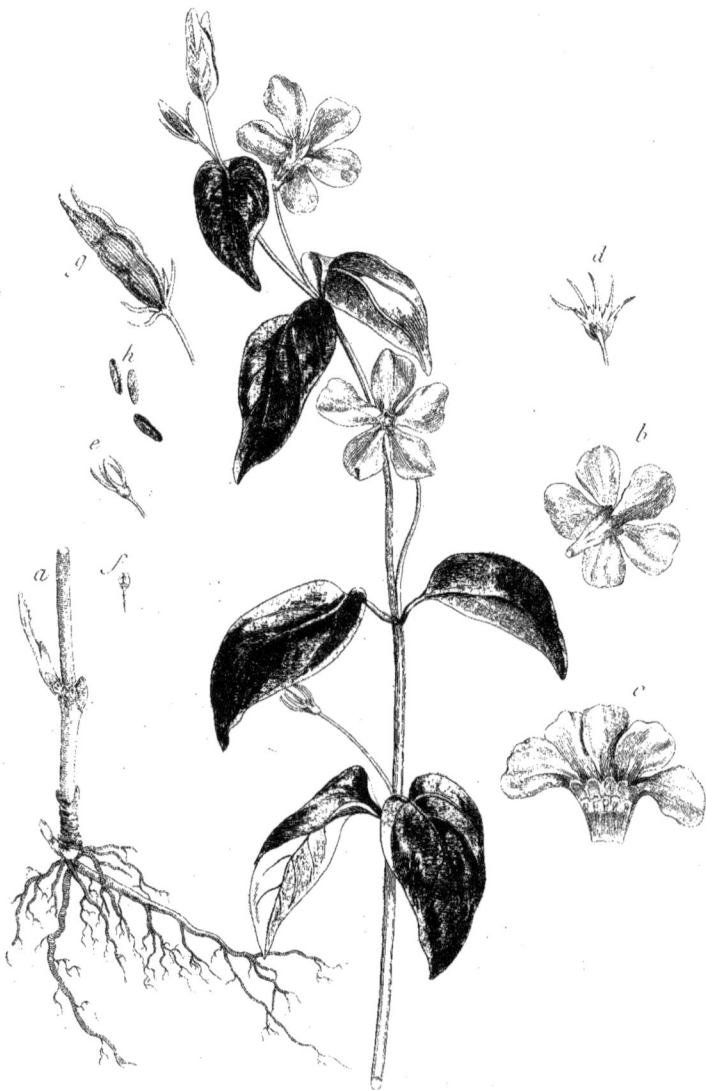

La Grande Pervenche.

Vinca Major. L. S. P.

Gce. de Ranges Regnault. Ital. Provinca Angl. Perwinkle. Allem. Sinngrün.

LA GRANDE PERVENCHE,

PLANTE VIVACE, DU NOMBRE DES VULNÉRAIRES-ASTRINGENTES.

Clematis Daphnoïdes major. C. B. P. 302. *Vinca major.* L. S. P.

TOURNEF. claff. 2. fect. 1. gen. 6. LINN. Pentandria Monogynia. ADANS. 23. Famille des Apocyns.

LA GRANDE PERVENCHE croît naturellement dans les bois, dans les terreins humides & ombragés. Sa racine (*a*) eft fibreufe & traçante. Ses tiges font grêles & farmenteufes : elles s'élevent d'environ deux pieds, fans fuivre aucune direction particuliere : elles cherchent l'appui de tout ce qui les avoifine, & s'y attachent. Les feuilles font oppofées le long de la tige deux à deux ou trois par trois : elles font portées par des pétioles courts, qui, par leur continuation, forment, jufqu'à l'extrémité de la feuille, une nervure droite & fenfible : elles font entieres, ovales, terminées en pointe, unies à leur bord, fermes, luifantes. C'eft dans les aiffelles des feuilles que les fleurs prennent naiffance : elles s'élevent par le fecours des pédicules longs & cylindriques qui les foutiennent.

Les fleurs font hermaphrodites : chacune d'elles eft un tube (*b*) plus long que le calice : il s'évafe à fon extrémité en foucoupe, & fe divife en cinq parties larges & ovales. La corolle femble doublée depuis l'origine des divifions jufqu'à la bafe du tube : cette addition eft fenfible dans l'intérieur de la corolle : elle s'y manifefte par cinq petites lames arrondies & creufées en cuillers qui font corps avec le tube. Nous les avons repréfentées dans la corolle ouverte (*c*). Ces cinq lames font réunies dans la fleur & forment un pentagone régulier, & laiffent voir le piftil au centre, comme on le voit dans la fleur vue de face, qui tient à la tige. On voit dans la corolle ouverte les cinq étamines qui font égales & attachées à la même hauteur au tube de la corolle, alternativement avec fes divifions, & en oppofition avec celles du calice. Le calice eft repréfenté ouvert (*d*) ; il eft monophylle, divifé en cinq dents longues & étroites. Nous l'avons repréfenté entier (*e*) ; il perfifte jufqu'à la maturité du fruit. Le piftil (*f*) eft placé au centre ; il eft compofé de deux ovaires, d'un ftil commun aux deux ovaires, qui les réunit par le haut feulement, & terminé par deux ftigmates hémifphériques ; il repofe fur un difque qui porte deux petites pointes glanduleufes qui s'élevent entre les deux ovaires ; il produit par fa maturité une double filique (*g*) où font renfermées les graines (*h*). La grande Pervenche avorte auffi communément que la petite, & on ufe du même artifice pour en obtenir du fruit. Voyez la notice de cette plante.

Les propriétés des deux Pervenches font les mêmes ainfi que leurs caracteres. La petite Pervenche ne differe de celle-ci que par la minorité de toutes fes parties ; & plufieurs Auteurs prétendent que la grande Pervenche differe de la petite, pour les vertus, autant que celle-là differe d'elle pour les caracteres. Quoi qu'il en foit, on les emploie affez indifféremment l'une ou l'autre. Toute la plante coupée rend un fuc verdâtre ; les feuilles ont un goût amer, défagréable & mêlé d'acrimonie. L'ufage le plus ordinaire de cette plante eft pour modérer le flux furabondant des écoulements périodiques, & celui des hémorrhoïdes quand il eft immodéré. Dans le faignement de nez, on met dans les narines des tampons de feuilles de Pervenche pilées pour arrêter l'hémorrhagie. Cofteus affure même qu'il a vu plufieurs pertes de fang par le nez s'arrêter en prenant dans la bouche des feuilles de cette plante. Agricola donne le gargarifme de la décoction de cette plante pour un des meilleurs remedes que l'on puiffe employer dans l'efquinancie qui menace de fuffocation. Ce gargarifme eft auffi très utile pour les maux de gorge.

La Pervenche écrafée & appliquée fur les mamelles fait revenir le lait aux nourrices, fuivant le rapport de quelques Auteurs. Dans l'hydropifie, on emploie utilement le lait diftillé, dans lequel on a fait macérer pendant vingt-quatre heures la Pervenche, la tanaifie & l'eupatoire d'Avicenne. La décoction ou l'infufion de Pervenche eft utile dans le crachement de fang : elle eft falutaire auffi pulmoniques : on la mêle avec partie égale de lait écrêmé. Ce remede, au rapport de Chomel, eft propre pour la dyffenterie ; il dit l'avoir employé fouvent & avec fuccès pour les fleurs blanches. Pour cela on verfe deux pintes d'eau bouillante fur trois poignées de feuilles de Pervenche, on couvre le pot, on le retire du feu, & on fait boire l'infufion par verrées ; ou bien on la fait infufer comme le thé : la dofe eft d'une bonne pincée pour un demi-feptier d'eau.

L'infufion de Pervenche & la tifane dans laquelle on la fait entrer, font des boiffons propres dans la pleuréfie. Garidel s'en fervoit avec fuccès dans le crachement de fang, en la faifant bouillir avec les écreviffes, & en donnant un bouillon le matin pendant un temps un peu confidérable.

Le Houx Frelon.
Ruscur aculeatus. L . S. P.
Ital. Rusco, Pugnitopo. Allem. Mænsdorn. &c. keerbester.

170

LE HOUX FRÉLON,

PLANTE VIVACE, DU NOMBRE DES APÉRITIVES.

Ruscus. C. B. P. 470. *Ruscus aculeatus.* L. S. P.

Tournef. class. 1. sect. 2. gen. 3. Linn. Dioecia syngenesia. Adans. 8. Famille des Liliacées.

CETTE PLANTE est encore connue sous les dénominations de *Houffon, petit Houx, Fragon, Myrte sauvage* ou *épineux, Buis* ou *Bouis piquant.* Cette multitude de surnoms, qui répand de l'obscurité dans la connoiffance des plantes d'ufage fur-tout, exigeroit un dictionnaire particulier. Le défaut d'uniformité dans le langage des gens de la campagne, souvent dans la même contrée, a donné lieu à tous ces surnoms, & la groffiéreté de leur patois a corrompu une partie des noms spécifiques. Nous avons éprouvé nous-mêmes que les payfans dénomment quelquefois les plantes par rapport à l'emploi qu'ils en font. A la porte de Paris (pour ainfi dire), aux environs d'Argenteuil, un Payfan vantoit les merveilleux effets d'une plante qu'il appelloit *le poiffon-de-lait.* Il étoit difficile de reconnoître la plante à cette dénomination, auffi n'y fommes-nous parvenus qu'à la vue de cette plante que le Payfan cueillit dès qu'il l'eut rencontrée. C'étoit la *fumeterre* ou *fiel-de-terre*, laquelle s'emploie affez communément dans le lait.

Le Houx frêlon fe rencontre dans les bois & parmi les buiffons. La racine eft groffe, noueufe, blanche & traçante. Les tiges s'élevent à la hauteur d'environ deux pieds : elles font cylindriques fermes & canelées. Les rameaux font alternes. Les feuilles font nombreufes fur les rameaux : elles font alternes ainfi qu'il qu'eux ; leur forme a quelque reffemblance avec celle des feuilles du buis ; c'eft ce qui a fait appeller la plante *buis piquant.* Les feuilles font feffiles ou attachées aux rameaux par leur bafe, ovales, terminées en pointe aiguë, entieres, fermes & unies.

Les fleurs naiffent folitaires dans les aiffelles des feuilles, où elles font foutenues par de longs pédicules : elles font monopétales. Nous en avons repréfenté une (*a*) augmentée à la loupe : elle eft divifée en fix parties, dont trois font grandes & les trois autres médiocres, comme on le voit en (*b*). Par cette difpofition, on croit naturellement que c'eft une corolle à trois divifions portée par un calice divifé en autant de parties. Mais comme ce calice eft adhérent à la corolle, quelques Auteurs prétendent que les fix divifions ne forment qu'un calice coloré qui renferme les parties fexuelles. Les fix étamines font réunies par leurs filets : elles environnent le piftil (*c*) qui eft placé au centre de la fleur ; il eft compofé d'un feul ovaire & d'un ftil peu diftingué du ftigmate, lequel eft partagé en trois petites pelotes velues. Ces deux figures font augmentées, ainfi que la premiere.

Le fuit (*d*) qui fuccede au piftil eft une baie molle, ronde. Nous l'avons coupé tranfverfalement (*e*) (*f*). La premiere de ces figures laiffe voir la place qu'occupe la graine (*g*), laquelle eft ronde, dure & liante comme de la corne : quelquefois le fruit renferme deux de ces graines.

La racine du Houx frêlon eft une des cinq racines apéritives majeures, qui font celles d'ache, d'afperge, de fenouil, de caprier & de petit Houx. Elle s'emploie, ainfi que les autres, dans les bouillons, les tifanes & les apozemes. Elle eft propre pour emporter les obftructions des vifceres, & pour diffiper les ardeurs d'urine. On l'ordonne dans la jauniffe, les pâles couleurs, l'hydropifie, la gravelle & la néphrétique, à la dofe depuis demi-once jufqu'à une once en décoction. Jean Bauhin & Riviere vantent fort l'ufage de ce remede ; ils affurent qu'ils ont vu guérir des hydropiques défefpérés, par l'ufage de cette fimple décoction.

L'infufion de la racine de cette plante, à la dofe d'un gros, dans un demi-feptier de vin blanc, avec autant de fel de grande fcrophulaire & de filipendule, prife pendant plufieurs jours de fuite, aide la réfolution des tumeurs fcrophuleufes.

Les feuilles ont un goût amer & aftringent : on les ordonne infufées dans le vin blanc à la même dofe de demi-once jufqu'à une once. On fait auffi ufage des baies de petit Houx en décoction : elles ont les mêmes vertus que la racine, mais à un moindre degré. On tire une conferve de ces baies qu'on ordonne à la dofe d'une once dans les ardeurs d'urine : on emploie les femences dans la bénédicte laxative. Cette plante fleurit dans les mois d'Avril & de Mai.

Le Lupin

Lupinus Albus. L. S. P.

Ital. Lupino. Angl. Lupine. Allem. Feig-Bohnen, Lupinen.

G.^{te} de Bangis Raynault. C.

41

LE LUPIN,

PLANTE ANNUELLE, DU NOMBRE DES RÉSOLUTIVES.

Lupinus sativus flore albo. C. B. P. 347. *Lupinus albus.* L. S. P.

TOURNEF. claff. 10. fect. 2. gen. 1. LINN. Diadelphia Decandria. ADANS. 43. Fam. des Légumineufes.

LE LUPIN eft auffi connu fous la dénomination de *pois d'efclaves*, parcequ'il fert de nourriture aux Galé-riens. Cet aliment, qui ne fert plus aujourd'hui que de foutien à l'opprobre, étoit en recommandation chez les Grecs; on le fervoit communément fur les meilleures tables. Protogene, célebre Peintre de Rhodes, ami & rival d'Apelle, avoit une telle confiance en cette nourriture qu'il ne mangeoit que des Lupins quand il vou-loit fe rendre maître de fon imagination. Quoi qu'il en foit, les Médecins modernes regardent les Lupins comme un aliment dangereux; leur fuc groffier eft d'une très difficile digeftion : on n'en fait plus guere ufage que pour nourrir les beftiaux. En Efpagne & dans quelques pays chauds, on les cultive à cet effet; ils ne de-mandent qu'une terre médiocre. En Piémont & dans quelques-unes de nos provinces on fe fert de cette plante pour amender les terres, principalement pour les terreins fablonneux. On feme les Lupins vers la fin de Juin, fur les jacheres, immédiatement après la feconde façon; en forte que ces légumes font encore en verd quand il faut donner le troifieme labour, & femer le bled. On prétend que cet amendement dédommage avec ufure des légumes & du fourrage qu'on facrifie par cette méthode. Le Cultivateur eft-il d'accord ici avec l'Etymolo-gifte? Celui-ci fait dériver *lupinus* de *lupo*, loup; parceque, dit-il, le Lupin dévore la terre où il eft cultivé, de même que le loup dévore les animaux qu'il attrape.

La racine (*a*) du Lupin eft ligneufe : elle eft garnie vers fa bafe de quelques fibres légérement rameufes. Sa tige s'éleve d'un pied & demi ou deux pieds au plus : elle eft droite, cylindrique, velue. Les feuilles font alternes, foutenues à la tige par des pétioles longs & fermes : elles font digitées, compofées de p'ufieurs fo-lioles dont le nombre n'eft pas conftant. Ces folioles partent d'un centre commun, & font difpofées par rayons : elles font étroites à leur bafe, oblongues & terminées par une pointe prefque infenfible : elles font ve-lues en deffous & cotonneufes en deffus : elles ont un mouvement journalier ou périodique qui répond à celui de la lumiere du foleil; de forte qu'elles fe plient longitudinalement, s'inclinent vers le pétiole, & fe réflé-chiffent vers la terre lorfque le foleil eft couché, & qu'elles s'ouvrent & s'étendent horizontalement lorfqu'il reparoît fur l'horizon. Les rameaux fortent des aiffelles des feuilles; ils font ordinairement au nombre de trois, & portent les mêmes caracteres que la tige. Ces rameaux, qui n'éprouvent d'abord qu'un accroiffement pro-portionné à la hauteur de la tige, s'élevent après la ficcité des fleurs jufqu'à la hauteur de fon fommet.

Les fleurs naiffent au fommet de la tige & dans les aiffelles des feuilles rangées par étage & difpofées circu-lairement : elles font légumineufes, compofées de l'étendard (*b*); des ailes (*c*), lefquelles font réunies à leur extrémité; de la carene (*d*), qui eft divifée à fa bafe en deux onglets qui s'attachent au fond du calice (*e*), lequel eft monophylfe & partagé en deux levres. Les parties fexuelles font enveloppées par la carene & les ailes. Le faifceau des dix étamines réunies à leur bafe par une membrane, que nous avons repréfenté ou-vert (*f*), environne & féconde le piftil (*g*); & celui-ci devient, par fa maturité, un légume oblong, pointu, applati, coriace, à une feule loge, compofée par deux valves qui s'ouvrent longitudinalement comme nous l'avons fait voir dans la figure (*h*), & renfermant plufieurs graines (*i*) connues fous le nom de *Lupins*.

On retire des Lupins une farine qui eft l'une des quatre farines réfolutives, qui font celles de *feves*, d'*orobe*, d'*orge* & de *Lupins*. On fubftitue quelquefois à ces quatre farines celles de *froment*, de *feigle*, de *fenu-grec* & de *lin*. Dans les cataplafmes émolliens, on incorpore ordinairement la farine de Lupin avec l'oxymel pour les tumeurs des tefticules. La décoction des graines de Lupin eft apéritive, propre à déboucher le foie, & lever les obftructions des vifceres : elle excite les urines, favorife les écoulemens périodiques. Cette décoc-tion eft propre à nettoyer la peau & blanchir le vifage. La farine de Lupin, mêlée avec le miel & le vinai-gre, tue les vers. Tragus y ajoute les feuilles de rue & de poivre. La décoction de Lupins, fuivant le même Auteur, eft capable de guérir la gale, les ulceres & les dartres. La farine de Lupins détrempée & cuite avec le vinaigre, appliquée enfuite en cataplafme fur les tumeurs fcrophuleufes, les diffipe infenfiblement, fur-tout dans leur naiffance.

Les Lupins entrent dans les trochifques de myrrhe de Rhafis, & dans l'onguent contre les vers.

Le Buis ou Bouis

Buxus Sempervirens . L. S. P.

Ital. Busso. Angl. Box - treé. Allem. Bux - Baum .

G.^{no} de Rangis Regnault f.

LE BUIS ou BOUIS,

ARBRISSEAU DU NOMBRE DES PLANTES DIAPHORÉTIQUES.

Buxus arborescens. C. B. P. 471. *Buxus sempervivens.* L. S. P.

TOURNEF. classi. 18. sect. 2. gen. 1. LINN. Monœcia. tetrandria. ADANS. 45. Famille des Tithymales.

LE BUIS est un arbrisseau assez commun dans les bois, sur-tout dans les pays froids; il est plus connu par l'agrément qu'il procure à nos jardins que par ses propriétés médicinales, cependant il réunit les deux avantages : il a de plus celui d'être d'une grande utilité dans les arts. Son bois est dur & compacte, peu sujet à la piquure des vers: les Graveurs en bois le préferent au poirier par cette raison. Les Tourneurs, les Ebénistes, les Tabletiers & les Peigniers en font une consommation considérable. Quoiqu'il soit long à croître, le grand débit qu'en font ces différents Artisans doit engager à le cultiver, d'autant mieux que toutes sortes de terreins lui conviennent, & qu'il exige peu de soins.

On peut l'obtenir de semences, de plants enracinés, ou de bouture : la voie de la semence est la plus lente, mais elle est la plus assurée. On seme la graine au mois d'Octobre ou de Novembre : une terre de médiocre qualité suffit pour la recevoir, pourvu qu'elle soit labourée, & qu'elle soit plutôt exposée à l'ombre qu'à un soleil trop ardent qui seroit périr le jeune plant si on ne l'arrosoit pas continuellement. On répand là semence en plein champ, ou seulement par raies ; lorsque le plant est levé on l'éclaircit, on l'arrose un peu pendant le premier été, & on le transplante quand il a acquis une force suffisante. On en fait des bâtardieres entieres pour les débiter au besoin : on en fait aussi des pépinieres de plants enracinés : on les élague avec soin. A quatre ou cinq ans ils sont assez forts pour être transplantés : on les place alors dans un terrein humide autant qu'il est possible, parceque cet arbre y profite davantage. La saison propre à cette transplantation est l'automne : on ouvre des fossés de trois pieds de large & de deux pieds de profondeur, pour recevoir les plants que l'on espace de quatre pieds les uns des autres. Quelque confuses que soient leurs racines, pourvu qu'on émonde les troncs, & qu'on les arrose dans les grandes chaleurs, s'ils y sont exposés, on obtiendra facilement des buis de haute tige. Tous ces préceptes de culture ne concernent point le buis de la petite espece, connu sous la dénomination de *Buis à parterre, Buxus foliis rotundioribus.* C. B. qui n'est qu'une variété de celui-ci, & qui, par la petitesse de sa taille, ne semble destiné qu'à embellir nos parterres, où il offre une verdure continuelle, & qui n'est point soumise à l'intempérie des saisons : on appelle aussi cette espece de Buis *nain,* ou *Buis d'Artois.*

Le Buis est un arbrisseau de hauteur médiocre. Son tronc est assez droit; il vient quelquefois gros comme la cuisse, & est couvert d'une écorce blanchâtre & mince. Ses branches sont ou alternes ou opposées. Les feuilles sont alternes, attachées aux branches par leur base : elles sont entieres, doubles (ce qu'on remarque facilement quand on les déchire), ovales, fermes & luisantes. Les fleurs naissent partie mâles & partie femelles sur le même pied : elles paroissent sortir du même bouton (*a*). La fleur mâle (*b*) est à pétale ; c'est un calice divisé en quatre folioles dans lequel sont quatre étamines (*c*). La fleur femelle est composée du pistil (*d*), lequel est divisé en trois stils & trois stigmates, & est renfermé dans un calice divisé en quatre folioles extérieures, & en trois especes de pétales internes. Le pistil se change en un fruit, qui devient à sa maturité une capsule (*e*) à trois loges & trois valves, qui se sépare avec contraction, & pousse avec violence les graines qu'elle renferme. Nous l'avons représentée coupée transversalement (*f*) pour faire voir l'arrangement des graines (*g*), lesquelles sont arrondies d'un côté & applaties de l'autre.

Les feuilles de Buis sont ameres & d'une odeur peu agréable : elles sont purgatives & sudorifiques. Le bois de cet arbre, rapé, entre dans la tisane sudorifique, & peut fort bien être substitué au gayac, suivant le sentiment d'Etmuller & de quelques Praticiens. Quelques Chirurgiens (assure Chomel) en font usage avec succès dans les maladies vénériennes, à la dose d'une once dans une chopine d'eau, qu'on fait bouillir pendant un quart d'heure : on y joint quelques racines sudorifiques, & on augmente la liqueur à proportion de leur quantité.

On tire du Buis une huile fétide propre pour l'épilepsie, pour les vapeurs & pour le mal de dents; la dose est depuis douze gouttes jusqu'à vingt, mêlées avec le sucre ou la poudre de réglisse. Cette huile est aussi adoucissante & anodine, quand elle est mêlée avec le beurre fondu : on en graisse le cancer, sur-tout lorsqu'elle a été rectifiée & circulée avec un tiers d'esprit de vin : elle est excellente pour les dartres; pour les rhumatismes on en fait un liniment avec l'huile de millepertuis.

Le rapport des propriétés du Buis avec celles du gayac l'a fait nommer *le gayac de France ;* il fleurit dans les mois de Février & de Mars.

La Petite Ciguë.

Æthusa Cynapium. L. S. P.

Ital. *Cicuta minore* Angl. *Lesser Hemlock* Allem. *Kleiner Schirling.*

G.^{no} de Rugny. Regnault

LA PETITE CIGUË,

PLANTE ANNUELLE, DU NOMBRE DES ASSOUPISSANTES.

Cicuta minor Petroselino similis. C. B. P. 160. *Æthusa cynapium.* L. S. P.

TOURNEF. claff. 7. fect. 1. gen. 3. LINN. Pentandria Digynia. ADANS. 15. Famille des Ombelliferes.

LA PETITE CIGUË croît naturellement dans les jardins potagers, où elle ne fe mêle que trop communément parmi les autres herbages. Quoique fon ufage interne n'entraîne pas des fuites auffi fâcheufes que celui de la grande Ciguë, on ne peut la bannir avec trop de foin du voifinage des plantes qui nous fervent d'aliment, d'autant qu'elle a quelque reffemblance avec le cerfeuil, & que ce rapport peut faire commettre des erreurs dangereufes.

La petite Ciguë fe rencontre auffi dans les bas prés & dans les terreins humides & ombrageux. Sa racine (*a*) eft un pivot droit garni de quelques fibres fimples. Ses tiges s'élevent d'environ deux pieds: elles font droites, cylindriques, cannelées, creufes, tachetées fur la furface de marques brunes, comme la peau d'un ferpent. Les feuilles font alternes, grandes, ailées, fur trois ou quatre rangs, & terminées en pointe. Les folioles qui compofent les ailes font découpées profondément & irréguliérement, & leurs découpures diminuent graduellement jufqu'à l'extrémité. L'origine des pétioles qui foutiennent les feuilles eft membraneufe. Les branches fortent des aiffelles des feuilles, & portent les mêmes caracteres que la tige.

Les rameaux qui portent les fleurs font oppofés aux feuilles; les ombelles font portées à leurs fommets. L'ombelle univerfelle eft compofée de fix à dix rayons droits & cylindriques qui partent d'un centre commun, & portent chacun à leur extrémité une ombelle partielle compofée de nouveaux rayons difpofés de même qu'eux, & foutenant à leur fommet une fleur rofacée & hermaphrodite, que nous avons repréfentée (*b*) augmentée au microfcope: elle eft compofée de cinq pétales (*c*) étroits à leur bafe, larges, arrondis & recourbés à leur extrémité, & offrant la forme d'un cœur. Les cinq étamines deftinées à féconder le piftil l'environnent, & font placées alternativement avec les pétales. Le piftil (*d*) eft compofé d'un double ovaire, de deux ftils & de deux ftigmates qui ne font point diftincts des ftils; c'eft un amas de petits filets cylindriques qui forment un léger velouté au fommet de chaque ftil: cette figure eft augmentée, ainfi que les deux précédentes. L'ovaire fe fépare à la maturité, & produit deux capfules (*e*) foutenues par un double pédicule, & renfermant les graines (*f*).

Quoique les vertus de la petite Ciguë foient moins puiffantes que celles de la grande, elle peut lui être fubftituée dans bien des occafions, & fur-tout quand le cas où on l'emploie exige un véhicule moins actif. Toute la plante a une faveur d'ail: elle eft nauféeufe; il eft dangereux d'en ufer intérieurement à une dofe un peu forte: elle eft très cauftique & occafionne des ftupeurs, &c. Malgré ces mauvaifes qualités, plufieurs Médecins, & entre autres le célebre M. Stork, l'ont employée intérieurement; mais il faut toute la fagacité d'un auffi grand homme pour trouver la fource de la vie dans l'inftrument de la mort.

La Ciguë, employée extérieurement, eft réfolutive. Le cataplafme de l'herbe pilée & appliquée fur le fcrotum diffipe le gonflement occafionné par l'inflammation des tefticules. Chomel confeille dans cette maladie de piler la Ciguë & de la mêler avec quelques limaçons & les quatre farines réfolutives.

Les feuilles de Ciguë, bouillies avec le lait & appliquées fur les hémorrhoïdes externes, foulagent la douleur & appaifent l'inflammation. Pour les duretés des mamelles, celles même qui font foupçonnées d'être carcinomateufes, on emploie avec fuccès le cataplafme de feuilles de Ciguë pilée avec l'urine, ou l'huile de capres.

Le Baguenaudier ou Faux Séné.
Colutea Arborescens. L. S. P.
Lat. Colutea. Angl. Bastard Sena. Allem. Falscher Senes-baum.

44

LE BAGUENAUDIER, ou FAUX SÉNÉ,

ARBRISSEAU, DU NOMBRE DES PLANTES PURGATIVES.

Colutea veficaria. C. B. P. 396. *Colutea arborefcens.* L. S. P.

TOURNEF. claff. 22. fect. 3. gen. 2. LINN. Diadelphia decandria. ADANS. 43. Famille des Légumineufes.

LA culture du Baguenaudier eft plus facile dans les pays chauds que dans les climats tempérés, cependant on l'éleve avec fuccès en lui donnant une belle expofition dans un terrein gras. Il fe multiplie ordinairement de marcottes : on peut l'obtenir par le moyen de la femence qu'on met en terre au commencement du mois de Juin, après l'avoir laiffé tremper dans l'eau pendant plufieurs jours, jufqu'à ce qu'elle ait commencé à germer. Jufqu'à la quatrieme année le Baguenaudier ne produit qu'une tige fimple; ce n'eft que vers cet âge qu'il commence à donner des branches, & c'eft alors qu'on le tranfplante. Cet arbriffeau s'éleve de trois ou quatre pieds; le bois eft creux en dedans prefque comme celui du fureau, mais plus dur & fans moëlle, revêtu d'une double écorce cendrée en deffus, verte en deffous. Le bois des rameaux eft liffe. Les feuilles font alternes, compofées de plufieurs folioles rangées par paires & terminées par une impaire. Les folioles font ovales, découpées en cœur à leur extrémité, portées fur un pétiole commun, par des pétioles très courts. Les fleurs naiffent dans les aiffelles des feuilles rangées en grappes à l'extrémité d'un rameau droit & cylindrique, qui fe trouve difpofé prefque parallèlement avec la feuille qu'il foutient; cette difpofition lui donne une figure particuliere, qui a quelque reffemblance avec le jeu qui porte le nom de l'arbre. Ses fleurs font papillonacées, compofées de l'étendard (*a*), de deux ailes (*b*), de la carene (*c*), des dix étamines (*d*), lefquelles font divifées en deux parties : l'inférieure eft compofée de huit étamines réunies à leur bafe par une membrane; la partie fupérieure eft compofée de deux autres étamines qui fe trouvent à leur égard dans la difpofition qui eft repréfentée (*e*). Le piftil (*g*) eft placé au centre; il eft compofé de l'ovaire, du ftil & d'un ftigmate. Toutes les parties de la fleur font raffemblées dans le calice (*f*), lequel eft un tube court, divifé en cinq fegments inégaux & aigus. Le piftil devient, par fa maturité, un légume (*h*) renflé, femblable à une veffie qui eft applatie & ouverte en deffus, prefque totalement vuide (*i*), renfermant des femences réniformes (*k*). Ces fruits font vulgairement connus fous le nom de *Baguenaudes*. La valve qui compofe le légume eft membraneufe & facile à déchirer. Les enfants s'amufent à les faire claquer en les faifant crever entre leurs mains : c'eft de ce petit jeu que femble être venu le mot trivial de *baguenauder*. Cet arbriffeau fleurit vers le mois de Mai; il eft très agréable à la vue; fes fruits font mûrs vers la fin d'Août : on en fait ufage pour engraiffer les brebis & augmenter leur laine; il eft bon auffi aux chevres, aux vaches & à la volaille : les abeilles fe plaifent à butiner fur fes fleurs. On a donné au Baguenaudier le nom de *faux Séné*, par le rapport qu'il a avec cet arbre pour la figure & les vertus; quoiqu'il ait celles-ci dans un moindre degré, on le lui fubftitue. Les feuilles ont un goût âcre & naufeeux : elles font purgatives ainfi que fes femences : on les ordonne fous le nom de *feuilles d'Orient*. On fe fert fouvent des légumes ou gouffes; les uns & les autres s'emploient en infufion & en décoction, à la dofe depuis un gros jufqu'à deux, dans un demi-feptier d'eau : fouvent on double & on triple, lorfqu'on en veut faire plufieurs prifes en maniere de tifane laxative. On ajoute ordinairement au Séné, ou quelques femences aromatiques, comme l'anis ou la canelle, ou quelque fel fixe, comme le fel d'abfynthe, le fel végétal, foit pour adoucir fon âcreté, foit pour faciliter fon action : on en corrige auffi la faveur défagréable par les fucs acides de citron, de verjus ou autres. On le prend en poudre, depuis un fcrupule jufqu'à un demigros dans des bols ou opiates, mais rarement à caufe de fon volume. Enfin, on en fait un extrait qu'on ordonne depuis un fcrupule jufqu'à une dragme.

Le Séné purge affez bien toutes fortes d'humeurs : on ne doit pas l'ordonner dans les hémorrhoïdes, les hémorrhagies, les maladies de la poitrine, non plus que dans les difpofitions inflammatoires. Il entre dans la plupart des électuaires purgatifs; entre autres dans le lénitif, le catholicon, la confection hamech, les tablettes de citro, l'électuaire de tamarins d'Horftius, l'extrait panchimagogue de Crollius, la poudre artritique de Paracelfe, &c. Il a donné le nom à l'électuaire de Séné. Les follicules s'emploient dans les pilules tartarées de Quercetan.

l'Amandier.

Amygdalus Communis. L. S. P.

Ital. Mandolo. Angl. Almond-tree. Allem. Mandel Baum.

Geneviève de Nangis Regnault f.

45

L'AMANDIER,

Arbre du nombre des Plantes Béchiques.

Amygdalus fativa fruffu major. C. B. P. 441. *Amygdalus communis.* L. S. P.

Tournef. claff. 21. fect. 7. gen. 5. Linn. Icofandria monogynia. Adans. 42. Famille des Jujubiers.

L'Amandier eft non feulement utile dans la Médecine & dans les Arts, il eft encore d'une grande reffource dans les jardins potagers, où il fert de fujet pour greffer toutes fortes de pêchers & d'abricotiers. Il aime un terrein rude, fec & chaud, & fe plaît fur-tout dans un fable qui a de la confiftance ; les terreins gras lui font peu favorables, & le rendent fujet à la gomme. Sa racine, le plus fouvent, n'eft qu'un pivot fimple : cette difpofition rend fouvent la tranfplantation de l'Amandier infructueufe, parcequ'il reprend difficilement ; c'eft pour cette raifon qu'il vaut mieux le planter d'abord où l'on veut qu'il refte que d'en faire d'incertaines pepinieres. On le multiplie d'amandes qu'on fait germer dans le fable à la cave durant l'hiver, & qu'on plante au printemps : on l'écuffonne fur d'autres Amandiers, ou fur le prunier *petit damas noir*.

L'Amandier eft rarement droit ; fon écorce eft rude & gercée ; celle qui couvre les jeunes branches eft liffe. Le bois de l'Amandier eft très dur, & fouvent coloré. Les feuilles font alternes, portées par des pétioles médiocres : elles font oblongues, terminées en pointe, dentelées finement & également ; les bourgeons qui les annoncent different effentiellement des boutons deftinés à donner les fleurs ; ils font couverts de ftipules qui femblent faire corps avec les pétioles, & les boutons font des yeux écailleux d'où fortent les fleurs avant le développement des feuilles. L'Amandier eft un des arbres les plus prompts à nous annoncer le retour de la belle faifon, auffi fes fleurs font-elles fouvent les victimes facrifiées aux derniers efforts de la gelée.

Nous avons repréfenté plufieurs fleurs fur la branche (*a*) : elles font rofacées, compofées de cinq pétales (*c*) ovales, affez fouvent découpées à l'extrémité. Les étamines (*d*) font ordinairement au nombre de trente : elles environnent le piftil (*e*), lequel eft compofé de l'ovaire, du ftil & d'un ftigmate fphérique ; il eft repréfenté dans le calice ouvert : celui-ci eft divifé en cinq fegments arrondis, & tombe lorfque le fruit eft formé.

Le fruit qui fuccede au piftil eft connu fous le nom d'*Amande* ; il eft vu entier dans la planche, attaché à la branche (*b*) ; c'eft un fruit charnu & coriace, renfermant un noyau fillonné en dehors, liffe en dedans, dans lequel on trouve une ou deux amandes (*g*) couvertes d'une pellicule ferme. L'amande douce & l'amande amere font deux variétés de la même efpece.

L'Amande eft la feule partie d'ufage en Médecine : elle a une faveur agréable : on en tire par expreffion une huile dont l'ufage eft très répandu. On prépare cette huile de différentes manieres ; il y a prefque autant de façons différentes qu'il y a de perfonnes qui fe mêlent d'exprimer cette huile des amandes, foit douces foit ameres. La maniere qui paroît la plus facile & la moins difpendieufe, eft celle qui fuit. On prend une livre & demie d'amandes de l'une ou de l'autre efpece : on les concaffe dans un mortier : on les paffe dans un gros tamis de crin : enfuite on les enferme dans une toile de crin mife en double, pour les mettre fous la preffe entre deux plaques de cuivre, d'étain, d'acier poli, ou même de fer blanc, puis on les preffe doucement & également : on obtient par ce moyen une huile prefque fans feces, ce que les autres manieres n'évitent jamais.

L'huile d'amandes douces eft pectorale & adouciffante : mêlée avec partie égale de firop de capillaire, & fucée à petite dofe & à plufieurs reprifes avec un petit bâton de régliffe émouffé par le bout, c'eft un remede propre à adoucir l'âcreté de la toux opiniâtre, fur-tout pour les enfants.

L'huile d'amandes douces eft très anodine : on en donne avec fuccès pour appaifer les tranchées dans la colique & dans la dyffenterie : on le mêle dans les juleps adouciffants, à la dofe d'une once avec autant de firop de nénuphar ou de pavot blanc ; on en donne auffi dans les lavements émollients deux ou trois onces.

Une des meilleures purgations dans la pleuréfie péripneumonie & dans le rhume, eft de donner dans un bouillon deux onces de manne, & trois onces d'huile d'amandes douces quand il eft temps de purger.

Pour les tranchées des femmes après l'accouchement on donne avec fuccès une potion faite avec deux onces d'huile d'amandes douces, une once de firop de capillaire & autant de fucre candi en poudre. Pour les enfants nouveaux nés, les Italiens, fuivant Baglivi, font une panacée de ce fruit.

Les amandes ameres font déterfives & apéritives : elles emportent les obftructions du foie, de la rate & du méfentere, felon Simon Pauli.

Leur huile eft propre à déterger l'humeur épaiffe dans la cavité des oreilles, qui caufe fouvent la furdité & les fifflements ; mais il n'y en faut pas trop mettre, de peur de caufer un relâchement à la membrane du tambour.

J. Bauhin, après Marcellus Virgilius, affure que les amandes ameres font un mortel poifon pour les chats ; & après Lutzius, qu'elle tue auffi les poules : on en dit autant des renards.

La gomme d'Amandier eft aftringente, & par fa vifcofité elle adoucit les tranchées de la dyffenterie, prife en diffolution dans une décoction aftringente.

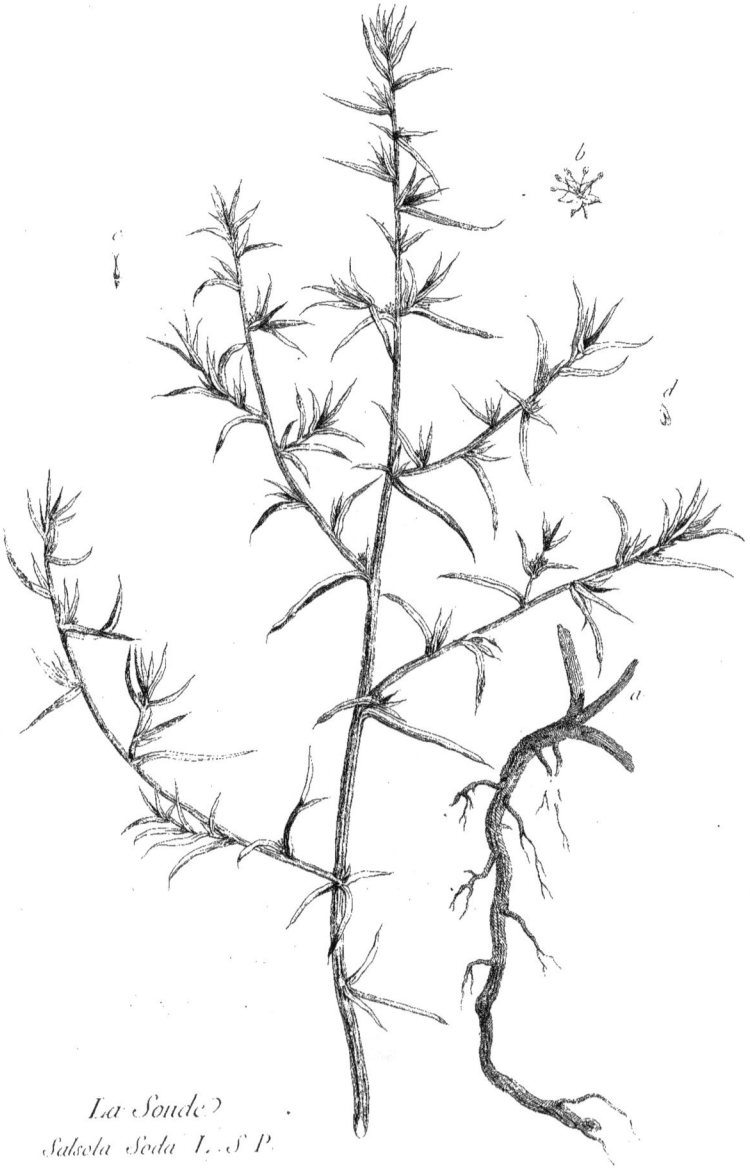

La Soude?

Salsola Soda L. S P.

Ital. *Soda.* Angl. *Kali* or *Salt Wort.* Allem. *Salz Kraut.*

se se mene de Hanyse Regnault f.

46

LA SOUDE,

PLANTE ANNUELLE, DU NOMBRE DES VULNÉRAIRES DÉTERSIVES.

Kali majus cochleato femine. C. B. P. 289. *Salsôla soda.* L. S. P.

TOURNEF. claff. 6. fect. 3. gen. 7. LINN. Pentandria digynia ADANS. 35. Fam. des Blitum.

LA SOUDE eft auffi connue fous les noms de *Salicore*, *Salicote*, ou *la Marie* : elle croît abondamment fur les bords de la mer, dans les provinces méridionales. Cette plante contient beaucoup de fel : outre celle qui croît naturellement, on en cultive pour faire la foude en pierre ; cette pierre n'eft que le réfultat de la calcination de cette herbe. Pour la préparer on coupe cette plante dans fa parfaite grandeur ; on la fait fécher fur la terre, enfuite on la fait brûler dans des foffes que l'on bouche après qu'elle eft allumée, de maniere qu'il n'y entre que l'air fuffifant pour entretenir le feu. Ses parties s'uniffent & s'accrochent les unes aux autres par une longue calcination, & forment une pierre fi dure qu'on ne peut la retirer des foffes quand elle eft refroidie qu'en la brifant avec des marteaux ou d'autres inftruments. Cette matiere eft un mêlange de beaucoup de fel & de terre ; c'eft dans cet état qu'elle eft utile dans les Arts, foit pour fabriquer le verre, quelques émaux, & le favon, ou pour dégraiffer & blanchir le linge & les étoffes. On tire de la Soude, après lui avoir fait fubir plufieurs opérations, le fel alkali ; ce fel a beaucoup plus de force & d'âcreté que celui qu'on retire de la plante en la brûlant fimplement, parceque la forte calcination qu'il a reçue l'a empreint d'une plus grande quantité de parties ignées.

La racine (*a*) eft un pivot tortueux, ferme & garni alternativement de fibres rameufes. Les tiges font droites : elles s'élevent d'environ trois pieds, & portent des rameaux dans prefque toute leur longueur. Les feuilles font alternes le long de la tige : elles font longues, étroites, fermes & pointues. Les rameaux fortent des aiffelles des feuilles ; ils portent les mêmes caractere que la tige, & rendent la plante touffue par les nouveaux rameaux qu'ils reproduifent.

Les fleurs naiffent, ainfi que les rameaux, dans les aiffelles des feuilles : elles font rofacées : nous en avons repréfenté une (*b*) augmentée au microfcope : elles font compofées de cinq pétales ovales, & terminées en pointe, raffemblées dans un calice hémifphérique & monophylle. Les cinq étamines environnent le piftil (*c*) qui eft au centre de la fleur ; il eft compofé de l'ovaire, & d'un ftil qui fe termine par deux ftigmates déliés ; il devient par fa maturité une capfule ronde à une feule loge, laquelle eft comme enveloppée dans le calice : elle renferme une feule femence (*d*) noirâtre, luifante & roulée en fpirale.

Cette plante eft apéritive, propre pour la pierre & pour la gravelle : on évite cependant fon ufage quand on craint l'inflammation à la veffie, parceque l'âcreté de fon fel l'augmenteroit. La décoction de Soude eft apéritive & diurétique : elle excite l'urine, & détache les matieres glaireufes qui s'amaffent dans la veffie : elle eft propre à emporter les obftructions du foie & des vifceres. Ce remede agit ordinairement avec beaucoup d'activité ; par cette raifon-là même, il demande beaucoup de circonfpection. On doit l'interdire aux femmes dans le temps de leur groffeffe, fuivant la remarque de Simon Pauli, ainfi qu'à ceux qui, comme nous l'avons déja dit, ont des ardeurs d'urine, ou quelques difpofitions inflammatoires dans la veffie. On fait avec le fel fixe, connu fous le nom de *fel alkali*, des pierres à cautere. La Soude entre dans la compofition du fameux fel de Seignette ; la plus eftimée eft celle qui vient d'Alicante : on doit la choifir en petites pierres feches & fonnantes, de couleur bleuâtre, parfemées de petits trous : elle fert à faire le favon le plus pur. On fait que le favon eft une compofition faite avec de l'huile d'olive, de l'eau de chaux, de l'amidon, & de la leffive faite avec la Soude : on fait cuire le tout enfemble ; on l'agite fur le feu jufqu'à ce qu'il foit réduit en pâte, à laquelle on donne une forme à mefure qu'elle fe refroidi.

Le nom de *Kali* eft arabe ; il fignifie *Sel* dans cette langue. On a donné ce nom à la Soude à caufe de la grande quantité de fel qu'elle contient.

Le favon eft fort réfolutif : on l'emploie extérieurement pour réfoudre les tumeurs, pour les loupes & pour les duretés de la matrice.

L'Epine Vinette
Berberis Vulgaris Linn Sp. Pl.
Ital Crespina Angl. Barbery Bush Allem. Sauer Dorn

Geneviève de Nangis Regnault f.

47

L'ÉPINE-VINETTE,

Arbrisseau, du nombre des Vulnéraires-Astringentes.

Berberis dumetorum. C. B. P. 454. *Berberis vulgaris.* L. S. P.

Tournef. claff. 11. fect. 2. gen. 5. Linn. Hexandria monogynia. Adans. 53. Famille des Pavots.

L'Épine-Vinette croît naturellement dans les bois & dans les terreins fecs & fablonneux ; on l'affocie communément dans les clôtures de haies avec l'épine, l'acacia & autres. Cet arbriffeau aime la fraîcheur & la bonne terre ; on le greffe fur l'épine blanche ; on le multiplie par les rejettons, dont on fait des pepinieres pour le tranfplanter au befoin : il a des racines nombreufes, jaunâtres & rampantes. Cet arbriffeau s'éleve peu ; fes branches font nombreufes & touffues. Le bois eft jaune, frêle & fpongieux ; il eft couvert d'une écorce mince & liffe : les jeunes branches font pliantes & faciles à rompre. Nous en avons repréfenté une (*b*) où font attachés plufieurs bouquets de fleurs. Les feuilles font comme raffemblées par paquets : elles font fimples, entieres, oblongues, épineufes à leur circonférence, alternes, foutenues par des pétioles courts & articulés à leur origine : ces articulations portent de petites pointes en forme de ftipule ; ce font les épines que l'on voit à l'origine des feuilles, & elles font quelquefois fimples & quelquefois divifées en deux ou trois.

Les fleurs naiffent dans les aiffelles des feuilles, difpofées en grappes : elles font rofacées (*c*), compofées de fix pétales (*d*) obronds. Les fix étamines font oppofées aux pétales & aux feuilles du calice : elles environnent le piftil (*e*), lequel eft compofé de l'ovaire, du ftil & d'un ftigmate. L'ovaire eft pofé immédiatement fur le centre du pédicule du calice, & touche à la bafe des étamines, lefquelles font légérement réunies & comme en-filées par le piftil : les antheres font longues & font corps avec les filets. La pouffiere génitale, par le fecours de la-quelle elle féconde le piftil, confifte en molécules ovoïdes & foufrées.

Les fruits font repréfentés fur la branche (*a*) ; ils perfiftent dans la même difpofition que les fleurs : chacun d'eux eft une baie (*f*) oblongue, cylindrique, terminée par un bouton. Nous avons repréfenté (*g*) le fruit coupé longitudinalement pour laiffer voir la place qu'occupent les deux femences qu'il renferme ordinaire-ment ; ces mêmes femences font repréfentées (*h*). Ce font deux efpeces de pepins oblongs & durs.

Les piquures des épines qui fe rencontrent aux branches de cet arbriffeau ont toujours été regardées comme dangereufes & difficiles à guérir : il y a lieu de croire que le déchirement qu'elles occafionnent à la peau, ren-dant la réunion plus difficile, ralentit plutôt la guérifon, que la qualité de la plante même ne la rend dange-reufe.

Les feuilles & les fruits de l'Epine-vinette ont une faveur acide. Le fruit eft d'un ufage affez familier ; il eft aftringent : on en fait une tifane qui s'employe utilement dans le cours de ventre & la dyffenterie ; la dofe eft d'une poignée pour chaque pinte de tifane. Cette boiffon eft propre à appaifer la trop grande fermentation des humeurs, fur-tout lorfqu'elle eft caufée par des matieres bilieufes, que ce fruit corrige par fon acidité. Ce fruit fubit plufieurs préparations qui entrent toutes affez indifféremment dans les juleps rafraîchiffants & af-tringents : on en fait de la gelée, du firop, du rob, ou on le confit au fucre. Le rob fait avec une forte décoc-tion des fleurs d'Epine-vinette s'ordonne avec fuccès pour guérir les vieilles toux, quand elles font occafion-nées par la furabondance des pituites froides & gluantes, & par le relâchement de fibres. La diffolution du fel de nitre dans le fuc d'Epine-vinette eft propre à appaifer l'ardeur d'urine & les inflammations internes. Simon Pauli enfeigne la maniere de faire le fel effentiel dont on donne fous le nom de *tartre de berberis*. Il faut prendre deux livres de fuc d'Epine-vinette, dans lequel on mêle deux onces de fuc de limon. Après avoir fait évaporer doucement ce mêlange fur le feu, on le paffe à la chauffe ; on le met enfuite à la cave pour qu'il fe cryftallife. Ces cryftaux font fort rafraîchiffants, propres à appaifer les ardeurs d'urine & les inflammations internes, comme nous l'avons dit plus haut ; la dofe eft depuis un demi-gros jufqu'à un gros. On retire de ce fruit, par la fermentation, une efpece de vin qui eft recommandé par Tragus pour arrêter le cours de ventre, la dyffenterie & les pertes blanches des femmes. Le fuc ou le firop d'Epine-vinette fe mêle utilement dans les gargarifmes pour les maux de gorge.

La racine de l'Epine-vinette eft amere & ftyptique ; fon écorce intérieure, macérée dans le vin blanc, eft re-commandée contre la jauniffe. Le firop de *berberis* doit fon nom à l'Epine-vinette ; c'eft elle auffi qui a donné le nom au *fapa* de Méfué, & aux trochifques de *berberis* du même. Quoique le fuc d'Epine-vinette foit un dif-folvant foible, on lui donne la préférence dans le firop de corail, pour en faire la diffolution. Ce fuc entre dans le firop de myrte compofé de Méfué, dans les trochifques de laque & dans le *diaprum*.

Le Groseiller a grappes et a fruit rouge.
Ribes Rubrum L. S.P.

Ital. *Uva de frati.* Angl. *Currant-tree.* Allem. *Johannis-Beer-Strauch mit-Rothen-trauben.*

Geneviève de Nangis Regnault f.

45

LE GROSEILLER A GRAPPES ET A FRUIT ROUGE,

Arbrisseau, du nombre des Plantes Rafraîchissantes.

Grossularia multipli acino, sive non spinosa hortensis rubra. C. B. P. 455. *Ribes rubrum.* L. S. P.

Tournef. claff. 21. fect. 8. gen. 7. Linn. Pentandria monogynia. Adans. 32. Famille des Pourpiers.

Cette efpece de Grofeiller croît naturellement dans les Alpes & dans les Pyrénées : on le cultive affez communément dans les jardins & dans les vergers : il aime une terre graffe & bien fumée. On doit lui donner une bonne expofition, fi on veut qu'il ne coule point & qu'il rapporte beaucoup : on le multiplie de marcottes ou de boutures d'un pied de long, qu'on coupe fur de vieux bois, qu'on fiche en terre à la profondeur de huit pouces. Il faut que le plant foit efpacé au moins de huit pieds. On en fait rarement des planches entieres : on en fait ordinairement des quinconces ou des bordures : on les plante en buiffons & jamais en efpaliers, parcequ'ils n'y réuffiffent pas attendu qu'ils ne profitent bien qu'autant que le foleil tourne autour. On les plante au printemps & en automne. Les deux premieres années on ne taille point les Grofeillers, ou on les taille peu, afin de conferver le jeune bois qui donne le fruit ; les années fuivantes il faut les tailler courts afin d'augmenter la qualité du fruit & de les expofer moins à couler ; il eft néceffaire en taillant d'ouvrir un peu les buiffons, pour que la chaleur & l'air donnent du goût & de la couleur au fruit. Il eft à propos de retrancher tous les ans les branches qui ont donné du fruit, & de ne laiffer fubfifter que les jeunes branches de l'année, fur-tout celles qui fortent du pied : elles font ordinairement vigoureufes, & ce font celles qui donnent les plus belles grofeilles : on ménage cependant quelquefois les bonnes branches de deux ans quand elles annoncent beaucoup de feve, & on ne fait généralement la taille de cet arbriffeau que pour éviter la confufion des branches qui arrêtent la circulation de l'air, & parceque le vieux bois dégénere. Cet arbriffeau s'éleve peu ; fon bois eft tortueux & fes branches nombreufes ; il eft dur & couvert d'une écorce brune. Les feuilles font alternes, foutenues par des pétioles cylindriques & fermes : elles font entieres, découpées en cinq lobes, & dentelées inégalement. Les fleurs font difpofées en grappes. Nous les avons repréfentées attachées à la branche (*a*) : elles font rofacées, comme on le voit dans la figure (*c*), où la fleur eft vue par derriere. Cette même figure fait voir le calice, lequel eft d'une feule piece divifée en cinq découpures obtufes & concaves. Il eft foutenu à la grappe par un pédicule qui eft accompagné à fa bafe d'une feuille florale qui perfifte jufqu'à la maturité du fruit. La figure (*d*) offre la fleur ouverte. Le piftil eft au centre ; il eft compofé de l'ovaire, d'un ftil & de deux ftigmates ; les cinq étamines l'environnent & font comme adhérentes aux pétales. La fleur eft compofée de cinq pétales (*e*), qui font inférées fur les bords du calice. Le piftil devient par fa maturité un fruit connu fous le nom de *grofeille*. Nous en avons repréfenté plufieurs grappes attachées à la branche (*b*). Chacun de ces fruits eft une baie fphérique, fucculente. Nous en avons repréfenté une coupée tranfverfalement (*f*) pour laiffer voir la place qu'occupent les quatre graines (*g*).

Les Grofeilles ne font pas feulement agréables en fanté, foit qu'on les ferve fur nos tables en nature ou confites de différentes manieres, leur ufage eft encore falubre dans la maladie ; l'agréable acidité de ce fruit appaife la foif des fébricitants. Le fuc de grofeilles, le fuc de verjus & celui de citron mêlés avec de l'eau commune, à portions égales, eft un des meilleurs gargarifmes pour les maux de gorge de toutes les efpeces. Chomel recommande le firop de grofeilles dans les maux de gorge gangréneux des enfants. C'eft, dit-il, le remede qui lui a toujours le mieux réuffi, parceque les grofeilles font auffi cordiales que rafraîchiffantes ; il le préféroit aux citrons, parceque la grofeille ne refferre pas tant la bile, & ne coagule pas comme l'acide du citron. La gelée & le firop de grofeilles font propres à appaifer les ardeurs de la fievre caufées par une bile trop exaltée ; ils font utiles dans les diarrhées & les coliques bilieufes : on doit pourtant en interdire l'ufage aux malades qui font affligés de la toux.

La Bistorte

Polygonum Bistorta. L. S. P.

Ital. Bistorta. Angl. Bistort. Allem. Rothe Natter Wurz.

Genomene de Nangis Regnault f.

49

LA BISTORTE,

PLANTE VIVACE, DU NOMBRE DES VULNÉRAIRES-ASTRINGENTES.

Biflorta major, radice minus intortâ. C. B. P. 192. *Polygonum Biflorta.* L. S. P.

TOURNEF. claff. 15. fect. 2. gen. 13. LINN. Octandria trigynia. ADANS. 39. Fam. des Perficaires.

La BISTORTE croît naturellement dans les prés élevés & fur les montagnes : on la trouve abondamment dans les Alpes, & fur les montagnes du Dauphiné & du Bugey. La racine (*a*), qui a fait donner à la plante le nom de *Biflorte*, par rapport à fa configuration, eft ordinairement contournée, torfe, & repliée fur elle-même comme un ferpent. Ce caractere n'eft pourtant pas invariable, car il s'en trouve qui font pour ainfi dire droites ; mais de quelque forme qu'elles foient, elles font toujours garnies de fibres fortes & rameufes. Comme la racine de cette plante eft la partie la plus employée en Médecine, & qu'elle eft peu abondante dans nos climats, on nous l'apporte feche des pays chauds ; on doit la choifir récente, groffe, bien nourrie, de couleur brun doré, féchée également & de fubftance compacte. Elle pouffe plufieurs tiges qui s'élevent à la hauteur de deux pieds : elles font droites, cylindriques, noueufes, grêles & liffes. Les feuilles naiffent alter-nativement le long de la tige ; celles qui fortent de la bafe font foutenues par des pétioles ; les fupérieures font attachées à la tige par leur origine même : elles font entieres, longues, larges à leur bafe, & fe terminent en languettes. La bafe de la feuille embraffe une partie de la tige, & elle eft foutenue dans fa longueur par une nervure droite.

Les fleurs naiffent au fommet de la tige rangées en épi ferré : ces fleurs n'ont point de corolle : elles font compofées du calice (*b*) feulement, dans lequel font renfermées les parties fexuelles. Les neuf étamines qui environnent le piftil font attachées vers le haut du tube du calice, dont elles excedent la longueur. Le calice eft coloré, & tient lieu de corolle à la fleur. Nous l'avons repréfenté (*c*) vu par derriere ; c'eft un tube menu à fa bafe, évafé en foucoupe à fon extrémité, & partagé en cinq divifions ovales.

Le piftil (*d*) eft placé au centre du calice, il eft compofé de l'ovaire & d'un ftil court, terminé par trois ftigmates cylindriques & recourbés également. Ces trois dernieres figures font augmentées à la loupe. Le piftil devient par fa maturité une feule graine (*e*) ovoïde, terminée en pointe, & fillonnée fur les côtés.

La Biftorte a un goût âcre : on la regarde comme alexipharmaque, & propre pour réfifter au venin. Sa racine qui eft, comme nous l'avons déja dit, la partie dont on fe fert le plus en Médecine, entre dans les dé-coctions aftringentes & dans les tifanes, à la dofe depuis demi-once jufqu'à une once : on la fait prendre en poudre & en fubftance incorporée avec la conferve de rofe à la dofe d'une dragme. Ce remede eft utile pour arrêter le cours de ventre, la dyffenterie, & le cours immodéré des écoulements périodiques : on l'emploie avec fuccès pour arrêter le vomiffement, les évacuations exceffives d'urine, & généralement toutes fortes d'hé-morrhagies.

Dans les Alpes, où cette plante eft commune, on l'emploie comme un fpécifique pour les fleurs blanches. La racine de Biftorte réduite en poudre, mêlée avec égale quantité de fuccin, & prife dans un œuf pendant quelques jours, eft un remede propofé par M. Rai comme utile pour prévenir l'avortement. Cette poudre s'af-focie affez communément avec la tormentille dans les opiates & dans quelques confections alexiteres ; cette même poudre à la dofe d'un gros, foit en infufion, foit en décoction dans le vin, pouffe par les fueurs le ve-nin de la pefte, au rapport de Tragus.

La décoction de racine de Biftorte dans l'eau eft un gargarifme utile dans les maux de gorge.

La Biftorte entre dans plufieurs compofitions cordiales, dans l'emplâtre de Nicolas pour la matrice, dans l'orviétan & dans la confection narcotique de Mynficht.

Le Merisier ou Cerisier Sauvage.
Prunus avium Linn. S. P.

Ital. Ceregio. Angl. Cherry-tree. Allem. Kirsch Baum.

LE MERISIER, ou CERISIER SAUVAGE,

Arbre du nombre des Plantes Céphaliques.

Cerafus major ac filveftris fructu fubdulci, nigro colore inficiente. C. B. P. 450. *Prunus avium.* L. S. P.

Tournef. claff. 21. fect. 7. gen. 4. Linn. Icofandria monogynia. Adans. 42. Famille des Jujubiers.

Le Merisier naît communément dans les bois; fon ufage tourne au profit des Arts , ainfi qu'à celui de la Médecine. Son bois eft dur & fonore; les Luthiers l'emploient à faire des clavecins & autres inftruments de mufique. Les Tonneliers l'emploient auffi à faire des cercles aux groffes tonnes. Son bois eft fort liant quand il eft débité dans le temps de la feve. Son écorce eft blanche, liffe & unie : elle fert à faire des paniers & des corbeilles ruftiques. Le Merifier eft fort utile aux Cultivateurs; il a la propriété plus qu'aucun autre arbre de recevoir les greffes de cerifier domeftique , avec lequel il a beaucoup d'affinité; il a beaucoup de feve & de force, & ne réuffit bien qu'en plein vent. On peut faire des pepinieres de Merifiers par les femences ou par les rejettons. On feme les noyaux à la fin de Février, après les avoir fait germer dans du fable pendant l'hiver; ils font ordinairement en état d'être greffés dans le courant de Septembre de la même année, lorfque la force de la feve eft paffée : s'ils font trop foibles à ce terme, on attend à l'année fuivante , ou bien on leve les rejettons qui pouffent au pied des Merifiers , & on en fait des pepinieres. La maniere la plus prompte & la plus fure de fe procurer des cerifes eft de greffer fur des Merifiers qu'on trouve en abondance dans les bois, & de les tranfplanter. Ces arbres font robuftes & donnent des fruits plus gros & meilleurs : cette maniere réuffit très bien pour obtenir des bigarreaux & des guignes. Les Merifiers ainfi que les cerifiers demandent une terre légere, feche & fablonneufe. Quoique les fruits deviennent plus beaux dans les terres franches, graffes ou humides, ils ne font pas de la même qualité, la récolte en eft moins abondante, & ils font plus fujets à couler. Le Merifier s'éleve de dix à douze pieds. Les feuilles & les fleurs naiffent alternativement le long des branches. Les feuilles font ovoblongues, terminées en pointe, partagées par une nervure droite qui fe ramifie également & alternativement des deux côtés de la feuille : elles font dentelées tout autour affez régulièrement, & foutenues par des pétioles médiocres & cylindriques. Les fleurs naiffent alternativement le long des branches, difpofées par bouquets, comme on le voit dans la branche que nous avons repréfentée (a) : elles font rofacées, compofées de cinq pétales (c) ovales. Les parties de la génération (d) confiftent en un piftil , & affez ordinairement en trente étamines qui l'environnent, repréfentées (e). Ce piftil eft compofé de l'ovaire, du ftil & d'un ftigmate. Toutes les parties de la fleur font raffemblées dans le calice (d), lequel eft monophylle, divifé en cinq dents; il eft foutenu par un long pédicule & tombe avant la maturité du fruit. Le fruit eft repréfenté fur la branche (b), foutenu par le même pédicule qui a porté la fleur, lequel eft vulgairement connu fous le nom de *queue*. Ce fruit eft une baie molle, charnue & fucculente, enveloppant un noyau (f), dans lequel eft renfermée une amande qui eft affez connue de tout le monde pour nous difpenfer de la repréfenter. Il fort du tronc & des branches du Merifier ainfi que du cerifier une gomme qui peut être fubftituée à la gomme arabique dans les Arts , quoiqu'elle lui cede en qualité. Cette gomme eft apéritive : on la prend intérieurement pour diffiper la pierre & exciter l'urine. La diffolution de cette gomme dans l'eau, employée extérieurement, eft propre à foulager la démangeaifon de la gratelle & l'ardeur des dartres. Les Merifes & les cerifes ont à peu près les mêmes vertus. Ces dernieres font plus douces : on les connoît dans plufieurs provinces fous le nom de *Griottes*. Les unes & les autres font cordiales, ftomachiques & apéritives : on les croit propres à réfifter au venin : elles adouciffent l'âcreté des humeurs, rafraîchiffent & entretiennent la liberté du ventre. L'ufage des Merifes particuliérement eft recommandé pour l'épilepfie & les maladies du cerveau ; ces fruits appaifent l'ardeur de la foif ; ils humectent & calment le mouvement impétueux de liqueurs. On en fait un vin en Provence & en Efpagne connu fous le nom de *vin de cerifes*. Si les cerifes lâchent le ventre lorfqu'elles font fraîches, elles le refferrent lorfqu'elles font feches , auffi permet-on aux malades qui ont la bouche feche & la falive amere d'en mâcher quelques-unes, fous la condition d'en rejetter enfuite le marc. La décoction d'une poignée de feuilles de cerifier dans du lait eft laxative : les noyaux & les amandes concaffées & infufées pendant fix heures dans du vin blanc, font propres à foulager la néphrétique ; la dofe eft d'environ deux douzaines dans quatre onces de vin. Ces noyaux font eftimés ainfi que la gomme, pour les pierres des reins & de la veffie , pris intérieurement. On les mêle dans les frontaux qu'on applique pour les douleurs de tête pendant la fievre.

La Renouée ou la Traînasse.

Polygonum aviculare. L.S.P.

Ital. Centinodia Angl. Common Knot grass Allm. Weg tritt.

Coraceur de flanque Regnault f.

51

LA RENOUÉE ou LA TRAINASSE,

PLANTE ANNUÉLLE, DU NOMBRE DES VULNÉRAIRES-ASTRINGENTES.

Polygonum latifolium. C. B. P. 281. *Polygonum aviculare.* L. S. P.

TOURNEF. claff. 15. feĉt. 1. gen. 9. LINN. Oĉtandria trigynia. ADANS. 39. Famille des Perficaires.

LA RENOUÉE eft une de ces plantes que la Nature femble avoir pris plaifir à femer fous nos pas. Les bords des grands chemins en font couverts : elle croît abondamment le long des murailles & des haies : elle eft encore connue fous la dénomination d'*herbe à cent nœuds* & de *traîne-chemin*. Sa racine (*a*) eft ligneufe, fibreufe, rameufe & rampante. Ses tiges s'élevent rarement : elles font ordinairement couchées à terre : elles s'étendent d'environ deux pieds : elles font cylindriques, articulées de diftance en diftance par des nœuds d'où fortent les feuilles ; c'eft la conformation de cette plante qui lui a valu le nom d'*herbe à cent nœuds*, fous lequel elle eft connue vulgairement en Italie. Les feuilles font portées alternairement à la tige par leur bafe : elles font ovoblongues, entieres & unies. Ces feuilles varient infiniment, fuivant les climats, & les terreins qui les produifent ; quelquefois celles de toute la plante n'excedent pas la grandeur des feuilles qui font repréfentées au fommet des branches ; en quelques lieux elles parviennent jufqu'à la longueur de trois pouces. Malgré cette variété il eft aifé de reconnoître la plante en examinant fes caraĉteres, parceque les formes ne varient point. Les branches fortent des aiffelles des feuilles, & portent elles-mêmes des feuilles femblables à celles de la tige.

Les fleurs naiffent dans les aiffelles des feuilles & dans toute la longueur de la tige & des branches. Ces fleurs font à étamines, c'eft-à dire qu'elles font privées de corolle. Nous avons repréfenté (*b*) une de ces fleurs vue de face dans la figure (*c*) : nous l'avons montrée avant fon épanouiffement. Le calice (*d*), qui tient lieu de corolle à la fleur, pourroit paffer pour une corolle lui-même, à caufe de la bordure colorée qui orne l'extrémité de la divifion, il n'eft pourtant regardé que comme un calice par les plus grands Botaniftes. C'eft un tube monophylle, divifé profondément en cinq parties. Ces divifions font difpofées fur deux rangs ; les divifions du fecond rang font en même nombre que celles du premier : celui-ci eft difpofé de maniere à remplir l'office de calice, fi on regardoit l'autre comme une corolle. Le piftil (*e*) eft placé fur le fond du tube du calice ; il eft compofé de l'ovaire, & de trois ftils, terminés chacun par un ftigmate. Ces quatre figures font augmentées au microfcope. Le piftil eft environné de huit étamines, defquelles il reçoit la fécondité ; le calice l'accompagne jufqu'à fa maturité ; il eft alors transformé en une feule graine (*f*) nue & triangulaire.

La Renouée eft déterfive, aftringente : elle eft propre pour arrêter les hémorrhagies. Camérarius la recommande pour arrêter le vomiffement de fang ; il la regarde même comme un remede fpécifique contre cet accident. Il cite l'expérience d'un homme qui guériffoit cette maladie en faifant boire le fuc de Renouée avec un peu de gros vin ou de vin aftringent.

On introduit avec fuccès les feuilles de cette plante dans les décoĉtions aftringentes qu'on ordonne en lavement pour le cours de ventre. Dans la dyffenterie on les fait bouillir dans du lait pour les employer de la même maniere, ou on y ajoute les herbes émollientes. Chomel dit avoir vu de fi bons effets de ce remede (lequel eft familier aux gens de la campagne), qu'il l'eftime comme un fpécifique dans ces maladies. Le fuc de Renouée, bu à la dofe de deux ou trois onces, la tifane ou l'infufion de cette plante dans le vin rouge, s'emploie utilement pour la dyffenterie invétérée & les pertes de fang.

Toute la plante pilée & appliquée en cataplafme eft propre aux inflammations des yeux, au rapport de Schroder. On l'emploie utilement, fuivant le même Auteur, pour les ulceres des paupieres. Ce même cataplafme eft propre à réunir toutes fortes de plaies. Fallope, dont le nom eft cher à la Chirurgie, l'appliquoit fur les defcentes. La Renouée entre dans le mondificatif d'ache, & dans le firop de confoude de Fernel. Cette plante donne des fleurs pendant tout le cours de la belle faifon.

l'Acante ou la *Brancursine*

Acanthus Mollis. L. S. P.

Ital. Acante, Brancorsina: Angl. Brank-ursine. Allem. Bærenklau.

52

L'ACANTHE, ou LA BRANCURSINE,

Plante vivace, du nombre des Emollientes.

Acanthus fativus, vel mollis Vergilii. C. B. P. 383. *Acanthus mollis.* L. S. P.

Tournef. claff. 3. fect. 5. gen. 1. Linn. Didynamia angiofpermia. Adans. 27. Famille des Perfonnées.

L'Acanthe croît naturellement en Italie & dans nos provinces méridionales : nous l'obtenons dans nos jardins par le fecours de la culture : elle aime les terreins humides. Sa racine (*a*) eft fimple, charnue, pivotante, point ou peu chevelue : elle pouffe d'abord plufieurs feuilles radicales, grandes, larges, molles, découpées profondément & couchées à terre. Il s'éleve du centre de ces feuilles une tige de la hauteur d'environ deux pieds, laquelle eft droite, ferme & cylindrique.

Les feuilles caulinaires font alternes : elles font moins grandes que les radicales. (La feuille d'Acanthe eft fameufe depuis nombre de fiecles par le choix que les Anciens en ont fait pour orner le magnifique chapiteau de la colonne d'ordre corinthien : on l'emploie encore de nos jours avec fuccès dans les ornements du plus grand ftyle.) Ces feuilles font foutenues à la tige par une nervure droite : elles font découpées profondément & affez réguliérement ; les découpures font comme rangées par paires & terminées par un impaire. L'origine de la feuille eft accompagnée de deux ftipules ou lames foliées qui fe couchent le long de fa bafe.

Les feuilles florales font découpées de la même maniere que les caulinaires ; mais elles en different par la longueur, & les ftipules ou lames qui accompagnent leur bafes font ifolées, & femblent faire partie du calice de la fleur.

Les fleurs naiffent au fommet de la tige rangées en épi, foutenues chacune par un feuille florale. Nous avons repréfenté une de ces fleurs (*b*) ; c'eft un tube court qui fe termine par une feule levre inférieure, longue, blanche à fon extrémité, évafée, comme chiffonnée, & découpée en trois parties prefque égales. Les quatre étamines font réunies par leur fommet, & forment, par leur réunion, la reffemblance affez exacte d'une vergette, comme nous l'avons repréfenté (*d*). Le piftil (*e*) eft placé au fond du tube de la corolle ; il eft compofé de l'ovaire & du ftil qui eft terminé par deux ftigmates fourchus. L'ovaire eft à demi enveloppé d'une membrane légere.

Toutes les parties de la fleur font raffemblées dans un calice d'une ftructure particuliere (*c*) ; il eft compofé de deux levres adhérentes par leur bafe ; la fupérieure eft grande, ample & formant le heaume ; elle eft de couleur purpurine ; l'intérieure eft médiocre, étroite à fa bafe, élargie à fon extrémité, & terminée en trois parties aiguës.

Le fruit qui fuccede au piftil eft repréfenté (*e*) ; c'eft une capfule de la forme d'un gland ovale, terminée en pointe, divifée en deux loges, comme nous l'avons fait voir dans la figure (*g*), où cette capfule eft partagée longitudinalement ; chacune de fes loges contient une feule graine applatie (*h*).

Toute la plante a un goût fade & vifqueux ; elle eft remplie d'un fuc gluant & mucilagineux : elle eft émolliente, apéritive & réfolutive. L'emploi le plus commun qu'on fait de cette plante, eft dans les cataplafmes & les lavements. On fait une décoction des feuilles d'Acanthe qu'on introduit, comme celle des feuilles de mauve, dans les lavements & dans les fomentations émollientes. Diofcoride recommande l'infufion de cette plante pour modérer le cours de ventre, & pour exciter les urines.

Les feuilles pilées & appliquées appaifent les douleurs occafionnées par la brûlure : on applique auffi ce même cataplafme fur les membres difloqués.

Suivant Dodonée, fa racine a les mêmes vertus que celle de la grande confoude, & peut s'employer comme elle dans le crachement de fang, dans les bleffures internes qui doivent leur origine à quelque coup violent, ou à quelque chûte, & dans la pulmonie.

Le Coq ou la Menthe Coq

Tanacetum Balsamita. L.S.P.

Geneviève de Nangis Regnault f.   Angl. *Costmary*.   Allem. *Frauen-kraut*.

53

LE COQ, ou LA MENTHE-COQ,

PLANTE VIVACE, DU NOMBRE DES STOMACHIQUES.

Mentha hortenfis corymbifera. C. B. P. 226. *Tanacetum balfamita.* L. S. P.

TOURNEF. claff. 4. fect. 1. gen. 10. LINN. Syngenefia polygamia æqualis. ADANS. 16. Fam. des Compofées.

LA MENTHE-COQ, connue auffi fous les dénominations d'*Herbe au Coq*, ou *Coq des jardins*, croî tna-turellement dans les pays chauds & dans les provinces méridionales de la France. Sa racine (*a*) eft un pivot garni de plufieurs fibres fortes & rameufes : elle pouffe d'abord quelques feuilles radicales, ovales, dentelées comme les feuilles caulinaires, portées par de longs pétioles droits & cylindriques. Sa tige s'éleve d'environ deux pieds : elle eft droite, cylindrique, velue & rameufe. Les feuilles caulinaires fon feffiles ou attachées à la tige par leur bafe : elles font alternes, ovales, terminées en pointe, dentelées en maniere de fcie, ailées, ou accompagnées à leur bafe de deux folioles qui font partie de la feuille & font dentelées comme elles. Les rameaux fortent des aiffelles des feuilles : les feuilles qui les accompagnent font femblables à celles de la tige ; mais à mefure qu'elles approchent du fommet leurs ailes deviennent infenfibles.

Les fleurs naiffent au fommet des rameaux difpofées en bouquets ; ces fleurs font flofculeufes, compofées d'un amas de fleurons hermaphrodites dans le difque, & de fleurons femelles à la circonférence. Nous avons repréfenté un des fleurons (*b*) hermaphrodites au microfcope. C'eft un tube cylindrique, affez égal dans fa longueur, évafé à fon extrémité, & divifé en cinq fegments pointus. Les étamines font attachées à la même hauteur vers le milieu du tube de la corolle : elles font l'alternative avec fes divifions, qu'elles égalent en nombre, & dont elles n'excedent point la longueur. Le piftil eft un ovaire placé à la bafe du tube, duquel s'éleve un ftil qui fe place au centre des étamines dans la corolle, & fe termine par deux ftigmates. Le fleuron femelle eft repréfenté (*c*) augmenté, ainfi que le précédent. Le tube eft moins évafé, & n'eft divifé qu'en trois parties. Tous les fleurons font raffemblés autour d'un réceptacle convexe nud, qui fe trouve placé au fond de l'enveloppe (*d*), laquelle eft compofée de plufieurs feuilles linéaires, & foutenue par un corps écailleux, comme elle eft repréfentée dans la figure (*e*), où cette enveloppe eft vue par deffous. Chaque fleuron ne donne qu'une feule graine (*f*) nue & anguleufe.

Cette plante eft aromatique ; elle eft agréable au goût, quoiqu'un peu amere : elle répand une odeur qui reffemble beaucoup à celle des autres menthes : elle eft carminative, ftomachique, vulnéraire, réfolutive & céphalique. L'eau diftillée & l'huile qu'on retire par infufion de cette plante, s'employoit avec fuccès pour guérir les plaies & les contufions. L'herbe, macérée dans les doigts & appliquée fur les coupures, réunit promptement les chairs. L'infufion s'emploie utilement pour foulager les coliques d'eftomac & appaifer les palpitations de cœur ; fon ufage eft utile à ceux qui digerent difficilement. On fait que les propriétés les plus connues des différentes efpeces de Menthe, font de faciliter la digeftion, de corriger les rapports & les aigreurs, de diffiper les vents & de rétablir les fonctions de l'eftomac. On donne huit ou dix gouttes d'huile effentielle de Menthe dans deux onces de fon eau diftillée. Ce remede eft propre auffi à favorifer les écoulements périodiques, & à exciter les urines.

Les femences font vermifuges. Parkinfon ordonnoit aux enfants qui étoient tourmentés de vers, l'infufion des feuilles & des graines de Menthe-Coq dans le vin, à la dofe de deux onces. Cette plante peut encore être fubftituée à la tanaifie ; fa vertu balfamique lui a valu le furnom de *Balfamita* : elle entre dans l'onguent *martiatum* de Nicolas d'Alexandrie.

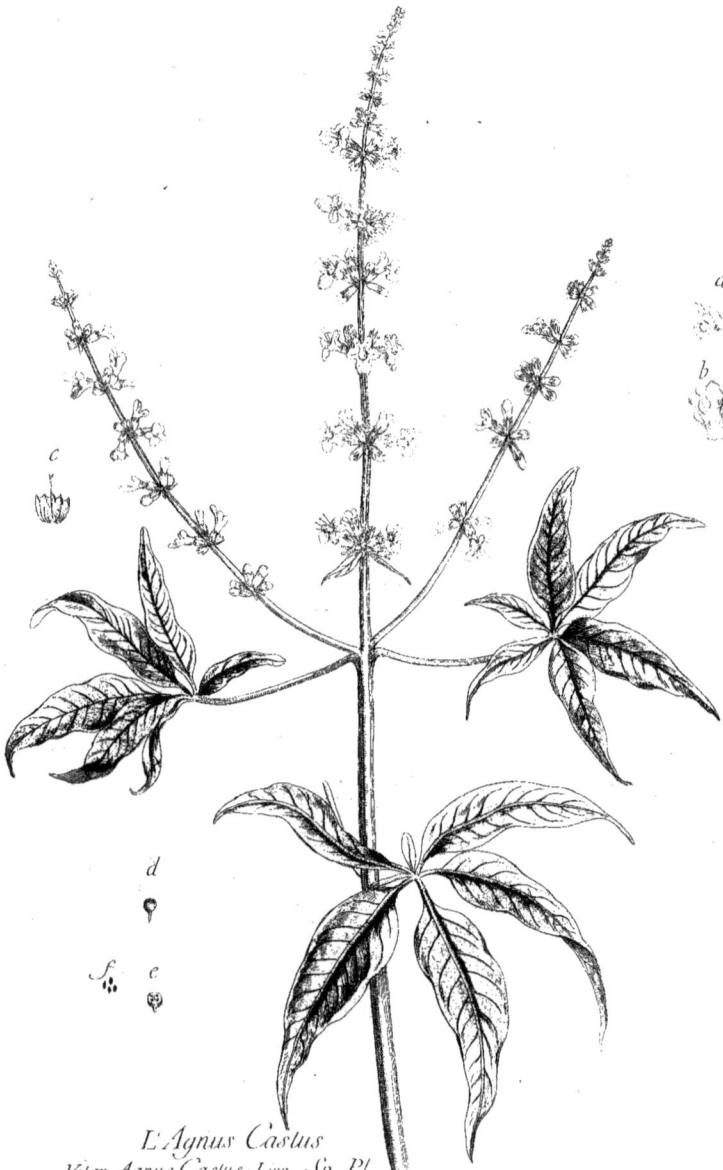

L'Agnus Castus

Vitex Agnus Castus Linn. Sp. Pl.

Ital. *Agno Casto*. Angl. *Chast-trée*. Allem. *Keusch-Baum*

Genevieve de Nangis Regnault F.

L'AGNUS CASTUS,

ARBRISSEAU DU NOMBRE DES PLANTES HYSTÉRIQUES.

Vitex foliis angustioribus cannabis modo dispositis. C. B. P. 475. *Vitex Agnus castus.* L. S. P.

TOURNEF. claff. 20. fect. 4. gen. 3. LINN. Didynamia angiofpermia. ADANS. 26. Famille des Verveines.

L'AGNUS CASTUS croît naturellement dans la Sicile ; on le rencontre dans les provinces méridionales de France ; il se plaît au bord des rivieres & des torrents : on le cultive dans nos climats, où il réuffit affez bien , pourvu qu'on lui donne un terrein humide & même marécageux : on lui a donné le nom d'*Agnus castus* , parcequ'on lui attribue la propriété de réprimer les ardeurs de Vénus.

C'eft un arbriffeau d'une moyenne grandeur ; fes rameaux font foibles & pliants, couverts d'une écorce liffe, blanchâtre. Les feuilles font oppofées le long des rameaux : elles font foutenues par des pétioles longs , cylindriques & fermes. Ces feuilles font compofées ordinairement de fix folioles digitées, c'eft-à-dire attachées par leur bafe au fommet d'un pétiole commun. Par le moyen de cette réunion , les folioles s'étendent à peu près comme les doigts d'une main ouverte : elles font oblongues & terminées en pointe , entieres , unies à leur bord : leur origine eft une efpece de pétiole particulier ; il fe prolonge jufqu'à l'extrémité de la foliole fous la forme d'une nervure droite, & qui fe divife dans toute fa longueur en plufieurs ramifications affez régulieres. Quoique le nombre de fix folioles paroiffe être ordinairement celui qui compofe fes feuilles , il s'en rencontre néanmoins qui ne font compofées que de cinq & même que de trois folioles.

Les fleurs naiffent au fommet des branches & dans les aiffelles des feuilles , difpofées en épi , verticillées ou rangées annulairement par étage. Ces fleurs font monopétales & comme labiées; chacune d'elles eft un tube, vu de profil (*a*) ; il eft menu à fa bafe, gonflé vers le milieu , évafé à fon extrémité , & partagé en deux levres, dont la fupérieure eft divifée en deux parties arrondies, l'inférieure eft divifée en trois parties auffi arrondies , dont la mitoyenne eft plus grande que les deux latérales. La figure (*b*) offre la même corolle ouverte, & laiffe voir les étamines qui prennent leur infertion vers le milieu du tube, dont elles excedent la longueur, & fe terminent par des antheres ovoïdes.

Le piftil (*c*) traverfe la corolle, & excede la longueur des étamines; il eft compofé de l'ovaire & d'un ftil qui fe partage en deux ftigmates ; il eft placé au fond du calice, que nous avons repréfenté dans la même figure ouvert ; c'eft un tube médiocre, divifé en cinq dents aiguës à fon extrémité.

Le fruit (*d*) qui fuccede au piftil eft une baie ronde, connue en quelques endroits fous le nom de *petit poivre* ou *poivre fauvage* : elle doit cette dénomination à fon goût âcre & aromatique. Cette baie eft divifée en quatre loges, comme nous l'avons démontré dans la figure (*e*), où elle eft coupée tranfverfalement. Les quatre graines (*f*) occupent chacune une de ces loges.

Les fleurs & la femence de l'Agnus caftus font d'ufage en Médecine ; les feuilles & les fleurs s'emploient en fomentations pour réfoudre les duretés de la rate. Le cataplafme des feuilles & des fommités eft réfolutif. Wedellius recommandoit la femence de l'Agnus caftus dans la gonorrhée : cette femence eft rafraîchiffante : on en fait ufage pour calmer les accès de la paffion hyftérique, foit qu'on la donne en poudre , à la dofe d'un gros , foit qu'on l'ordonne en émulfion à la dofe de deux onces , concaffée & délayée dans quatre onces d'eau de nénuphar : il faut laiffer infufer quelque temps ce mêlange avant que de le paffer.

Les fleurs & les feuilles de l'Agnus caftus, macérées, & infufées légérement dans l'eau commune, font apéritives : cette infufion eft propre à favorifer les écoulements périodiques, & à déboucher les vifceres.

L'Alliaire

Erysimum Alliaria Linn. Sp pl.

Ital. *Alliaria* Allem. *Wilder Knob-Lauch*.

Genevieve de Nangis Regnault f.

55

L'ALLIAIRE,

PLANTE VIVACE, DU NOMBRE DES VULNÉRAIRES-DÉTERSIVES.

Alliaria. C. B. P. 110. *Eryſimum Alliaria.* L. S. P.

TOURNEF. claſſ. 5. ſect. 4. gen. 3. LINN. Tetradynamia ſiliquoſa. ADANS. 52. Famille des Cruciferes.

L'ALLIAIRE ſe rencontre communément dans les prés & le long des haies ; on la connoît aſſez vulgaire-ment ſous le nom d'*Herbe des Aulx.* Cette dénomination & celle d'*Heſperis altium redolens* , ſont dues à l'odeur d'ail que cette plante répand quand elle eſt écraſée : l'odeur d'ail s'étend juſqu'à la racine de cette plante. Cette racine eſt repréſentée (*a*) ; c'eſt un pivot ſimple, charnu, ferme, blanchâtre, & garni de quel-ques fibres peu rameuſes.

La tige s'éleve d'environ deux pieds ; elle eſt droite, cylindrique, légérement cannelée, couverte de poils peu apparens. Les feuilles naiſſent alternativement le long de la tige , à laquelle elles ſont portées par des pétioles courts & cylindriques. Ces feuilles ſont entieres, amples à leur baſe , terminées en pointe, décou-pées inégalement à leurs bords , ſoutenues dans toute leur longueur par une nervure droite, qui ſe diſtribue dans toute l'étendue de la feuille par un grand nombre de ramifications très prononcées. Les rameaux ſortent des aiſſelles des feuilles ; ils ſont cannelés , & légérement velus comme la tige, & portent les mêmes feuilles.

Les fleurs naiſſent au ſommet de la tige & des rameaux , & dans les aiſſelles des feuilles , rangées en épi lâche, portées par des pédicules courts & cylindriques ; chacune de ces fleurs eſt compoſée de quatre pé-tales (*b*) ovales , qui ſe terminent à leur baſe par un filet délié, de la longueur des feuilles du calice. Les quatre pétales ſont égaux.

Les ſix étamines (*c*) qui environnent le piſtil, & qui ſont deſtinées à lui donner la fécondité , ſont de lon-gueur inégale ; quatre d'elles ſont conſtamment longues & égales entre elles : elles ſont placées deux à deux en oppoſition ſur les deux côtés les plus larges du calice ; les deux autres ſont courtes , de longueurs égales , & placées en oppoſition ſur les deux côtés les plus étroits ; leurs antheres ſont médiocrement longues, & la pouſſiere génitale qui les compoſe conſiſte en monicules ovoïdes & ſoufrés : elles ſont comme enfoncées par leur baſe dans un diſque qui eſt ſous l'ovaire ; & il paroît entre elles quatre tubercules, dont M. Adanſon donne une deſcription claire & ſavante dans ſon Syſtême de Botanique.

Le piſtil eſt placé au centre des étamines ſur un diſque orbiculaire ; il eſt compoſé d'un ovaire long , d'un ſtil très court , & d'un ſtigmate hémiſphérique : toutes les parties de la fleur ſont raſſemblées dans le calice (*d*), lequel eſt compoſé de quatre petites feuilles ovales & pointues, qui abandonnent le piſtil, & qui tombent avec la corolle après la fécondation.

Le fruit qui ſuccede au piſtil eſt une ſilique longue, compoſée de deux valves qui forment deux loges par le ſecours d'une cloiſon membraneuſe. Ces deux valves s'ouvrent longitudinalement de bas en haut, comme nous l'avons démontré dans la figure (*e*) , & répandent les graines (*f*) qui étoient attachées à la membrane mitoyenne.

Toute la plante a un goût âcre & amer : elle eſt utile dans les ulceres gangréneux : on l'emploie en décoc-tion pour diſſiper les vapeurs hyſtériques. Quelques Auteurs lui ont cru la propriété de réſiſter au venin : on en fait uſage dans la dyſſenterie ; ſa ſemence excite l'appétit & fortifie l'eſtomac : elle peut être ſubſtituée à la graine de moutarde & de creſſon dans les ragoûts. Tragus, d'accord avec Ceſalpin, recommande l'uſage ex-térieur de la ſemence de cette plante, pilée avec le vinaigre & appliquée en cataplaſme ſur le bas-ventre pour appaiſer les vapeurs hyſtériques.

La plupart des Auteurs regardent la poudre des feuilles d'Ailliaire comme un remede très utile pour guérir les ulceres carcinomateux ; Chomel aſſure l'efficacité de ce remede, & ajoute que les feuilles, pilées ou broyées ſimplement, l'ont auſſi bien ſervi que la ſemence.

Le Cerfeuil Musqué

Scandix Odorata L. S. P.

ital. *Cerfoglio Moscato* Angl. *Sweet Cicely* Allem. *Wohlriechendes Kerbel-Kraut*

Genevieve de Nangis Regnault f.

76

LE CERFEUIL MUSQUÉ,

PLANTE VIVACE, DU NOMBRE DES HÉPATIQUES.

Myrrhis major, vel cicutaria odorata. C. B. P. 160. *Scandix odorata.* L. S. P.

TOURNEF. claſſ. 7. ſect. 2. gen. 7. LINN. Pentandria digynia. ADANS. 15. Famille des Ombelliferes.

LE CERFEUIL MUSQUÉ croît naturellement dans les Alpes : on l'obtient facilement dans nos jardins par le ſecours de la culture. Sa racine (*a*) eſt un pivot ſimple, garni de quelques fibres peu rameuſes. Ses tiges s'élevent de quatre à cinq pieds : elles ſont cylindriques, cannelées, velues, creuſes & rameuſes. Les feuilles ſont portées alternativement le long des tiges par des pétioles dont l'origine eſt membraneuſe, large, & embraſſe une partie du contour de la tige avec laquelle elle fait corps, de maniere que lorſqu'on l'arrache, elle ſe déchire du haut en bas, en emportant une partie du corps membraneux qui recouvre la tige.

Les feuilles ſont grandes, terminées en pointe, ailées, à pluſieurs rangs, c'eſt-à-dire compoſées de pluſieurs folioles rangées par paires ſur le même pétiole, & terminées par une impaire ; chacune des folioles a en particulier la même forme que la feuille entiere : chacune d'elles eſt profondément découpée, & chaque découpure ſe termine en pointe, & eſt dentelée tout autour.

Les rameaux ſortent des aiſſelles des feuilles, & portent les mêmes caracteres que la tige, avec cette ſeule différence que les feuilles perdent le nombre de leurs diviſions, eu égard à celles de la tige, de même que celles du ſommet de la tige, par rapport à celles de ſa baſe. Toutes ces feuilles ſont légérement velues. Les fleurs naiſſent au ſommet de la tige & dans les aiſſelles des feuilles diſpoſées en ombelles ſur des rameaux cylindriques, cannelés & velues. Il n'y a ordinairement point d'enveloppe univerſelle. Les rayons qui ſoutiennent les ombelles partielles ſont cannelés comme la tige & les branches. Les enveloppes partielles ſont compoſées de trois à huit feuilles oblongues, & terminées en pointe. Les fleurs ſont roſacées, compoſées de cinq pétales ovales, de la forme d'un cœur, qui ſont poſés par leur baſe ſur les bords d'un calice à cinq diviſions, avec leſquelles ils ſont l'alternative. La petiteſſe de ce calice le rend difficile à appercevoir. Nous avons repréſenté la fleur augmentée à la loupe dans la figure (*b*). Les cinq étamines ſont placées ſur les bords du calice en oppoſition à chacune de ces diviſions & alternativement avec les pétales de la corolle : elles ſont courtes, & tombent dès qu'elles ont fait leur action ſur le piſtil. Le piſtil eſt repréſenté (*c*) auſſi grandi à la loupe ; il devient, après la fécondation, une double graine (*d*). Les deux graines qui compoſent ce fruit ſont portées parallèlement par le ſtil, qui fait alors l'office de pédicule. Nous avons ſéparé une des deux graines (*e*) : elle eſt grande, longue, à cinq angles & cinq ſillons ; celui du centre, en dedans, forme une rainure blanche ; la pellicule qui recouvre la graine eſt ſi fortement adhérente, qu'on ne peut l'en ſéparer, lors de ſa ſiccité, ſans la briſer.

Le Cerfeuil muſqué eſt béchique ; il eſt très propre à ſoulager les aſthmatiques, en le fumant comme le tabac ; ſa décoction eſt propre à favoriſer les écoulements périodiques : on emploie avec ſuccès le ſuc de cette plante à la doſe de trois ou quatre onces, mêlé avec la même quantité de bouillon de veau, pour les pâles couleurs & la jauniſſe. Pluſieurs Auteurs ont regardé la décoction de cette plante, priſe intérieurement, comme propre à accélérer l'accouchement ; cette même décoction s'emploie extérieurement pour baſſiner les femmes accouchées. Les vertus de cette plante ont beaucoup de rapport avec le cerfeuil ordinaire : on applique utilement pour le mal des yeux, un cataplaſme de Cerfeuil muſqué, mêlé avec du lait, & pilé avec un jaune d'œuf frais & de la mie de pain. Ce cataplaſme eſt utile auſſi pour les tumeurs des jambes.

La Verge d'Or

Solidago virga aurea. Linn. Sp. Pl.

Ital. *Virga aurea.* Angl. *Golden-Rod.* Allem. *Heydnisches Wund-Kraut.*

Geneviève de Nangis Regnault f.

57

LA VERGE D'OR,

PLANTE VIVACE, DU NOMBRE DES VULNÉRAIRES-APÉRITIVES.

Virga aurea latifolia ferrata. C. B. P. 268. *Solidago Virga aurea.* L. S. P.

TOURNEF. claff. 14. fect. 1. gen. 2. LINN. Syngenefia polygamia fuperflua. ADANS. 16. Fam. des Compofées.

LA VERGE D'OR fe trouve abondamment dans les pays montagneux & humides : elle fe plaît dans les bois. Sa racine (*a*) eft un pivot cylindrique, garni de fibres fimples & horizontales. Ses tiges s'élevent de deux à trois pieds : elles font très droites ; & c'eft au port de fes tiges & à la couleur de fes fleurs que la plante doit le nom de *Verge d'or* ou *Verge dorée :* elles font rondes, cannelées, fermes, & remplies d'une moëlle fongueufe. Les feuilles naiffent alternativement le long de la tige, à laquelle elles s'attachent par leur origine : elles font oblongues, dentées finement & inégalement, fur-tout à la bafe de la tige ; à mefure qu'elles approchent du fommet elles deviennent unies à leur bord.

Les rameaux fortent des aiffelles des feuilles ; ils font droits & fermes, & portent dans leur longueur des feuilles alternatives, attachées par leur bafe comme celles de la tige, beaucoup plus petites, longues, étroites, & terminées en pointe comme elles.

Les fleurs naiffent au fommet des rameaux rangées en panicule ; ces fleurs font radiées, compofées d'un amas de fleurons hermaphrodites dans le difque, & de demi-fleurons femelles dans la circonférence. Nous avons repréfenté un des fleurons hermaphrodites (*b*) ; c'eft un tube menu à fa bafe, renflé vers le milieu, évafé à fon extrémité, & divifé en cinq fegments ovales & pointus. Nous avons repréfenté (*c*) la corolle ouverte. Les cinq étamines font attachées à la même hauteur vers le milieu du tube alternativement avec fes divifions. Le piftil occupe le centre de la corolle ; il eft compofé d'un ovaire pofé fous la fleur, d'un ftil droit & cylindrique qui excede la longueur de la corolle, & qui eft terminé par deux ftigmates. Le demi-fleuron femelle eft repréfenté (*d*) ; c'eft un tube menu à fa bafe, qui s'ouvre vers le milieu, & fe termine par une languette divifée à fon extrémité par trois dents égales : ces trois figures font augmentées à la loupe.

Les fleurons & les demi-fleurons font raffemblés dans une enveloppe commune, repréfentée (*e*) : cette enveloppe eft oblongue, compofée de plufieurs écailles ou feuilles, droites, pointues & réunies. La figure (*f*) repréfente la même enveloppe ouverte, au centre de laquelle on voit le réceptacle nud & applati, fur lequel repofent les graines. Nous avons repréfenté une des graines (*g*) : elles font oblongues, & couronnées par une aigrette capillaire.

Toute la plante a un goût ftyptique & amer ; c'eft une des plantes qui domine dans les vulnéraires fuiffes. L'infufion théiforme, la décoction & les tifanes faites avec la Verge d'or, font utiles dans les hémorrhagies & dans les pertes de fang. Tous les Auteurs conviennent de l'utilité de cette plante dans l'hydropifie naiffante, dans la gravelle, & dans la néphrétique. Elle eft très utile, au rapport d'Offman, pour déboucher les obftructions des vifceres. Chomel vante les bons effets de cette plante en infufion dans de l'eau commune, pour les maladies de la veffie.

Arnaud de Villeneuve en faifoit grand cas pour le calcul ; il l'ordonnoit en poudre à la dofe de deux gros, dans quatre onces de vin blanc un peu chaud, & en faifoit continuer l'ufage pendant quelque temps le matin à jeun. La poudre de la Verge d'or eft le réfultat des feuilles féchées. On tire des fommités de cette plante, dans l'état de floraifon, une eau diftillée, qu'on introduit dans les potions vulnéraires diurétiques, à la dofe de quatre onces : on en retire un extrait qui a la même vertu. La Verge d'or entre dans l'eau d'arquebufade.

La Bette (ou *Poirée*)

Beta vulgaris (Cicla) L. *Linn. Sp. pl.*

Ital. *Bietola*. Angl. *White Beet*. Allem. *Veisser Mangold*.

Genevieve de Nangis Regnault f.

58

LA BETTE, ou POIRÉE,

Plante bisannuelle, du nombre des Emollientes.

Beta alba, vel pallescens, quæ Cicla officinarum. C. B. P. 118. *Beta vulgaris ζ. Cicla.* L. S. P.

Tournef. classe. 15. sect. 1. gen. 2. Linn. Pentandria digynia. Adans. 35. Famille des Blitum.

La Poirée est une plante qui réunit le double avantage d'être utile dans les aliments & dans la Médecine : elle croît naturellement dans quelques endroits au bord de la mer : on l'a, pour ainsi dire, naturalisée dans les potagers par la culture : on obtient, par ce moyen, des cardes de Poirée. On sème la graine sur couches dès le mois de Février, ou en plein champ dans le mois de Mars. Quand la plante a six feuilles on l'arrache de dessus la couche, on lui rogne le pivot, & on le replante en planches à la distance d'environ un pied & demi, sur des alignements de pareille largeur, dans une terre meuble & bien amendée. Il faut avoir soin de biner & d'arracher les mauvaises herbes qui raviroient la substance qui lui est destinée. Cette plante demande de fréquents arrosements. Les feuilles sont bonnes à couper de quinzaine en quinzaine. Lorsqu'on veut avoir des cardes, on les replante au mois d'Avril & de Mai, on les sarcle plus soigneusement, on les arrose souvent ; & quand les premiers froids annoncent les rigueurs de l'hiver, on les couvre de grand fumier sec, pour les conserver pendant cette saison : on les découvre au mois de Mars ou d'Avril suivant, on leur donne un nouveau labour & de nouveaux soins ; cette méthode met à portée de recueillir des cardes dans les mois de Mai & de Juin. Quand on veut obtenir de la graine, on laisse monter les Poirées les plus blanches, qui ont les feuilles les plus larges, sans leur en arracher aucune : on les assujettit à des perches fichées en terre pour éviter les coups de vent qui pourroient les rompre ; car cette plante s'élève fort haut, & sa tige est foible. Quand on juge que la graine est mûre, ce qui arrive vers les mois d'Août & de Septembre de la seconde année, on l'arrache par un beau temps : on la laisse sécher, ensuite on la froisse avec les mains sur un linge ; après quoi on la laisse sécher de nouveau avant que de l'enfermer, parceque cette graine est spongieuse, & qu'elle seroit sujette à moisir si elle conservoit de l'humidité.

La racine de cette plante est un pivot (*a*) garni de grosses fibres tendres & blanches : elle pousse d'abord plusieurs feuilles radicales, grandes, longues, entieres & molles, portées par de longs pétioles charnus & applatis ; c'est de ces feuilles que l'on fait usage pour les aliments. La tige sort du centre des feuilles radicales ; elle acquiert souvent plus d'un pouce de diametre à sa base : elle s'élève de trois ou quatre pieds : elle est droite, cylindrique, cannelée. Les feuilles caulinaires sont alternes, portées à la tige par un pétiole court, qui semble n'être que la feuille prolongée. Ces feuilles sont entieres, ovales & terminées en pointe. Il sort plusieurs rameaux des aisselles des feuilles, qui portent les mêmes caractères que la tige.

Les fleurs naissent au sommet de la tige & dans les aisselles des feuilles : elles sont à étamines, rassemblées trois par trois, comme on le voit dans la figure (*b*). Nous en avons représenté une (*c*) : elle est composée de cinq étamines, rassemblées dans un calice à cinq divisions (*d*). Le pistil est placé au centre des étamines ; il s'annonce par deux stils & deux stigmates. Les fruits qui succedent aux fleurs, sont, comme elles, rassemblés par pelotons (*e*) ; ils sont ou paroissent faire corps ensemble ; de maniere que lorsqu'on les coupe transversalement (*f*), les trois capsules à une loge, qui sont distinctes, suivant plusieurs Auteurs, ne paroissent être qu'une capsule à trois loges, dans laquelle sont renfermées les graines (*g*). Cette plante est une des cinq émollientes : elle est aqueuse & fade : elle est peu nourrissante, aussi ne l'emploie-t-on pas seule dans les aliments ; on l'associe ordinairement avec l'oseille pour tempérer l'acidité de cette derniere. Les feuilles de Poirée sont légérement laxatives : elles entrent dans les décoctions émollientes : on en fait usage extérieurement. Les feuilles, appliquées sur les plaies formées par le cautere, favorisent la suppuration ; on les applique aussi sur la peau lorsqu'elle a été enlevée par quelques remedes caustiques. Appliquées sur les ulceres de la gale elles entretiennent avec douceur l'écoulement des humeurs qu'on veut faire sortir par les glandes de la peau. Le suc de Poirée, respiré par le nez, dissout la pituite épaisse qui bouche les conduits. Le suc de la racine produit le même effet, mais d'une maniere plus active ; il attire une grande quantité de sérosité. Quelques Auteurs en ont recommandé l'usage pour la migraine. La racine de Poirée, dépouillée de son écorce, est un suppositoire propre à lâcher le ventre des enfants : on l'introduit dans le fondement, après l'avoir saupoudré de sel pour augmenter son action.

L'Anil ou *l'Indigo*

Indigofera tinctoria Linn. Sp. Pl.

Geneviève de Nangis Regnault fecit.

L'ANIL, ou L'INDIGO,

PLANTE VIVACE, DU NOMBRE DES VULNÉRAIRES-DÉTERSIVES.

Isatis Indica foliis rosmarini, glasti affinis. C. B. P. 113. *Indigofera tinctoria.* L. S. P.

Inconnue à TOURNEFORT. LINN. Diadelphia decandria. ADANS. 43. Fam. des Légumineuses.

CETTE plante croît naturellement dans l'Inde, & on la cultive au Bréfil. Tournefort n'en a fait mention dans aucun de ses ouvrages : il paroît étonnant qu'elle ait été inconnue à cet Auteur. Quoi qu'il en soit, nous croyons qu'on pourroit, suivant son syftême, la ranger de la seconde section de la dixieme classe de ses Eléments de Botanique, à côté du galéga, avec lequel cette plante a beaucoup de rapport.

La racine (*a*) est un pivot simple, charnu, garni de fibres fortes & rameuses : elle pousse une tige qui s'éleve de deux à trois pieds. Cette tige est droite, cylindrique & cannelée. Les feuilles naissent alternativement le long de la tige, où elles sont portées par des pétioles longs & cylindriques : elles sont composées de plusieurs folioles rangées par paires & terminées par une impaire. Toutes ces folioles sont entieres, ovales & terminées en pointe. Les rameaux sortent des aisselles des feuilles ; ils sont accompagnés à leur origine de deux ftipules distincts & isolés. Ces rameaux portent les mêmes caracteres que la tige.

Les fleurs naissent dans les aisselles des feuilles, rangées en un épi, dont l'origine est accompagnée de deux ftipules, ainsi que les rameaux. Ces fleurs sont légumineuses. Nous en avons représenté une (*b*) vue de profil. La figure (*c*) offre la même fleur vue de face. Ces deux figures sont augmentées à la loupe, ainsi que toutes les parties qui composent la fleur. L'étendard ou le pétale supérieur est étroit à sa base, ovale & terminé en pointe. Les deux ailes ou pétales latéraux, dont un seul est représenté (*e*), accompagnent la carene ou pétale inférieur (*f*). Cette carene est accompagnée de deux pétales réunis par leur diametre. Dans les fleurs de ce genre, la carene se ferme assez ordinairement, & enveloppe les parties sexuelles ; dans celle-ci elle est assez souvent ouverte, comme nous l'avons démontré dans la figure (*b*). Les dix étamines sont réunies en faisceau par une base membraneuse, par le moyen de laquelle elles enveloppent le piftil. Deux de ces étamines sont cependant affranchies de cette réunion, comme on le voit dans la figure (*g*), où la membrane est représentée ouverte. Ces deux étamines sont plus courtes : elles sont distinctes entre elles, & ne font corps avec les autres que par l'adhérence de la base de leurs filets avec celle de la membrane. Le piftil (*i*) est enfermé par la base des étamines comme dans un fourreau ; il est composé d'un ovaire alongé qui se termine par un ftil qui porte à son sommet un stigmate sphérique. Toutes les parties de la fleur rassemblées dans le calice (*h*) ; c'est un tube court divisé en cinq dents pointues, attachées à l'épi par un pédicule cylindrique ; il ne persifte que jusqu'à la défloraison. Le fruit qui succede à la fleur est un légume court, que nous avons représenté (*k*) ouvert ; il est composé de deux valves qui forment une seule loge, dans laquelle les graines (*l*) sont renfermées.

Quoique l'Anil ne soit pas d'un usage très familier en Médecine, nous croyons qu'on ne nous saura pas mauvais gré de l'avoir introduit dans notre ouvrage : on ne connoît guere généralement de cette plante que la fécule qu'on en retire, & qui est connue dans les Arts sous le nom d'*Indigo*. Les Indiens regardent cette plante comme céphalique ; quelques Auteurs lui ont cru la même vertu, & l'ont ordonnée en frontal pour appaiser les douleurs de tête. On croit la poudre d'Anil propre à déterger & à mondifier les ulceres : on faisoit autrefois des bains dans lesquels on avoit fait dissoudre de l'Indigo, qui s'ordonnoient pour fortifier les nerfs.

L'Indigo est une fécule tirée de l'Anil, par une préparation qui consifte à macérer la plante & à la faire fermenter, pour en tirer la partie colorante & la réduire en pâte. C'est dans cet état qu'on nous l'envoie en France après l'avoir fait sécher. L'Indigo donne une couleur bleue qui est employée dans la teinture & dans la peinture en détrempe. Les bornes de notre ouvrage ne nous permettent pas d'entrer dans le détail de la culture de cette plante, de sa fabrication, & de l'emploi de l'Indigo. On trouve des détails satisfaisants sur ces différents objets dans le Dictionnaire des Arts & Métiers, & dans le Dictionnaire d'Hiftoire naturelle.

L' Anet.

Anethum graveolens. Linn. Sp. pl.

Ital. *Aneto.* Angl. *Dill.* Allem. *Dille.*

Genevieve de Nangis Regnault f.

60

L'ANET,

PLANTE ANNUELLE, DU NOMBRE DES CARMINATIVES,

Anetum hortenfe. C. B. P. 147. *Anetum graveolens.* L. S. P.

TOURNEF. claff. 7. fect. 4. gen. 3. LINN. Pentandria digynia. ADANS. 15. Famille des Ombelliferes.

L'ESPAGNE & l'Italie produifent naturellement l'Anet ; dans les climats tempérés on eft obligé d'avoir recours à la culture pour fe procurer abondamment cette plante : elle vient aifément dans nos jardins : on la multiplie par la femence. Il faut lui donner un terrein médiocrement chaud & de fréquents arrofements. La racine (*a*) eft un pivot fimple , droit & cylindrique , garni de quelques fibres peu ou point rameufes : elle pouffe une tige d'environ un pied. Nous avons repréfenté cette tige dans la planche attachée à fa racine, de la hauteur dont elle s'éleve le plus communément : elle eft ordinairement droite , cylindrique , & point rameufe. Les feuilles naiffent alternativement le long de la tige. L'origine des pétioles eft une membrane affez large, qui embraffe le contour de la tige , fans cependant y faire l'anneau. Les feuilles font amples , ailées, fur quatre rangs ; les ailes font des folioles divifées & fubdivifées en plufieurs parties linéaires. Nous les avons repréfentées fur la tige entiere , de leur grandeur ordinaire ; quelquefois, fans perdre aucuns de leurs caractères, elles ne deviennent pas plus grandes qu'elles ne font repréfentées fur la feconde tige ; & d'autres fois ce n'eft qu'une membrane fans caractere , comme elle eft repréfentée au fommet de la même tige.

Les fleurs naiffent au fommet de la tige, difpofées en ombelles. L'ombelle qui porte ces fleurs n'a ni enveloppe univerfelle, ni enveloppe partielle ; c'eft un affemblage de plufieurs rayons qui partent du même centre , & qui foutiennent à leur fommet un nouvel amas de rayons qui portent chacun une fleur. Ces fleurs font rofacées, comme nous l'avons démontré dans la figure (*b*) , où la fleur eft repréfentée de face , & augmentée au microfcope : elle eft compofée de cinq pétales égaux, de cinq étamines qui font l'alternative avec les pétales , & du piftil qui eft placé au centre. Nous avons repréfenté un des pétales (*c*) ; fa bafe eft large, & fon extrémité fe roule en dedans jufqu'à fon centre. Les cinq étamines que l'on voit dans la fleur entiere font égales entre elles , & plus courtes que les pétales , quoiqu'elles paroiffent en excéder la longueur ; cette fauffe apparence n'eft due qu'au roulement qui fe fait dans les pétales : elles font attachées fur les bords du calice, ainfi que les pétales , en oppofition avec chacune de fes divifions ; leurs filets font droits & cylindriques , & leurs antheres ovoïdes. Le piftil (*d*) , que nous avons repréfenté augmenté, ainfi que les deux figures précédentes, eft un ovaire pofé fous la fleur ; il eft ovoïde , cannelé , & couronné par un double ftigmate applati. Le calice eft pofé fur l'ovaire avec lequel il fait corps ; il l'accompagne jufqu'à fa maturité , fous l'apparence d'une pellicule affez fine ; il eft peu diftinct ; on ne le reconnoît que par cinq petites dents prefque infenfibles qui couronnent l'ovaire.

Le fruit qui fuccede au piftil eft compofé de deux cotyledons ovoïdes & applatis, appliqués l'un contre l'autre ; ils fe féparent par le bas , & reftent attachés par leur fommet au haut d'un double axe, qui enfile le centre du fruit, comme on le voit dans la figure (*e*) ; il en réfulte deux graines (*f*) ovales , convexes , & cannelées d'un côté, applaties de l'autre, & entourées d'une bordure membraneufe.

L'odeur de cette plante eft forte & affez agréable , & fon goût âcre & piquant. Quoique toutes les parties de la plante foient d'ufage en Médecine, c'eft de la femence qu'on tire les plus grands fervices. Les feuilles font réfolutives : on les emploie extérieurement appliquées en cataplafme pour avancer la fuppuration des tumeurs. On emploie les fleurs ou fommités dans les lavements pour appaifer les douleurs de la colique.

La femence d'Anet eft une des quatre femences chaudes mineures qui font, *l'Anet, la camomille, le mélilot, & la matricaire.* Cette femence eft ftomachale & anodine : elle entre dans les lavements carminatifs : on en retire une huile effentielle qu'on ordonne à la dofe depuis deux gouttes jufqu'à quatre dans une cuillerée d'eau, pour corriger les aigreurs de l'eftomac, & rétablir l'appétit. On fubftitue la femence d'Anet à celle du fenouil. L'huile qu'on en retire par infufion entre dans l'huile carminative de Mynficht, dans celle de Renard , & dans l'huile de mucilage.

I. *L'Oseille Ronde*

Rumex Scutatus Linn. Sp. Pl.

Ital. *Acetosa rotunda*. Angl. *French Sorrel*. Allem. *Spanischer Sauerampfer*.

Genevieve de Nangis Regnault f.

L'OSEILLE RONDE,

PLANTE VIVACE, DU NOMBRE DES APÉRITIVES.

Acetofa rotundifolia hortenfis. C. B. P. 114. *Rumex fcutatus.* L. S. P.

TOURNEF. claff. 15. fect. 2. gen. 1. LINN. Hexandria trigynia. ADANS. 39. Famille des Perficaires.

CETTE efpece d'Ofeille croît naturellement dans quelques contrées d'Allemagne & d'Angleterre. La grande confommation qu'on en fait dans les aliments a rendu fa culture intéreffante : on la cultive en pleine terre, & dans les jardins potagers : on peut l'obtenir par le moyen de la femence ; mais la voie la plus prompte eft de la multiplier par les traînaffes, & par les rejettons enracinés qui naiffent autour du pied : on les divife & on les replante ; ils produifent de groffes touffes qu'on peut partager de nouveau. La culture de l'Ofeille confifte à la farcler avec foin, & à lui donner de fréquents arrofements dans les grandes chaleurs. On la difpofe en planche dans un terrein bien labouré & bien amendé : elle peut durer cinq ou fix ans, pendant lequel temps elle ré- fifte à la coupe très fréquentes. Il eft bon une ou deux fois l'année de réparer l'épuifement que ces coupes lui occafionnent : on la coupe à cet effet à rafe terre : on lui donne un léger labour, & on la couvre d'en- viron un pouce de terreau ; une plus grande quantité pourroit devenir nuifible & faire pourrir la plante en terre : on la garantit l'hiver des rigueurs du froid en la couvrant de paille ou de grand fumier fec. La racine craint le contact de l'air ; il faut avoir grand foin, pour l'empêcher de périr, de la garnir de terre jufqu'au col- let. Cette racine (*a*) eft un pivot fimple, garni de quelques fibres rameufes : elle pouffe d'abord plufieurs feuilles radicales, foutenues par de longs pétioles fillonnés dans leur longueur. Ces feuilles font amples, en- tieres, en forme de fleche, arrondies à leur extrémité ; ce font ces feuilles qui font l'objet de la récolte conti- nuelle de cette plante ; fon heureufe abondance fournit à nos tables plufieurs mets auffi falubres qu'agréables. Du centre des feuilles radicales il s'éleve une ou plufieurs tiges, droites, cylindriques & cannelées : elles s'éle- vent de deux à trois pieds. Les feuilles caulinaires font portées alternativement à la tige qu'elles embraffent par leur bafe, & par laquelle elles font comme enfilées ; ces feuilles ne different des radicales qu'en ce qu'elles font feffiles, c'eft-à-dire attachées par leur bafe à la tige fans le fecours des pétioles. Les fleurs naiffent au fom- met de la tige, & dans les aiffelles des feuilles, rangées en épi & panicules : ces fleurs font diftinguées en mâle & femelle. La tige (I) porte les fleurs mâles, & la tige (II) porte les femelles. La fleur mâle (*c*) eft regardée comme un calice à fix divifions, dont trois font conftamment plus grandes que les autres, & font l'alternative avec elles. Quelques Botaniftes ont regardé les trois grandes divifions comme une corolle, & les trois petites comme le calice. La figure (*b*) montre la même fleur avec les fix étamines qui la compofent, & qui font deftinées à féconder la fleur femelle. Celle-ci eft repréfentée (*d*) ; c'eft un piftil compofé d'un ovaire triangulaire, couronné par trois ftils courts & trois ftigmates velus ; il eft logé dans un calice (*e*) à trois divifions obrondes, terminées en pointe & concaves.

Le piftil devient par fa maturité un fruit (*f*) compofé de trois valves qui forment enfemble une feule loge : nous l'avons développé dans la figure (*g*), où l'on voit diftinctement les trois valves féparées. Cha- cun de ces fruits ou capfules renferme une graine (*h*) triangulaire.

La racine, les feuilles & la femence d'Ofeille font d'ufage en Médecine. Dans les maladies qui ont pour caufe un alkali fpontané, l'Ofeille eft très utile ; les feuilles font propres à modérer la fermentation du fang, leur acidité tempere la bile ; on les affocie avec celles du creffon & l'herbe aux cuillers dans les bouillons anti- fcorbutiques.

Bartholin remarque que l'Ofeille & l'herbe aux cuillers naiffent enfemble dans le Groënland, comme fi la Nature avoit indiqué, par cette premiere fociété, que ces deux plantes devoient toujours agir de concert. L'une eft abondante en fel volatil, l'autre en fel acide ; il réfulte de ce mêlange un fel moyen très utile aux fcorbutiques ; auffi ne doit-on pas craindre dans cette maladie d'abufer du remede : on peut en ufer même en aliment ; & fuivant Chomel, les œufs à la farce d'Ofeille, ou l'omelette dans laquelle on met de l'Ofeille ha- chée menu, eft une nourriture falutaire dans cette maladie : on fait prendre au malade en même temps un demi-gros de teinture de mars tirée avec le fuc d'Ofeille dès le matin. Les feuilles d'Ofeille cuites fous la cendre chaude, dans une feuille de chou, mêlées avec le levain & appliquées en cataplafme, font très réfolutives ; elles accélerent la fuppuration des tumeurs. La vertu des racines eft oppofée à celle des feuilles ; elle eft propre à pro- curer le mouvement du fang, lorfqu'il eft ralenti dans le tiffu des vifceres : elle entre dans la plupart des apo- zêmes & des tifanes apéritives & rafraîchiffantes.

M. Ray foupçonne la femence d'Oïeille d'être aftringente comme celle de la patience : elle entre dans la poudre *diamargariti frigidi*, & dans la confection d'hyacinthe. On fait un firop d'Ofeille & une conferve de cette plante qui entre dans l'opiat de Salomon de Joubert. Le fuc de fes feuilles eft employé dans les trochif- ques de Ramich de Méfué.

Le Seigle

Secale Cereale Linn. Sp. Pl.

Ital. Segola Angl. Rye, Allem. Rocken.

62

LE SEIGLE,

PLANTE ANNUELLE, DU NOMBRE DES RÉSOLUTIVES.

Secale hybernum, vel majus. C. B. P. 22. *Secale cereale, hybernum.* L. S. P.

TOURNEF. claff. 15. fect. 3. gen. 2. LINN. Triandria digynia. ADANS. 7. Famille des Gramen.

LA domefticité du feigle eft très ancienne, & fon origine eft oubliée. Cette plante tient le premier rang dans les bleds, après le froment. L'utilité de cette plante a rendu fa culture prefque générale. Si le Seigle le cede en qualité au froment, il a fur celui ci l'avantage de s'accommoder des terreins les plus médiocres & même des mauvaifes terres; & lorfque la féchereffe de l'année a fait manquer la récolte du froment, il eft affez ordinaire que celle de Seigle foit abondante. Sa racine (*a*) eft un amas de fibres fimples, qui s'étendent horizontalement dans la terre; comme elles font foibles, elles font plus de progrès dans les terres légeres & fablonneufes que dans les terres fortes. Il fort de fa racine plufieurs tiges ou tuyaux cylindriques, foibles, creux, articulés par nœuds, qui s'élevent très droit jufqu'à la hauteur de fept à huit pieds; leur hauteur ordinaire, dans les bonnes terres, eft de cinq à fix pieds. Leur fommet, à l'approche de l'épi, eft couvert de poils courts. Ces tiges acquierent, par leur maturité, le nom de *paille*; c'eft dans cet état, & fous cette dénomination, qu'elles font employées dans les Arts: elle eft connue dans quelques contrées fous le nom de *glui*. Comme elle eft fort longue on ne la bat point au fléau, pour la conferver entiere: elle fert à lier les gerbes & la vigne, à couvrir des maifons, à faire des paliffades, &c. On l'emploie auffi à faire plufieurs bagatelles plus agréables qu'utiles: elle reçoit fort bien la teinture: on en fait des ornemens fur des boîtes connues fous le nom de *boîtes de paille*, des chapeaux, des corbeilles, &c. Les feuilles font alternes; leur origine eft une graine qui embraffe la tige jufqu'aux articulations. Ces feuilles font entieres, longues, étroites, & terminées en pointe. Les fleurs naiffent au fommet de chaque tige, rangées en épi. Nous en avons repréfenté une (*b*) de grandeur naturelle. La figure (*c*) offre une étamine augmentée à la loupe. Ses antheres font longues parallélipipedes, attachées légérement à des filets foibles qui les fufpendent. Le piftil (*f*) reçoit la fécondité des étamines; il eft compofé de l'ovaire, lequel eft couronné par deux ftigmates en forme de duvet; il devient par la maturité une feule graine (*e*), oblongue, farineufe, enveloppée d'une membrane mince & ferme: elle refte enfermée dans la balle, jufqu'après la maturité. Toutes les fleurs font raffemblées fur un axe commun (*d*), & accompagnées à leur origine d'une feuille florale linéaire.

L'ufage du Seigle eft très répandu comme aliment: le pain de Seigle ne convient qu'aux eftomacs robuftes & vigoureux; c'eft la nourriture ordinaire du peuple. Comme la plante eft fujette aux intempéries des faifons, le peuple qui s'en nourrit fe reffent des effets malheureux qui en réfultent. Dans certaines années pluvieufes & humides, il fe rencontre dans les épis du Seigle, des grains plus gros que les autres, qui font bruns à l'extérieur; leur furface eft raboteufe, & on y apperçoit quelquefois trois fillons qui fe prolongent d'un bout à l'autre; on les reconnoît auffi à des cavités qui femblent creufées par des infectes. Ces grains font connus en Sologne fous le nom d'*ergot*, & en Gâtinois fous le nom de *bled cornu*. Ces grains furnagent quand on les met dans l'eau, & tombent enfuite au fond. La caufe de cette maladie n'eft pas encore bien connue; mais les effets qui en réfultent font fouvent terribles. Ces grains ergotés caufent, dans certaines années, à ceux qui fe nourriffent de pain de Seigle, une maladie dont les fymptômes font effrayants. Les malades font attaqués d'une gangrene feche, qui leur fait tomber les extrémités du corps fans, pour ainfi dire, leur caufer de douleurs, & la mort fuccede ordinairement, au bout de quelques jours, à ces accidents horribles. On n'avoit point encore connu de remede contre cette rapide maladie; mais on lit dans les Mémoires préfentés à l'Académie, qu'une Demoifelle charitable guériffoit cette cruelle maladie, en l'attaquant dans fa naiffance, par l'ufage d'un remede dont elle avoit la connoiffance: fa méthode confifte à faire faigner une ou deux fois le malade, à envelopper la partie menacée de gangrene, avec un linge trempé dans un mêlange d'eau-de-vie & de beurre frais, pour rappeller la chaleur, fi par hafard la gangrene arrive ordinairement au bout de deux ou trois jours: on la frotte enfuite avec du baume rouge. Ce baume eft compofé de trois livres d'huile d'olive, une livre de térébenthine, deux onces de fantal, trois demi-fepiers de vin, & une demi-livre de cire jaune, fondus enfemble. Si la cupidité des payfans ne détruifoit pas en eux le fentiment de l'humanité, ils feroient toutes les années la féparation de ces grains ergotés: aucun d'eux n'ignore que cette féparation fe fait aifément par le fecours du crible, attendu que la plupart des grains malades font toujours plus gros que les autres.

Le pain de Seigle eft laxatif; il convient aux perfonnes fujettes aux hémorrhoïdes & à la migraine.

La farine de Seigle fe fubftitue aux quatre farines réfolutives dont elle a les vertus: elle eft émolliente, réfolutive. On en fait un cataplafme avec le miel, qui s'applique avec fuccès fur les mamelles, pour diffoudre le lait grumelé. Ce cataplafme eft adouciffant: on l'applique pour avancer la fuppuration.

La Pomme d'Amour

Solanum Lycopersicon Linn.

Ital. Pomi D'oro Pomi del peru Esp. Tomado, Angl. Gold apple, Allem. Gold apfel.

Geneviève de Nangis Regnault f.

68

LA POMME D'AMOUR,

PLANTE ANNUELLE, DU NOMBRE DES ASSOUPISSANTES.

Solanum pomiferum fructu rotundo striato mollis. C. B. P. 167. *Solanum lycopersicum.* L. S. P.

TOURNEF. claff. 1. fect. 6. gen. 1. LINN. Pentandria monogynia. ADANS. 28. Famille des Solanum.

LA POMME D'AMOUR est originaire d'Amérique : on l'obtient en Europe par la voie de la culture : on la cultive beaucoup en Efpagne : elle y eft connue fous le nom de *tomados* : on l'y emploie communément dans les aliments. On la feme fur couches au mois de Mars, pour la tranfplanter fur la fin d'Avril : on la met alors en bonne terre & en belle expofition : elle demande une terre graffe. Les Italiens l'introduifent dans la majeure partie de leurs ragoûts.

La racine (*a*) eft un pivot garni dans toute fa longueur de fibres rameufes. Ses tiges s'élevent d'environ deux pieds : elles font droites, cylindriques & rameufes.

Les feuilles naiffent alternativement le long de la tige : elles font compofées de plufieurs folioles inégales, rangées par paire & terminées par une impaire. Les folioles qui compofent la feuille font entieres, ovales, terminées en pointe, découpées inégalement, quelquefois ailées, portées par des pétioles particuliers. Il y a communément fept grandes folioles le long du pétiole, & dans les intervalles de celles-là il y en a de plus petites, inégales entre elles, & fi petites quelquefois qu'elles n'ont plus de caractere.

Les fleurs naiffent hors des aiffelles des feuilles alternativement avec elles : elles font portées immédiatement à la tige par des pédicules cylindriques fur lefquels elles font rangées ordinairement trois par trois. Ces fleurs font monopétales : chacune d'elles eft une corolle d'une feule piece, évafée en foucoupe, divifée en cinq fegments ovales & pointus, comme nous l'avons repréfenté dans la figure (*b*). Les parties fexuelles font placées au centre de la corolle ; elles confiftent en cinq étamines & un piftil. Les cinq étamines font réunies par leurs fommets, de forte que le piftil fe trouve enveloppé & caché par elles. Le tout forme enfemble une efpece de clou que nous avons avons repréfenté (*c*). Les antheres des étamines font courtes : elles font réunies par les côtés : elles font percées en haut par deux petits trous qui fervent d'iffue à la pouffiere génitale. Le piftil eft compofé de l'ovaire & d'un ftigmate infenfible. Toutes les parties de la fleur font raffemblées dans le calice (*d*) ; il eft d'une feule piece, divifé en cinq parties, longues, droites & pointues ; il accompagne le fruit jufqu'à fa maturité.

Le fruit (*e*) fuccede à la fleur ; c'eft une baie ronde, molle, fucculente, partagée ordinairement en trois loges, comme nous l'avons repréfenté dans la figure (*f*), où il eft vu coupé tranfverfalement. Les graines (*g*) font renfermées dans le fruit, dans la difpofition de la figure précédente. Les fleurs doublent affez fouvent par la culture, & les fruits fe reffentent du changement qu'éprouvent les fleurs ; & au lieu d'être ronds, ils ont autant de gonflements dans leur circonférence que la corolle a de divifions.

Le fruit de la Pomme d'Amour a un goût aigrelet affez agréable. Le peuple Efpagnol en fait grand cas dans les potages. On le confit au vinaigre. Mais quoique des nations entieres mangent habituellement ce fruit, plufieurs Auteurs l'ont regardé comme un aliment dangereux.

L'ufage extérieur du fruit de Pomme d'Amour, infufé dans l'huile d'olive, eft utile pour les contufions, pour les tumeurs, & pour appaifer les douleurs de la fciatique & des rhumatifmes. Le fuc de la plante eft propre à diffiper les fluxions & appaifer les inflammations des yeux.

Les feuilles de la Pomme d'Amour peuvent être fubftituées à celles de la morelle à fruit noir, dans les fomentations & dans les cataplafmes.

La Clematite ou herbe aux Geux.
Clmatis vilalba Linn. Sp. Pl.
Ital. Clematite. Angl. Climers. Allem. Waltreben.

Genevieve de Nangis Regnault f.

64

LA CLÉMATITE, ou L'HERBE AUX GUEUX,

Plante vivace, du nombre des Vulnéraires-Détersives.

Clematitis fylveftris latifolia. C. B. P. 300. *Clematis vitalba.* L. S. P.

Tournef. claff. 6. fect. 8. gen. 5. Linn. Polyandria polygynia. Adans. 55. Fam. des Renoncules.

Cette plante croît naturellement dans les haies : on la connoît affez fous la dénomination d'*Herbe aux Gueux*, parcequ'on prétend que certains mendiants s'en frottent la peau pour y former de petits ulceres, & qu'ils ont grand foin d'expofer les membres ulcérés aux yeux des paffants, dans l'efpoir de rencontrer des ames fenfibles, qu'ils excitent à la charité par cet artifice.

La racine (*a*) de cette plante eft groffe, ligneufe, garnie de plufieurs fibres rameufes, brune en dehors, blanche en dedans, s'étendant profondément en terre : elle jette plufieurs farments, gros, rudes, flexibles, anguleux, cannelés, rameux & grimpants, qui fe foutiennent par le fecours des arbriffeaux voifins.

Les feuilles font oppofées deux à deux le long de la tige : elles font ordinairement compofées de cinq folioles rangées par paires fur le pétiole commun, & terminées par une impaire : elles font attachées à des pétioles communs par des pétioles particuliers : elles font ovales, terminées en pointe & découpées peu profondément. Les rameaux portent le même caractere que la tige.

Les fleurs fortent des aiffelles des feuilles : elles font difpofées en corymbe fur des rameaux cylindriques. Les feuilles qui naiffent le long de ces rameaux font oppofées comme celles de la tige, mais elles en different par la forme : elles font petites, feffiles, entieres, ovoblongues & unies. Les pédicules qui foutiennent les fleurs font accompagnés de feuilles du même caractere que celles-ci. Les fleurs n'ont point de calice : elles font rofacées, compofées de quatre ou cinq pétales (*b*). Le nombre des étamines n'eft pas conftant. Nous les avons repréfentées (*c*) ; on ne les trouve guere au-deffous de quinze, & elles n'excedent pas le nombre de trente. Le piftil (*d*) eft compofé d'environ cinquante ovaires raffemblés fur un difque (*e*). Nous avons repréfenté un des ovaires (*f*) augmenté à la loupe, qui eft compofé de l'embryon, d'un ftil court & d'un ftigmate cilié dans fa longueur, & tubulé à fon extrémité.

Les ovaires qui compofoient le ftil font transformés par la fécondation en autant de graines (*g*), & le ftigmate qui n'étoit d'abord que d'une médiocre longueur, s'alonge & devient une arête velue & tortueufe.

Toute la plante a un goût âcre ; c'eft un cauftique puiffant. Nous avons déja dit plus haut qu'elle étoit capable de faire venir des ulceres fur la peau. Les mendiants, qui l'emploient à cet ufage, remédient au mal qu'elle a occafionné avec les feuilles de bouillon-blanc, pilées & appliquées deffus. Camérarius & Matthiole affurent que l'on peut tirer par la diftillation de la Clématite une eau cauftique prefque auffi brûlante que l'eau-de-vie. On emploie cette plante extérieurement. Ses feuilles pilées & appliquées fur la lepre en operent la guérifon, au rapport de Difcoride. Le même Auteur dit que fa femence, broyée & prife dans l'hydromel, purge la pituite & la bile. Tragus ajoute que la racine cuite dans l'eau falée & le vin, eft un purgatif propre à foulager les hydropiques. Le témoignage de ces Auteurs n'a pu empêcher que la caufticité de cette plante ne l'ait fait profcrire des remedes internes.

Tabernamontanus amenoit à fuppuration les tumeurs les plus opiniâtres, en appliquant un cataplafme de cette herbe pilée & mêlée avec de l'huile.

On fe fert de cette plante feche en Provence comme d'un fternutatoire propre à guérir la morve des chevaux, des ânes, des mulets : on enveloppe la tête de l'animal dans un fac, au fond duquel on a jetté des feuilles de Clématite feche : elles les font éternuer & lui procurent un flux de morve confidérable.

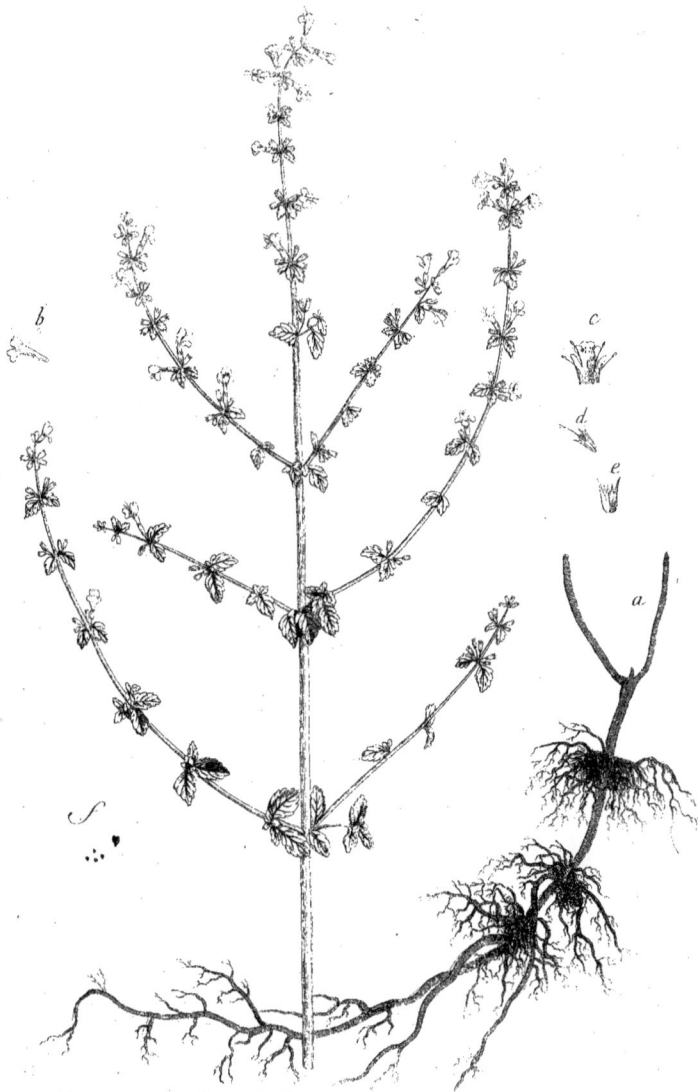

Le Calament

Melissa Calamentha Linn Sp. Pl.

Ital *Calaminta* Angl *Calamint*

Genewiève de Nangis Regnault

65

LE CALAMENT,

PLANTE VIVACE, DU NOMBRE DES CÉPHALIQUES.

Calamentha vulgaris, vel officinarum Germaniæ. C. B. P. 228. *Melissa Calamentha.* L. S. P.

TOURNEF. claff. 4. fect. 3. gen. 4. LINN. Didynamia gymnospermia. ADANS. 25. Famille des Labiées.

LE CALAMENT fe rencontre affez ordinairement dans les bois taillis, le long des avenues & dans les terreins pierreux. Sa racine (*a*) eft longue, grêle, traçante, garnie par articles de fibres rameufes : elle pouffe des tiges qui s'élevent d'environ un pied & demi : elles font droites, anguleufes & rameufes.

Les feuilles font oppofées deux à deux le long de la tige, à laquelle elles font attachées par des pétioles courts : elles font ovales, terminées en pointe, & découpées affez réguliérement.

Les rameaux fortent des aiffelles des feuilles ; ils font droits & anguleux comme la tige, & portent des feuilles du même caractere.

Les fleurs naiffent dans les aiffelles des feuilles, & au fommet de la tige & des branches : elles font verticillées ou rangées par étages, difpofées annulairement tout autour de la tige, où elles font portées par des pédicules cylindriques & courts. Ces fleurs font labiées ; chacune d'elles eft un tube (*b*) menu à la bafe, gonflé vers le milieu, divifé à fon extrémité en deux levres, dont la fupérieure eft relevée, arrondie & découpée en deux parties ; l'inférieure eft rabattue, découpée en trois parties ; la mitoyenne eft plus large que les latérales, & eft découpée en forme de cœur. Nous avons repréfenté (*c*) le tube de la corolle fendu par le milieu de la levre fupérieure. Les quatre étamines font attachées aux parois de la corolle ; leurs filets font très déliés & leurs antheres font ovoïdes : elles excedent la longueur du tube. Le piftil eft placé au centre ; il eft repréfenté (*d*) logé dans le fond du calice ; il eft compofé de l'embryon, d'un ftil long & de deux ftigmates courbes. La fleur repofe dans le calice (*e*), que nous avons montré ouvert ; c'eft un tube médiocre, divifé à fon extrémité en quatre dents aiguës. L'embryon, qui fe trouve à la bafe du piftil, eft compofé de quatre ovaires diftincts, raffemblés autour de la bafe du ftil, qui leur eft commun fans leur être attaché. Les quatre ovaires deviennent, par leur maturité, autant de graines (*f*).

L'odeur des feuilles du Calament eft agréable. Toute la plante s'emploie en décoction & en infufion : elle eft alexitere, hyftérique, réfolutive, atténuante & repercuffive : on en fait plufieurs préparations, un firop, une poudre, des conferves & des vins. On ordonne le Calament pour les vapeurs hyftériques : on l'emploie utilement pour exciter les urines & pour faciliter les écoulements périodiques.

Le Calament eft recommandable pour les maladies du cerveau. On le croit propre à réfifter au venin : on introduit cette plante avec fuccès dans les lavemens carminatifs. Ethmuller en confeille l'ufage dans le piffement de fang.

On tire du Calament une eau diftillée ; il entre dans le firop *de praffio* de Méfué, dans le firop de ftœchas, d'épithym, de Calament du même Auteur ; dans le firop d'armoife de Fernel & de Rhafis, dans la poudre *diacalaminthas* de Nicolas d'Alexandrie, dans le louch fain, dans l'électuaire *diurifé* de Méfué, dans la *diagalanga* & dans la thériaque.

L'Olivier

Olea Europea. Linn. Sp. pl.

Ital. *Ulivo*, Angl. *Olive-tree*, Allem. *Oliven Baum*

Geneviève de Nangis Regnault f.

26

L'OLIVIER,

ARBRE DU NOMBRE DES PLANTES EMOLLIENTES.

Olea sativa. C. B. P. 472. *Olea Europæ.* L. S. P.

TOURNEF. claff. 20. fect. 1. gen. 2. LINN. Diandria monogynia. ADANS. 29. Famille des Jafmins.

L'OLIVIER eft un des arbres dont les propriétés s'étendent fur le plus grand nombre d'objets. La Méde-cine, les Arts, les Aliments & l'Agriculture, fe reffentent journellement des vertus de cette heureufe produc-tion, dont la culture femble ne pouvoir s'étendre au-delà des bornes que la Nature lui a prefcrites. L'Italie, l'Efpagne, la Provence, le Languedoc, & quelques climats fous la même température, font les feuls où on le cultive avec fuccès: on le multiplie de marcottes, de boutures ou de rejettons, dans un terrein gras, chaud & léger, & dans une belle expofition; c'eft de cette maniere qu'on en fait des pepinieres. La multiplication par la femence feroit longue & incertaine: elle n'eft point en ufage: on tranfplante les plants au bout de cinq ans, & on les greffe en écuffon. Nous n'entrerons point dans un détail plus circonftancié fur la culture, pour nous étendre fur celui de fes propriétés.

La tige de l'Olivier eft droite, l'écorce eft liffe, & le bois eft dur, fur-tout près de la racine. Il pouffe beau-coup de rameaux. Les bornes de notre format ne nous ont permis de repréfenter que l'extrémité d'un de ces rameaux. Les feuilles font nombreufes, & oppofées le long des branches: elles font feffiles, entieres, ovob-longues, terminées en pointe, unies & traverfées par une nervure fimple.

Les fleurs paroiffent au mois de Juin: elles fortent des aiffelles des feuilles, rangées en grappes; ces fleurs font monopétales. Chacune d'elle eft un tube (*b*) évafé en godet, & divifé en quatre parties ovales, & creu-fées en cuillerons. Nous en avons repréfenté une (*a*) vue de face, pour montrer l'arrangement des parties fexuelles. La même corolle eft repréfentée ouverte (*c*). Les deux étamines font courtes; leurs antheres font volumineufes, & fillonnées longitudinalement. Le piftil eft placé entre elles deux; il eft compofé de l'ovaire, d'un ftil court, & d'un ftigmate ovoïde. La fleur repofe dans le calice (*d*), lequel eft un tube court, divifé en quatre dents égales & peu fenfibles. Ces quatre figures font augmentées à la loupe. Le fruit (*e*) qui fuc-cede à la fleur eft connu fous le nom d'*Olive*; il renferme un noyau (*f*) à une feule loge & une feule valve. Nous l'avons repréfenté (*g*) coupé tranfverfalement; il renferme l'amande (*h*).

On cueille les Olives qu'on deftine à faire de l'huile vers les mois de Novembre ou Décembre. On n'attend point la maturité pour cueillir celles qu'on veut confire: on les cueille vertes dans les mois de Juin & de Juil-let: elles ont alors un goût âpre & amer: on adoucit leur goût en les préparant avec une leffive de chaux & de cendre de farment ou de chêne, dans laquelle on les laiffe féjourner environ douze heures: on les baigne enfuite dans de l'eau douce pendant quelques jours pour leur faire perdre un refte d'âcreté que la leffive n'a pu leur enlever. Enfin, pour les amener à leur degré de perfection, on les laiffe tremper dans une faumure de fel dans laquelle on introduit le thym, le ferpolet, l'anis & le fenouil. C'eft ordinairement l'efpece la plus pe-tite qu'on prépare de cette maniere: on nous les envoie fous le nom de *Picholines*.

Le bois d'Olivier eft folide, veineux & marbré; il eft recherché par les Ebéniftes & les Tourneurs. Tout le monde fait que la branche d'Olivier étoit autrefois le figne de la paix, comme celles de laurier étoient les marques de la gloire.

L'huile qu'on tire par expreffion des Olives tient le premier rang dans toutes celles qu'on emploie dans les aliments. Cette huile ne fait pas feulement les délices de nos tables, fon utilité eft recommandable en Méde-cine: elle eft la bafe de prefque toutes les huiles compofées: elle eft émolliente, anodyne, réfolutive & adou-ciffante. Celle qui fort la premiere de la preffe eft appellée huile vierge: elle eft préférable aux autres pour les remedes: elle appaife les tranchées de la colique: elle adoucit les douleurs du tenefme & de la dyffenterie: on la donne à la dofe d'une ou deux cuillerées par la bouche, ou à la dofe de deux ou trois onces dans de l'eau, ou dans la décoction émolliente en lavement. L'huile d'Olive arrête les progrès des poifons corrofifs, comme l'arfenic, l'orpiment, &c. en avalant une quantité fuffifante.

Le baume du Samaritain, connu par fes propriétés pour la brûlure, eft un compofé d'huile d'Olive & de vin battus enfemble. L'huile d'Olive eft utile aux enfants tourmentés de vers: elle bouche les trachées de leur peau, & les fuffoque en fermant tous les paffages de l'air. On emploie utilement la lie d'huile pour les rhumatifmes. Les payfannes Provençales emploient l'eau des Olives appellée *muria*, pour calmer les affec-tions hyftériques.

Nous avons déja dit à l'article de la foude, que l'huile d'Olive compofoit le plus beau favon. Sa lie s'em-ploie à faire le favon commun: on emploie cette lie pour cimenter l'aire des greniers: on en frotte les brebis pour les préferver ou pour les guérir de la gale. Plufieurs Cultivateurs emploient la lie d'huile pour augmenter la végétation. On prétend qu'elle a la propriété d'éloigner les teignes qui rongent les étoffes de laine: elle eft employée dans quelques endroits pour corroyer & adoucir les cuirs, pour frotter les vis des preffoirs, & pour préferver de la rouille les outils de fer.

Le Thim blanc des Montagnes ou le *Polion*
Teucrum Polium Linn. Sp. Pl.

Geneviève de Nangis Regnault f.

67

LE THYM BLANC DES MONTAGNES, ou LE POLION,

PLANTE VIVACE, DU NOMBRE DES CÉPHALIQUES.

Polium montanum album. C. B. P. 221. *Teucrium Polium.* L. S. P.

TOURNEF. claff. 4. fect. 4. gen. 2. LINN. Didynamia gimnofpermia. ADANS. 25. Famille des Labiées.

CETTE plante croît naturellement en Italie, en Efpagne, à la Louifiane & fur le Mont Liban ; on la rencontre affez communément dans nos provinces méridionales : elle fe plaît fur les montagnes & autres lieux élevés, néanmoins on la trouve dans les plaines fablonneufes & arides : on l'obtient aifément dans les climats tempérés par le moyen de la culture. Sa racine (*a*) eft ligneufe, & garnie d'une infinité de fibres rameufes. Les tiges du Polion s'élevent d'environ un pied ; la plupart s'étendent à terre : elles font grêles, cylindriques, couvertes d'un duvet cotonneux, & très rameufes ; elles jettent beaucoup de rameaux. Les feuilles font feffiles, ou attachées à la tige : elles font épaiffes, cotonneufes deffus & deffous, & oppofées le long de la tige. Les rameaux fortent de leurs aiffelles, & portent les mêmes caractères que la tige.

Les fleurs naiffent au fommet de la tige & de rameaux, & dans les aiffelles des feuilles qui approchent du fommet : elles font ramaffées en épis ronds. Ces fleurs font labiées. Nous en avons repréfenté une (*b*) enfermée dans le calice, & augmentée au microfcrope : elle eft accompagnée d'une feuille florale qui eft attachée fous le fond du calice : elle eft quelquefois femblable, & quelquefois différente de celles de la tige. La fleur eft un tube menu à fa bafe, & découpé à fon extrémité en cinq parties inégales qui ne forment qu'une feule levre inférieure, à moins qu'on ne regarde les deux découpures fupérieures comme une levre fendue. La figure (*c*) offre la corolle ouverte, & fendue par la partie fupérieure. Les quatre étamines font attachées par leur bafe près l'une de l'autre aux parois de la corolle : elles fortent du tube par l'intervalle des deux découpures fupérieures, & s'élevent comme on le voit dans la figure précédente. Le piftil excede la longueur des étamines : il eft compofé de quatre ovaires ; il eft attaché au fond du calice, que nous avons repréfenté ouvert (*d*) : c'eft un tube médiocre, découpé en cinq dents coutes & pointues. Les quatres ovaires qui forment le piftil font raffemblés comme on le voit en (*e*). Cette figure eft augmentée, ainfi que les trois précédentes. Les ovaires deviennent, par leur maturité, quatre graines (*f*).

On connoît plufieurs efpeces de Polion, qui ne font regardées que comme des variétés de la même efpece. Le Polion, appellé par Gafpard Bauhin *Polium montanum luteum*, ne differe pour ainfi dire de celui-ci que par la couleur jaune de fes fleurs ; & les individus produits par la graine de cette variété donnent fouvent des fleurs ou pâles ou blanches. Au furplus, ces variétés ont les mêmes vertus. Le Polion répand une odeur aromatique ; il eft amer & défagréable au goût ; fon ufage eft fort répandu en Médecine. On nous l'apporte des pays chauds, fec & lié par bottes ; celui qui vient de Candie & d'Italie eft le plus eftimé : on doit le choifir récent & bien garni de fleurs. Ce font les fommités qui font le plus employées : elles font céphaliques, vulnéraires, fudorifiques & apéritives : elles excitent les urines & les écoulements périodiques. L'infufion des fommités du Polion s'ordonne dans les maladies du cerveau, & dans les obftructions des vifceres. Les Provençaux font ufage, dans les cours de ventre fâcheux, de l'eau où l'on a fait macérer le Polion. Sa décoction fe donne en lavement, & le marc s'applique fur le bas-ventre. Cette plante réfifte à la corruption : on en boit l'infufion pour prévenir les fuites de la morfure des animaux venimeux.

Le Polion entre dans la grande thériaque, & dans le mithridate.

L'Absinthe.
Artemisia Absinthium, Linn. Sp. Pl.
Ital. Assenzio Romano. Angl. Wormwood. Allen Wermuth.

Genevieve de Nangis Regnault f.

L'ABSYNTHE,

PLANTE VIVACE, DU NOMBRE DES STOMACHIQUES.

Absynthium Ponticum, seu Romanum officinarum, seu Dioscoridis. C. B. P. 138. *Artemisia Absynthium.* L. S. P.

TOURNEF. class. 11. sect. 4. gen. 1. LINN. Singenesia Polygamia superflua. ADANS. 16. Fam. des Composées.

L'ABSYNTHE est une des plantes dont l'usage est le plus commun en Médecine : elle croît naturellement dans les terreins secs & arides ; son utilité la fait cultiver dans les jardins, où elle s'éleve facilement. Sa racine (*a*) est un pivot ligneux, garni de plusieurs fibres rameuses. Ses tiges s'élevent de deux à trois pieds : elles sont droites, cylindriques, cannelées, & très rameuses. Les feuilles sont alternes ; celles de la base sont grandes, amples, découpées profondément ; les découpures sont opposées par paires & terminées par une impaire : elles sont découpées elles-mêmes profondément & inégalement. A mesure que les feuilles approchent du sommet de la tige, elles perdent peu à peu leurs découpures, de sorte qu'elles finissent par n'être plus que des feuilles oblongues, entieres & unies. Les rameaux sortent des aisselles des feuilles ; les feuilles qui les accompagnent portent le caractere de celles du sommet de la tige.

Les fleurs naissent dans les aisselles des feuilles, & au sommet de la tige, disposées en panicules, accompagnées chacune d'une feuille florale, de même caractere que celles du sommet de la tige, mais plus petite. Nous avons représenté une des fleurs (*b*) augmentée à la loupe ; c'est un amas de fleurons rassemblés dans une enveloppe composée de plusieurs feuilles obtuses, que nous avons représentée (*c*) vue de face, & vue de profil (*d*). Chacun des fleurons est un tube (*e*) posé sur l'ovaire, menu à sa base, gonflé vers le milieu, évasé en soucoupe à son extrémité, & divisé en cinq segments pointus. Les cinq étamines sont attachées à la même hauteur, aux parois du tube de la corolle, dont elles n'excedent point la longueur. Le pistil (*f*) est placé au centre ; il est composé de l'ovaire qui fait la base de la corolle, & d'un stil qui est terminé par deux stigmates courbes. Ces quatre figures sont augmentées, ainsi que la premiere. Chaque fleuron ne produit qu'une seule graine ; toutes ces graines (*g*) sont rassemblées sur un réceptacle qui paraoît nud, que M. Adanson dit être couvert d'un léger velouté de poils longs & rares.

Toute la plante répand une odeur aromatique : elle est d'un goût amer : on emploie toutes les parties de la plante intérieurement & extérieurement : elle est apéritive, vermifuge, vulnéraire, détersive, fébrifuge & hystérique. Il est peu de plantes dont les propriétés soient plus connues que celles-ci. On en fait un extrait ; on en retire un sel essenriel & un sel lixiviel, une eau distillée, une huile, une conserve, une teinture, un vin & un esprit : on emploie aussi la plante sans préparation. Cette plante est propre à réveiller l'appétit, à détruire les matieres vermineuses, à rétablir le levain de l'estomac & à corriger les aigreurs : on l'emploie utilement pour emporter les obstructions des visceres, celles du foie & de la rate. On ordonne le sel lixiviel d'Absynthe à la dose depuis quinze grains jusqu'à un demi-gros, dans les bouillons apéritifs & dans les infusions purgatives. De quelque maniere qu'on prépare l'Absynthe, elle conserve toujours son amertume.

Le vin d'Absynthe est le résultat de la fermentation des feuilles & des sommités de cette plante dans le vin sortant de la cuve. Quand on veut se procurer du vin d'Absynthe, hors le temps des vendanges, on la fait infuser pendant vingt-quatre heures dans le vin. C'est un remede propre à guérir les pâles couleurs : on l'ordonne à la dose de trois ou quatre onces pendant plusieurs jours.

L'Absynthe est utile pour guérir la jaunisse, favoriser les écoulements périodiques, & pour exciter les urines. Le sel fixe d'Absynthe, à la dose d'un scrupule, est un bon remede pour arrêter le vomissement. L'extrait d'Absynthe réussit quelquefois à arrêter les fievres intermittentes : on le mêle aussi avec le quinquina : on l'ordonne à la dose d'un gros. Le suc des feuilles a la même propriété : on en donne deux onces au commencement de l'accès pour provoquer la sueur. La décoction d'Absynthe dans de l'eau de mer ou dans de l'eau salée, est un bon remede pour arrêter les progrès de la gangrene, au rapport de Thomas Bartholin : on en fomente souvent la partie malade. Le cataplasme des feuilles fraîches pilées, & mêlées avec le saindoux, est un puissant remede dans l'esquinancie, suivant Hulse.

L'Absynthe entre dans la confection Hamec, dans le *diacurcuma* de Mésué, dans le *dialacca magna*, dans les pilules agrégatives, & dans les pilules optiques du même Auteur, dans l'hiere composé de Nicolas d'Alexandrie, dans le sirop cachectique de Charas, dans le sirop lienterique du même Auteur, dans la poudre de Paulmier contre la rage, dans le baume tranquille, dans le cérat stomachique, & dans l'emplâtre de mélilot.

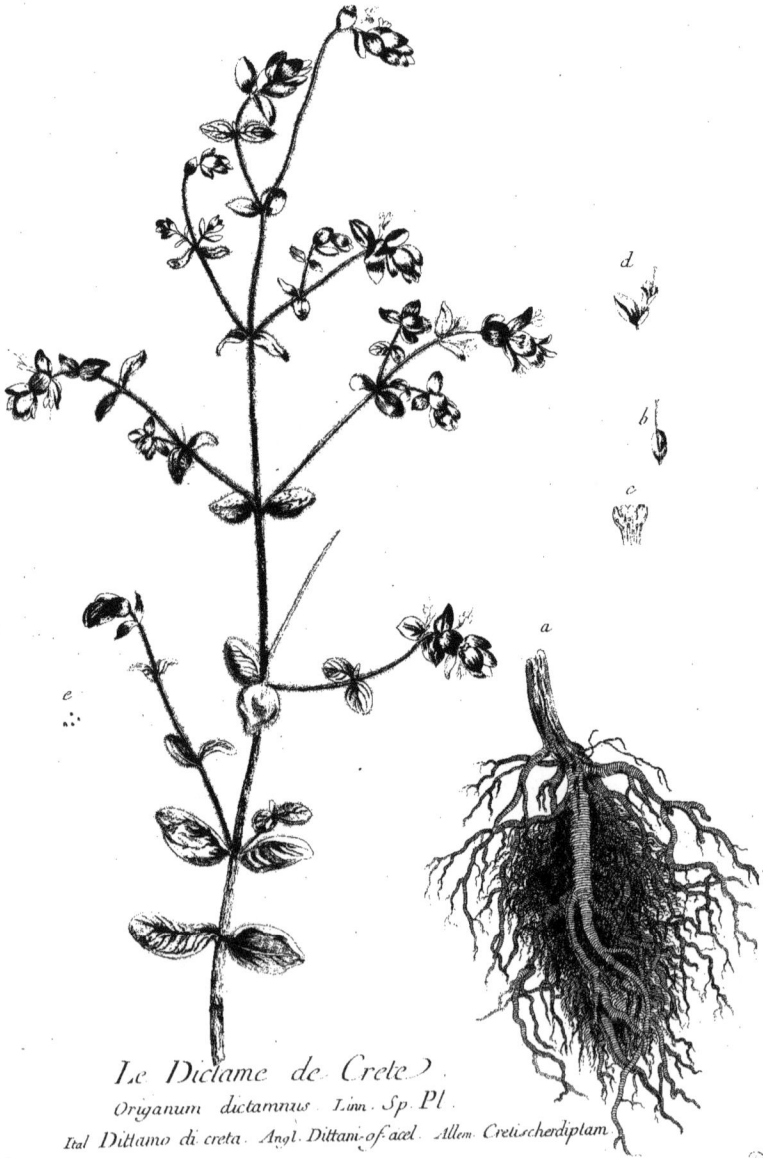

Le Dictame de Crete.

Origanum dictamnus Linn. Sp. Pl.

Ital. Dittamo di creta. Angl. Dittam-of-acel. Allem. Cretischerdiplam.

69

LE DICTAME DE CRETE,

PLANTE VIVACE, DU NOMBRE DES CÉPHALIQUES.

Dictamnus Creticus. C. B. P. 222. *Origanum Dictamnus.* L. S. P.

TOURNEF. claff. 4. fect. 3. gen. 11. LINN. Didynamia gymnofpermia. ADANS. 25. Fam. des Labiées.

CETTE plante eft originaire de l'île dont elle porte le nom : c'eft de Candie qu'on nous l'apporte feche. Il faut la choifir récente, d'une odeur aromatique & d'un goût agréable ; il faut la monder des petits morceaux de bois auxquels les feuilles font fouvent attachées, & des tiges dont on ne fait point ufage : on n'emploie que les feuilles & les fleurs. Quoique cette plante ne foit point indigene dans nos climats, nous l'avons pour ainfi dire naturalifée par la culture : elle s'élève avec peu de foin, auffi la trouve-t-on abondamment dans plufieurs jardins.

La racine (*a*) du Dictame eft longue, ligneufe, & garnie de plufieurs paquets de fibres courtes & rameufes. Ses tiges s'élevent de douze à quinze pouces : elles font droites, cylindriques & couvertes d'un duvet très fin ; ces tiges perfiftent pendant l'hiver. Cette qualité a fait regarder la plante comme une efpece de fous-arbriffeau ; il naît le long de la tige plufieurs branches oppofées, droites, fermes & velues comme la tige.

Les feuilles font oppofées deux à deux le long de la tige & des branches, où elles font attachées par leur origine : elles font ovales, couvertes d'un poil qui eft plus fenfible fur les feuilles de la bafe que fur celles des fommités.

Les fleurs naiffent aux fommités de la tige & des branches & dans les aiffelles des feuilles, rangées en épi, oppofées deux à deux, accompagnées chacune d'une feuille florale, ovale, feffile, & creufée en cuilleron, foutenues par des pédicules courts & cylindriques. Ces fleurs font labiées ; chacune d'elles eft un tube monopétale (*b*), cylindrique, menu à fa bafe, renflé & évafé à fon extrémité, divifé en deux levres : la levre fupérieure eft plane, obtufe & tronquée : la levre inférieure eft plus grande que la fupérieure ; elle eft divifée en trois parties. On voit diftinctement la forme de ces levres dans la figure (*c*) où le tube de la corolle eft repréfenté ouvert. La même figure offre les quatre étamines qui font attachées par la bafe de leurs filets aux parois du tube de la corolle, à hauteur prefque egale : elles font courtes & de longueurs inégales.

Le piftil excede la longueur des étamines. Nous l'avons repréfenté (*d*) dans le calice, dans le fond duquel il eft logé ; il eft compofé de l'embryon, qui confifte en quatre ovaires rapprochés autour de la bafe du ftil qui leur eft commun ; le piftil eft terminé par deux ftigmates égaux. Le calice eft monophylle ; c'eft un tube ovoïde, partagé en deux levres, dont la fupérieure eft grande & creufée en cuiller ; l'inférieure eft très courte, & comme découpée en deux dents peu fenfibles. Les quatre graines (*e*) fuccedent au piftil : elles font brunes & ovoïdes.

Les fleurs & les fommités font, comme nous l'avons déja dit, la feule partie d'ufage en Médecine : on les emploie en décoction & en infufion dans du vin, depuis une demi-once jufqu'à une once. Les feuilles feches fe réduifent en poudre : on l'ordonne à la dofe depuis un demi-gros jufqu'à un gros. Cette plante eft utile dans les maladies du cerveau & des nerfs. Quelques Auteurs en ont employé la poudre utilement pour les fievres.

L'ufage auquel cette plante paroît avoir été confacrée du temps de Pline & d'Hippocrate étoit pour les accouchements laborieux. Ces deux Auteurs rapportent qu'on la croyoit propre à faire fortir le fœtus mort. Quoi qu'il en foit, on l'emploie encore actuellement pour les maladies de la matrice : elle pouffe les vuidanges & favorife les écoulements périodiques. Cette plante eft apéritive & cordiale : elle eft propre à lever les obftructions, & à chaffer, par la tranfpiration, les mauvaifes humeurs : on la croit propre à réfifter au venin. Son ufage eft très utile dans les maladies caufées par le relâchement des fibres. Comme elle eft échauffante, on ne doit généralement l'employer que dans les maladies froides, fon ufage peut devenir dangereux dans celles où la chaleur eft à éviter.

Le Dictame de Crete entre dans le mithridate, dans la thériaque d'Andromaque, le diafcordium, l'orviétan, l'opiat de Salomon, dans la poudre *diapraffii*, dans le firop d'armoife, dans la poudre de l'électuaire de fafran de mars de Bauderon, & dans la confection d'hyacinthe.

L'Iris de Florence).

Iris Florentina . Linn. Sp. Pl.
Ital. Iride) Florentina)

Genevieve de Nangis Regnault . f.

70

L'IRIS DE FLORENCE,

PLANTE VIVACE, DU NOMBRE DES PURGATIVES.

Iris alba Florentina. C. B. P. 31. *Iris Florentina.* L. S. P.

TOURNEF. claff. 9. fect. 1. gen. 3. LINN. Triandria monogynia. ADANS. 8. Fam. des Liliacées.

LE furnom de cette plante annonce qu'elle tire fon origine de la Tofcane. Nous ne connoiffons guere en France que fa racine, que les Florentins nous envoient par la voie du commerce. Les Curieux la cultivent dans les jardins de Botanique. Quoique la racine foit d'un très grand ufage, on n'en fait point la culture en grand dans nos climats. On prétend que c'eft par le moyen d'une leffive avec laquelle les Florentins préparent cette racine avant que de nous l'envoyer, qu'elle acquiert fon agréable odeur. Ne la doit-elle pas plutôt au fol, ou à la température du climat fous lequel elle croît fans culture?

La racine (*a*) eft genouillée, ridée, charnue, brune en dehors, blanche en dedans, rampante, & garnie d'un nombre de fibres rameufes. On dépouille, fur le lieu, cette racine de fes fibres & de fon écorce. L'origine des fibres s'annonce dans l'Iris mondée par des points dont elle paroît parfemée. On doit la choifir bien nourrie, compacte, pefante, d'une odeur de violette & d'une faveur peu piquante.

Il fort d'abord de la racine plufieurs feuilles radicales (*b*) en forme de glaive, fendues en gaîne dans prefque toute leur longueur, & applaties. Les fecondes feuilles fortent de la gaîne des premieres, & les fuivantes reçoivent fucceffivement le même office de celles qui les précedent. Toutes les feuilles reffemblent à celles de la flambe, mais elles font moins volumineufes.

La tige s'éleve du centre des feuilles radicales : elle eft ordinairement droite, cylindrique, articulée, garnie de quelques feuilles caulinaires, haute d'un pied & demi. Les feuilles caulinaires different des radicales : elles font oblongues, obtufes, épaiffes, alternes. Celles qui approchent du fommet font membraneufes : elles font attachées par leur origine aux articulations de la tige, dont elles embraffent le contour avec la gaîne qui forme leur bafe.

Les fleurs naiffent au fommet de la tige & dans les aiffelles des feuilles caulinaires : elles font accompagnées à leur origine de deux feuilles membraneufes, que plufieurs Botaniftes ont nommées *écailles*. Ces écailles ne femblent pourtant être qu'une continuation de feuilles caulinaires ; leur origine eft en forme de gaîne, & elles s'embraffent comme celles-là embraffent la tige, & de la même maniere que les feuilles radicales s'embraffent fucceffivement. Les feuilles mêmes qui approchent du fommet de la tige femblent appuyer ce fentiment, puifque leur extrémité devient membraneufe comme ces écailles le font dans toute leur étendue.

Les fleurs font conftamment blanches : elles font moins volumineufes que celles de l'iris ou flambe : *Iris vulgaris Germanica five filveftris.* C. B. Voyez pour la defcription l'article de cette plante. Quoique nous ayons décrit dans cet article les divifions de la fleur fous le nom de pétales, nous devons faire remarquer, dans cette occafion, que M. Adanfon ne les confidere que comme les divifions d'un calice coloré, qui n'a que l'apparence d'une corolle. Tous les caracteres de la fleur font femblables à ceux de la flambe. Le fruit (*c*) eft d'une couleur plus brune, mais fa forme & fes graines (*d*) font les mêmes dans l'une & l'autre plante. Les tiges périffent après la maturité des fruits, & les feuilles réfiftent aux rigueurs de l'hiver.

La racine de l'Iris eft la feule partie de la plante qui foit d'ufage en Médecine. Son fuc eft efficace pour enlever les obftructions des vifceres & pour l'hydropifie : on l'ordonne à la dofe de quatre cuillerées mêlées avec fix cuillerées de vin blanc, le matin à jeun ; il faut en continuer l'ufage long-temps. Plufieurs hydropiques, au rapport de M. Ray, ont été guéris par le feul ufage de ce remede.

Cette racine eft incifive, pénétrante : elle amollit, elle déterge, elle excite les crachats, & facilite la refpiration : on la croit propre à réfifter au venin. Cette racine mâchée corrige la mauvaife odeur de l'haleine. On prépare avec la poudre d'Iris, la poudre *diatragacant* froide, & le fucre candi, la poudre fimple appellée *pulvis diaireos fimplex*. Cette poudre eft propre à calmer la toux, en adouciffant l'âcreté des humeurs qui coulent du cerveau dans la gorge : la dofe eft un demi-gros.

Les Parfumeurs emploient la racine d'Iris dans les parfums pour leur communiquer une odeur de violette.

Cette racine eft la bafe de plufieurs poudres fternutatoires : elle entre dans la poudre de Salomon, dans la thériaque, dans le *diabotanum*, dans le firop d'armoife de Rhafis, dans l'emplâtre de mélilot, & dans plufieurs autres compofitions.

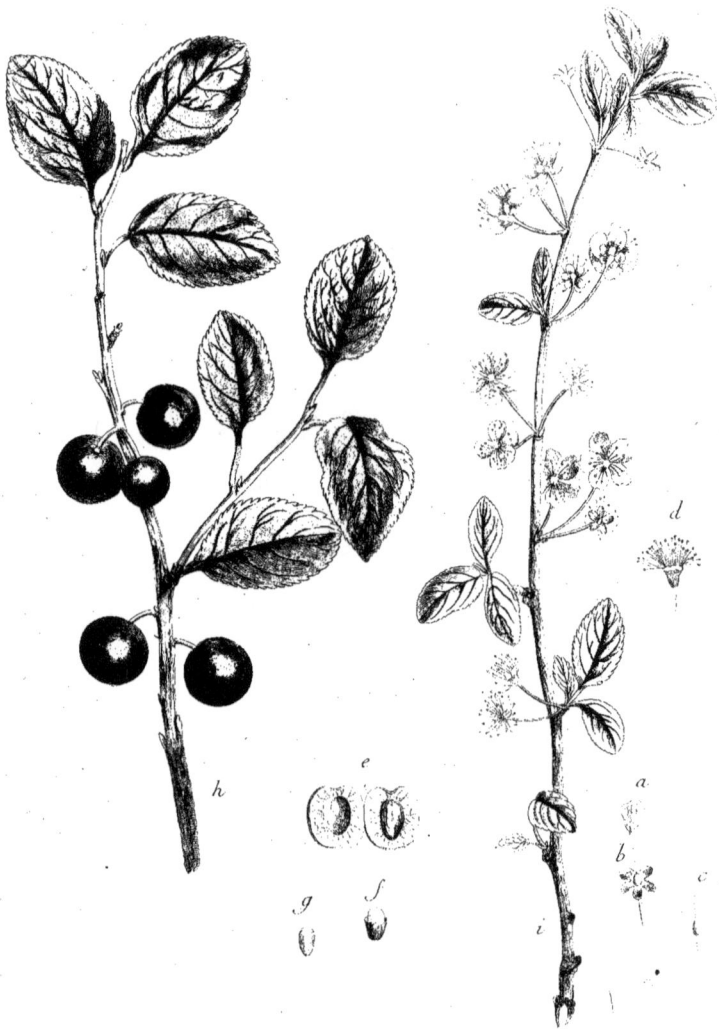

Le Prunier Petit Damas noir.
Prunus domestica. Linn. *Sp. Pl.*
Ital. Prugno, Susino. Angl. Plum-tree. Allem. Pflaumen-Baum Quetschen-Baum.

Geneviève de Nangis Regnault f.

71

LE PRUNIER PETIT DAMAS NOIR,

Arbre, du nombre des Plantes Purgatives.

Pruna parva dulcia atro-cærulea. C. B. P. 443. *Prunus domestica.* L. S. P.

Tournef. claff. 21. fect. 7. gen. 1. Linn. Icofandria digynia. Adans. 42. Fam. des Jujubiers.

Le Prunier eft originaire de Syrie & de Dalmatie; il eft naturalifé depuis long-temps dans nos climats. Cet arbre eft fufceptible d'une variété infinie : on connoît plus de vingt efpeces de prunes qui, toutes, font les délices de nos tables. On obtient des pruniers par la femence, par les boutures, par les rejettons, & par les fauvageons, fur lefquels on greffe des pruniers francs : on greffe auffi le Prunier franc fur franc : on mêlange les efpeces. Le pommier, le pêcher, le cormier, l'amandier & le guignier, reçoivent facilement la greffe du Prunier. Le Prunier fe plaît dans une terre plus feche qu'humide, & plus fablonneufe que forte; il s'éleve facilement, & croît en plein champ comme en efpalier; dans les terres fortes il eft long-temps à donner du fruit, parceque la feve l'emporte, & ne donne que du bois; toutes les expofitions lui font indifférentes.

Toutes les efpeces de Pruniers font fujettes à être attaquées de chancres qui alterent la feve ; la gomme qui en découle leur eft nuifible, auffi il faut avoir foin de nettoyer l'arbre de la gomme, des mouffes & des chancres qui le fatiguent, le labourer foigneufement, & y faire le moins de plaies qu'il eft poffible. On ne peut pourtant pas fe difpenfer de couper le bois mort, les branches entortillées, & le faux bois qui eft long, menu & verdâtre : on conjecture que ce faux bois ravit en pure perte la feve deftinée à nourrir le fruit, & par cette privation l'expofe à couler ou à avorter. La gomme de Prunier, autrement nommée *gomme de pays*, eft tranfparente comme la gomme arabique, à laquelle elle reffemble beaucoup : on lui croit les mêmes propriétés. Quelques Auteurs ont regardé la gomme arabique, diffoute dans le vin, comme le meilleur fpécifique pour arrêter le cours de ventre & la dyffenterie.

Le Prunier eft fujet à éprouver de la langueur dans la végétation : pour le ranimer, il faut découvrir les racines, & y répandre des cendres de farment, de l'urine de bœuf ou de la lie d'huile.

Le bois de Prunier eft marqué de veines rouges; il eft propre à différents ufages; il eft employé par les Tourneurs & les Ebéniftes. Le Prunier s'éleve à une médiocre hauteur. Nous avons repréfenté dans la planche deux jeunes branches, l'une (I) eft chargée de fleurs, & l'autre (II) porte des fruits. Les feuilles font alternes, portées par des pétioles courts qui font accompagnés à leur origine de ftipules qui paroiffent faire corps avec eux, quoiqu'elles foient réellement attachées à la branche : elles tombent long-temps avant les feuilles. Les feuilles font ovales, & crenelées tout autour.

Les fleurs naiffent le long des branches hors des aiffelles des feuilles, difpofées en bouquets, & foutenues par des pédicules cylindriques : elles font rofacées, compofées de cinq pétales (*a*) étroits à leur bafe, & ovales. Les trente étamines qui font repréfentées (*b*), font réunies par leur bafe & environnent le piftil (*c*), lequel eft compofé de l'ovaire, du ftil & d'un ftigmate fphérique. Les pétales tombent après la fécondation, les étamines les fuivent de près, & le calice ne perfifte pas jufqu'à la maturité du fruit. Le calice eft repréfenté (*d*); il eft monophylle, divifé en cinq parties arrondies.

Les fruits qui fuccedent aux fleurs font vulgairement connus fous le nom de *prunes*. Ce font des fruits charnus, colorés en dehors, verdâtres en dedans, comme on le voit dans la figure (*e*), où il eft coupé longitudinalement. Le noyau qui occupe le centre eft coupé tranfverfalement (*f*); il forme une feule loge, dans laquelle eft renfermée l'amande (*g*).

Les Prunes font laxatives & émollientes : on les ordonne en décoction ou en fubftance : celles de petit Damas noir font préférées aux autres par leur douceur. La décoction de pruneaux eft fouvent introduite dans les infufions purgatives. Ces prunes fervent de bafe au diaprun fimple & au diaprun compofé.

Les prunes entrent dans le lénitif & dans la confection Hamech, dans le firop d'épithym, & dans le firop de fumeterre de Méfué.

La gomme de Prunier, prife en poudre ou en mucilage, eft propre à humecter la poitrine & à faciliter l'expectoration : on la croit utile pour la colique néphrétique & pour la pierre. Les Chapeliers l'emploient communément dans leur fabrique.

La Rose Tremiere ou *Doutremer*

Alcea Rosea Linn *Sp. Pl.*

Ilam Stock rosen Allem *Pappel oder Angl holly hocks*

Gravières de Nanqis Regnault f.

72

LA ROSE TREMIERE, ou D'OUTREMER,

PLANTE BISANNUELLE, DU NOMBRE DES EMOLLIENTES.

Malva Rofea, folio fubrotundo. C. B. P. 315. *Alcea Rofea.* L. S. P.

TOURNEF. claff. 1. fect. 5. gen. 1. LINN. Monodelphia polyandria. ADANS. 50. Fam. des Mauves.

ON croit cette plante originaire des pays orientaux ; c'eft apparemment cette raifon qui l'a fait appeller *Rofe d'outremer :* on la connoît encore fous le nom de *Mauve-Rofe,* par la reffemblance de fes fleurs avec celle de l'églantier, connue fous le nom de *Rofe fauvage.* Quoique cette plante foit d'ufage en Médecine, on la cultive particuliérement pour l'ornement des jardins, où elle figure très agréablement. On la feme ordinairement vers la fin de l'automne, dans une terre bien ameublie & en belle expofition, pour la tranfplanter vers le mois d'Avril : elle eft propre à orner de grands parterres : on la place affez fouvent le long des allées, dans les intervalles des arbres, avec lefquels elle fait une alternative agréable : on eft parvenu, par le moyen de la culture, à doubler fes fleurs. On fait que la faculté que cértaines fleurs ont de fe doubler confifte dans la multiplication des pétales, ou des divifions de la corolle, comme dans cette plante-ci, & que cette multiplication fe fait aux dépens d'une partie des organes de la génération : on parvient à leur donner cette agréable monftruofité par les différentes trafplantations, & par quelques autres moyens que les Jardiniers mettent en pratique : elles font fufceptibles auffi de beaucoup de variétés dans le ton des couleurs. Ces agréments réunis lui donnent un rang diftingué parmi les fleurs qui embelliffent nos jardins.

La racine (*a*) de cette plante s'étend profondément en terre : elle eft garnie de plufieurs fibres longues & rameufes. La tige s'éleve à la hauteur de cinq à fix pieds : elle eft droite, épaiffe, folide & velue.

Les feuilles font portées alternativement le long de la tige par des pétioles longs & cylindriques. Les feuilles qui accompagnent la bafe de la tige, que les bornes de notre format ne nous ont pas permis de repréfenter, font grandes, épaiffes, couvertes d'un duvet très fin, partagées en cinq lobes, dentées tout autour, reffemblant à celles de la mauve, *Malva fylveftris, folio finuato.* C. B. mais plus arrondies. Voyez cette plante. A mefure que les feuilles approchent du fommet de la tige, elles deviennent plus lancéolées, comme on le voit dans la planche : elles finiffent même par perdre la divifion des cinq lobes qui la compofoient en arrivant au fommet ; leur forme alors eft ovale & terminée en pointe.

Il fort des aiffelles des feuilles, vers le fommet de la tige, plufieurs rameaux qui portent le même caractere qu'elles. Toutes les feuilles font accompagnées à l'origine des pétioles de deux ftipules qui tombent longtemps avant les feuilles.

Les fleurs naiffent dans les aiffelles des feuilles au fommet de la tige & des rameaux, quelquefois folitaires, & quelquefois deux & même trois enfemble : elles fleuriffent fucceffivement, en commençant par en bas ; de forte qu'avant que le fommet de la tige ne foit fleuri les autres font prefque en maturité. Ces fleurs font monopétales, partagées en cinq divifions, qui font découpées jufqu'à la bafe de la corolle ; ces divifions fe recouvrent en partie à l'aide de leur étendue. Nous en avons repréfenté une (*b*) arrachée de la corolle : elles font amples, de la forme d'un cœur, découpées légérement & inégalement, & comme chiffonnées.

Les parties fexuelles (*c*) occupent le centre de la corolle : elles font compofées du piftil, qui confifte en plufieurs ovaires difpofés annulairement. Ses ftigmates, dont le nombre n'eft pas déterminé, depuis dix jufqu'à vingt-cinq, font cachés fous le groupe des étamines. Ces étamines font adhérentes par leurs filets aux ovaires du piftil.

Le calice eft double ou partagé en dix divifions difpofées fur deux rangs. Toutes les divifions font ovales & terminées en pointe ; celles du calice externe font plus courtes que les autres & forment l'alternative avec elles. Après la fécondation la corolle tombe, & le calice fe referme pour protéger le fruit jufqu'à fa maturité.

Le fruit (*d*) eft compofé d'un amas de capfules rangées circulairement autour de l'axe ou placenta (*e*), & chacune de ces capfules renferme une des femences (*f*).

La Mauve-Rofe jouit des mêmes qualités que les autres efpeces de mauves ; mais elle a fur elles l'avantage de conferver fes feuilles jufqu'à l'hiver, & de remplir leur tâche lorfqu'on ne peut plus fe les procurer.

On prépare avec des fleurs de cette Mauve, bouillies dans du lait, un gargarifme anodin, propre à appaifer les inflammations de la gorge & des amygdales.

M. Garidel recommande l'ufage du remede fuivant pour les gencives des fcorbutiques. Il faut prendre de la poudre des feuilles féchées de la Rofe trémiere demi-once, un demi-gros d'alun en poudre, & en faire un liniment avec le miel rofat, dont il faut frotter les gencives tous les matins.

Le Petit Cyprès ou la Garderobe.

Santolina Chamæ Cyparyssius. Linn. Sp. Pl.

Ital. Abrotano Femmina Angl. Lavender Coton Allem. Garten Cypresse

Dessiné de Mme Basseporte f.

73

LE PETIT CYPRÈS, ou LA GARDE-ROBE,

PLANTE VIVACE, DU NOMBRE DES STOMACHIQUES.

Abrotanum femina, foliis teretibus. C. B. P. 136. *Santolina Chamæcypariffus.* L. S. P.

TOURNEF. claff. 12. fect. 4. gen. 4. LINN. Syngenefia Polygamia Æqualis. ADANS. 16. Fam. des Compofées.

CETTE plante croît naturellement dans les pays méridionaux. Sa racine (*a*) eft ligneufe & traçante. La tige s'éleve d'environ un pied. Si on ne peut pas ranger cette plante dans la claffe des arbriffeaux, elle ne peut pas être regardée non plus comme une plante herbacée ; car fes tiges font ligneufes, & les branches qu'elles jettent le deviennent. Les feuilles fortent rarement des tiges : elles naiffent alternativement le long des branches & des rameaux. Ses feuilles font longues, étroites, épaiffes, offrant quatre faces, dentelées à leur angle, & terminées en pointe. Le rapport qu'ont ces feuilles avec celles du cyprès a valu à la plante le nom de *petit Cyprès* : elle eft encore connue fous la dénomination d'*Aurone femelle,* quoiqu'elle n'ait rien de commun avec l'aurone mâle, dans les moyens que la Nature a donnés à ces plantes pour fe reproduire.

Les fleurs naiffent au fommet des jeunes rameaux qui fortent de la racine & des branches : elles font foutenues par une enveloppe commune (*b*), qui eft compofée d'un feul rang de feuilles longues, étroites, accompagnées à leur bafe d'une petite écaille, comme nous l'avons démontré dans la figure (*c*), qui offre une de ces feuilles détachée de l'enveloppe, & repréfentée un peu plus grande que nature. Toutes ces feuilles environnent un réceptacle fur lequel repofe l'amas de fleurons qui compofent la fleur. Ces fleurons font hermaphrodites dans le difque & à la circonférence. La propriété que tous ces fleurons ont de fe reproduire eux-mêmes, par le moyen de deux fexes que la Nature a réunis en eux, ne permet pas de deviner pourquoi on a appellé la plante *Aurone femelle.* Toutes ces nomenclatures, ou fauffes, ou fuperflues, ne fervent qu'à charger la mémoire, & à nous égarer dans l'étude de la Botanique.

Nous avons repréfenté (*d*) un des fleurons augmenté au microfcope ; c'eft un tube menu à fa bafe, renflé vers le milieu, évafé en foucoupe à fon extrémité, & divifé en cinq parties ovales & lancéolées. Les cinq étamines font attachées à la même hauteur, vers le milieu du tube de la corolle, alternativement avec fes divifions : elle n'excede point l'ouverture du tube.

Le piftil enfile & traverfe la corolle, dont il excede la longueur ; il eft compofé d'un feul ovaire pofé fous la corolle, d'un ftil long, & de deux ftigmates égaux & recourbés.

Il fuccede à chacun des fleurons une feule des graines repréfentée (*e*) : elles font oblongues, à trois angles, nues, ou couronnées d'une aigrette à peine vifible.

Toute la plante répand une odeur forte & agréable. Sa faveur eft âcre & amere : elle eft diaphorétique, vermifuge & ftomachique. Ce font les feuilles de cette plante qu'on emploie le plus ordinairement : on fait peu ufage de fes femences. Le vin dans lequel cette plante a infufé a les mêmes propriétés que celui d'abfynthe ; il peut lui être fubftitué. On emploie la plante en décoction : elle eft bonne pour détruire les vers. On prétend qu'elle prévient les fuites fâcheufes de la morfure des ferpents & des fcorpions.

Cette plante a une propriété qui lui a valu le nom de *Garde-robe.* Enfermée avec les habits elle chaffe & détruit les vers qui rongent les étoffes de laine.

Si la Garde-robe n'a aucun rapport pour le fexe à l'aurone mâle, elle en a pour les vertus. Simon Pauli recommande, comme un remede certain, la poudre de fes fommités, mêlée avec le nitre, pour donner iffue aux urines arrêtées par le calcul dans les reins.

La décoction de ces mêmes fommités foulage les afthmatiques, au rapport de Tragus : on les fait bouillir dans de l'eau ou du vin, & on y ajoute un peu de miel ou de fucre. Ce remede facilite l'expectoration des humeurs vifqueufes qui s'attachent aux bronches du poumon.

Ethmuler regarde cette plante comme un excellent remede contre les ventofités. Suivant le même Auteur, les cendres calcinées de la plante, & mêlées avec l'huile d'olive, font propres à faire revenir les cheveux, en en frottant la tête.

La Pomme de Merveille.

Momordica Balsamina. Linn. Sp. Pl.

Ital. Viticella pomodi gierusalemme. Allem. Balsam-kraut.

Genevieve de Nangis Regnault f.

74

LA POMME DE MERVEILLE,

PLANTE ANNUELLE, DU NOMBRE DES VULNÉRAIRES-DÉTERSIVES.

Balsamina rotundifolia , repens , five mas. C. B. P. 306. *Momordica Balsamina.* L. S. P.

TOURNEF. claff. 1. fect. 6. gen. 4. LINN. Monoecia fyngenefia. ADANS. 18. Fam. des Bryones.

LA POMME DE MERVEILLE eft originaire des Indes ; on l'obtient dans les pays chauds, comme en Efpagne, en Italie, &c. elle y vient affez facilement ; mais dans les climats tempérés la culture en eft moins facile, on eft obligé de la femer fur couches : elle demande une auffi belle expofition & les mêmes foins que les melons. Sa racine (*a*) eft un pivot charnu garni dans fa longueur de fibres peu rameufes. Les tiges s'élevent à la hauteur de deux ou trois pieds : elles font grêles, farmenteufes, menues & anguleufes : elles s'attachent aux plantes qui les avoifinent, par le fecours des vrilles dont elles font armées. La Nature, toujours fage dans fa conduite, & prodigue dans fes bienfaits envers les êtres qu'elle a créés, multiplie, pour ainfi dire, les facultés des individus les plus foibles, & établit par ce moyen une certaine compenfation entre tous les êtres qui croif- fent, végetent & refpirent ; ces vrilles lui fervent comme de mains qu'elle entortille autour des objets qu'elle rencontre ; fans ce fecours les fruits entraîneroient infailliblement les tiges dans leur chûte, par le peu de proportion qu'il y a entre leur foibleffe & la pefanteur des fruits. Il feroit difficile de douter des deffeins de la Nature dans cette plante particuliérement, puifque les vrilles fe trouvent compagnes des fleurs, & par cette difpofition deftinées à fupporter les fruits dans leur état de maturité.

Les feuilles naiffent alternativement le long de la tige, où elles font portées par des pétioles longs & foibles : elles font palmées, divifées en cinq lobes, & découpées profondément en plufieurs dents inégales & aiguës.

Les fleurs naiffent dans les aiffelles des feuilles : elles font portées par des pédicules longs & foibles : on les diftingue en mâles & femelles ; les deux fexes croiffent fur le même pied. Leurs corolles font femblables ; c'eft un tube monopétale, divifé en cinq parties égales , & crenelé tout autour par des découpures inégales & obtufes. La fleur mâle eft caractérifée par les trois étamines (*b*) qui font pofées au centre de la corolle : elles font courtes, & leurs antheres font volumineufes. La corolle de cette fleur eft adhérente au calice, dans lequel elle repofe ; ce calice eft un tube monophylle, divifé en cinq feuilles ; il eft accompagné près de fa bafe d'une feuille florale, fimple, ovale, & attachée au pédicule par fon origine. Le caractere de la fleur femelle s'an- nonce par le piftil (*c*) ; c'eft un ovaire pofé fous la fleur, qui eft enveloppé dans le calice, avec lequel il fait corps jufqu'au fommet du ftil ; il fe termine au centre de la corolle par trois ftigmates cylindriques. Le calice eft d'une feule piece, comme celui de la fleur mâle ; fes cinq divifions paroiffent au-deffus de l'ovaire, & fous la bafe de la corolle. Ce calice fe renfle après la fécondation, & fe transforme en un fruit (*d*). Ce fruit eft médiocrement charnu ; il eft couvert à fa furface de plufieurs côtes longitudinales , & d'une quantité de tu- bercules peu faillants ; il eft divifé en trois loges élaftiques, dans lefquelles font renfermées plufieurs femences, comme on le voit dans la figure (*e*). Tout ce fruit eft repréfenté ouvert ; fes femences font couvertes de deux pédicules : la premiere conferve la couleur du fruit ; elle eft rayée longitudinalement. Nous avons montré une de ces graines dans la figure (*f*), dépouillée d'une partie de cette premiere membrane ; dans la figure (*g*) elle eft couverte de la feconde, & elle eft repréfentée nue dans la figure (*h*).

Les feuilles de la Pomme de merveille ont une faveur âcre & amere. Cette plante eft regardée comme un fi puiffant vulnéraire, qu'on l'a nommée par excellence *balfamina* : on ne l'emploie qu'extérieurement & en in- jection. Le fruit eft la feule partie d'ufage en Médecine : on le fait infufer, lorfqu'il eft mûr, dans l'huile d'o- live ou dans celle d'amande douce, après l'avoir dépouillé de fes femences : cette infufion fe fait au bain-ma- rie ou à la chaleur du foleil. Chomel recommande cette infufion comme un baume incomparable pour ap- paifer l'inflammation des plaies, pour guérir les engelures, pour deffécher les ulceres, & nommément ceux de la matrice ; on l'emploie pour cet effet en injection.

Le baume de la Pomme de merveille eft propre pour les gerçures des mamelles : on l'emploie utilement pour les hémorrhoïdes & pour la defcente de l'anus. Le même Auteur que nous venons de citer le regarde comme un bon remede pour la piquure des tendons, & pour la brûlure.

Le Capilaire Commun.

Asplenium, adiantum nigrum. Linn. Sp. Pl.

Angl. Common Black Maiden-hair. Allem. Schwarze frauen-hair.

Genevieve de Nangis Regnault. f.

LE CAPILLAIRE,

PLANTE VIVACE, DU NOMBRE DES BÉCHIQUES.

Adiantum foliis longioribus pulverulentis, pediculo nigro. C. B. P. 355. *Asplenium adiantum nigrum.* L. S. P.

TOURNEF. claſſ. 16. fect. 1. gen. 7. LINN. Cryptogamia filices. ADANS 5. Fam. des Fougeres.

Le CAPILLAIRE croît ordinairement aux lieux ombrageux & humides, dans les terreins pierreux, & contre les murailles, au bord des fontaines, & dans l'intérieur des vieux puits. Sa racine (*a*) eſt un amas confus de fibres rameuſes & déliées.

La plante n'a point de tige. Son port conſiſte en pluſieurs feuilles radicales, qui s'élevent à la hauteur d'environ un pied : elles ſont portées par de longs pétioles membraneux à leur origine, ſillonnés dans toute leur longueur, vertes en deſſus, marquées en deſſous d'une ligne rougeâtre, qui s'étend depuis la baſe du pétiole juſques vers le milieu de la feuille. Ces feuilles ſont ailées pluſieurs fois ; les ailes ſont portées alternativement le long du pétiole : chacune d'elle eſt compoſée de pluſieurs folioles alternes, découpées profondément & dentelées à leur extrémité.

Les fleurs ſont rangées par paquets ſur le dos des folioles, leur aſſemblage ſe trouve diſpoſé de maniere qu'il ſuit réguliérement les diviſions des folioles, ſur leſquelles il repoſe. Les obſervations de pluſieurs Savants ſur la maniere dont la fructification de cette plante s'opere n'ont encore pu nous donner des conjectures vraiſemblables ſur le myſtere de ſa génération. On n'a encore reconnu diſtinctement juſqu'à préſent par le ſecours du verre lenticulaire, que les coques (*b*) où ſont renfermées les ſemences (*c*). Ces deux objets ſont repréſentés augmentés au microſcope. Chacune des coques eſt armée d'un cordon élaſtique en forme de chapelet, qui, par ſa contraction, ſépare la coque & laiſſe échapper les ſemences. C'eſt l'amas de ces coques qui forme l'eſpece de pouſſiere qu'on apperçoit ſur le dos des feuilles ; ſi elles n'offrent à la vue qu'un point à peine viſible, les ſemences, par leur volume proportionnel, ne peuvent être apperçues que par un regard microſcopique.

Toutes les eſpeces de Capillaires tiennent un rang diſtingué dans la Médecine. Celle-ci ſe ſubſtitue communément au Capillaire de Canada, auquel elle reſſemble beaucoup : elle en differe en ce qu'elle eſt moins grande, & que ſes feuilles ſont moins obtuſes. Le Capillaire de Canada nous eſt apporté ſec du Breſil, du Canada, & de pluſieurs autres contrées de l'Amérique, où il eſt ſi commun que les Marchands l'emploient, au lieu de foin, pour emballer leurs marchandiſes. Nous en recevons beaucoup par ce moyen ; mais celui qu'on nous envoie enfermé dans des boîtes lui eſt préféré.

Le Capillaire commun eſt d'un uſage familier ; ſes principales qualités ſont de purifier le ſang, en rétabliſſant ſa fluidité naturelle, en corrigeant les humeurs ſéreuſes ou bilieuſes qui prédominent dans ſa maſſe, & en les évacuant par la voie des urines, ou de la tranſpiration inſenſible.

Formius, Médecin de Montpellier, a donné, en 1664, un Traité de cette plante, dans lequel il lui attribue de ſi grandes vertus, qu'il ſemble la regarder comme une panacée univerſelle. Le Capillaire eſt apéritif, diaphorétique, hyſtérique & hépatique. C'eſt ſur ce fondement que ce Praticien ordonnoit la tiſane de Capillaire dans la majeure partie des maladies cauſées par l'embarras & l'obſtruction des glandes du foie, du méſentere, & des autres parties du bas-ventre, dans la ſuppreſſion des écoulements périodiques & des urines, dans les maladies des reins, de la matrice, & dans la jauniſſe.

L'uſage du Capillaire eſt recommandable dans les maladies de poitrine, ſur-tout dans celles qui ſont produites par une limphe épaiſſie dans les véſicules du poumon, qu'il eſt néceſſaire d'évacuer par l'expectoration. On le prend en infuſion théiforme ; la doſe eſt d'une bonne pincée ſur un demi-ſeptier d'eau bouillante : on y ajoute le ſucre pour le rendre plus agréable. Cette infuſion convient dans la toux opiniâtre, ſoit qu'elle ſoit la ſuite d'une affection pulmonique ou d'une fluxion catarrheuſe.

Le ſirop de Capillaire s'emploie avec ſuccès dans toutes les maladies. Le Capillaire de Montpellier eſt préféré au Capillaire commun pour le faire.

Le Myrthe ou Meurte

Myrtus Comunis Linn. Sp Pl.

Ital. *Mirlo, Mortella.* Angl. *Common - Myrtle.* Allem. *Myrten - Baum.*

LE MYRTE ou MEURTE,

Arbrisseau du nombre des Plantes Vulnéraires-Astringentes.

Myrtus latifolia romana. C. B. P. 468. *Myrtus communis.* L. S. P.

Tournef. claff. 21. fect. 8. gen. 8. Linn. Icofandria monogynia. Adans. 14. Fam. des Myrtes.

C ET arbriffeau croît naturellement en Afie , en Afrique , & dans l'Europe Auftrale. Son utilité dans la Médecine , dans les Arts & dans les aliments , & l'agrément qu'il procure à nos jardins , ont rendu fa culture commune dans nos climats. On le multiplie de plants enracinés ou de graines qu'on met en terre vers le mois d'Avril , ou de marcotes qu'on fait en Mars, & qui font en état d'être tranfplantées l'année fuivante. De quelque maniere qu'on le multiplie, il demande une bonne terre & une belle expofition. On eft en ufage de le mettre dans des pots ou caiffes, dans de la terre à potager criblée, & mêlée avec un tiers de terreau. Le Myrte craint la fécherefle ; il lui faut quelques arrofements durant les grandes chaleurs; car la difette d'eau fait faner les feuilles, & les arrofements les raniment. Il eft peu d'arbre qu'on affujettiffe avec moins de danger à prendre les formes que la bizarrerie du goût a inventées pour la décoration des jardins. On le tond aux cifeaux, & on le garantit des rigueurs de l'hiver comme les orangers.

Cet arbriffeau s'éleve peu. Ses tiges font tortueufes, rameufes. Les branches font affez droites , & d'une grande foupleffe. Les feuilles font oppofées & alternes : elles font très entieres, ovales, terminées en pointe, attachées à la branche par leur origine , partagées par une nervure droite : elles font fermes, unies & luifantes, & paroiffent percées de petits trous comme celles de mille-pertuis, quand on les interpofe à la lumiere.

Les fleurs naiffent dans les aiffelles des feuilles folitaires ou difpofées en corymbe : elles font rofacées, compofées de cinq pétales (*a*) ovales, entiers & égaux entre eux. Le piftil eft enfermé dans le calice ; il eft couvert par le groupe de trente étamines (*b*) , lefquelles font inférées, ainfi que les pétales, dans un calice monophyle à cinq divifions (*c*) ; il fert d'enveloppe au fruit qu'il porte dans fon fein. Les cinq divifions fe refferrent & forment une couronne umbilicale à la baie (*d*) qui fuccede à la fleur. Nous avons coupé cette baie tranfverfalement (*e*) : elle eft divifée en trois loges, & renferme les femences (*f*). Ces baies font connues fous le nom de *myrtilles.*

Les fleurs & les feuilles de Myrte ont une odeur aromatique & agréable, & un goût âcre. On retire des fleurs, par la diftillation , une eau aftringente , qu'on a nommée *eau d'ange.* C'eft un cofmétique qui réunit à l'agrément d'une bonne odeur, la propriété de nettoyer la peau , & d'affermir la chair. Les feuilles font aftringentes : on les emploie intérieurement & extérieurement : on en fait des fomentations utiles pour les foulures des nerfs & les luxations ; leur décoction s'emploie pour les mêmes ufages. Cette décoction eft déterfive : elle eft propre à fortifier les parties ; c'eft un gargarifme utile dans les maux de gorge & pour raffermir les dents qui ont été amollies par le fcorbut. L'eau diftillée des fleurs & des feuilles a la même propriété.

L'huile qu'on prépare par l'infufion des feuilles de Myrte dans l'huile d'olive , eft appellée *oleum myrti :* celle que l'on prépare avec les myrtilles, qui font, comme nous l'avons déja dit , les fruits de cet arbriffeau, eft appellée *oleum myrtillorum* , pour la diftinguer de la premiere. Quoiqu'on les emploie toutes deux aux mêmes ufages, celle des baies eft préférable à l'autre : on en fait une onction fur l'eftomac pour arrêter le vomiffement & le cours de ventre : elles fervent auffi à fortifier les membres.

On fait avec le fuc des myrtilles un firop qu'on ordonne depuis une demi-once jufqu'à une once , dans les juleps ou potions aftringentes & raffraîchiffantes. Chomel recommande ce firop comme un remede excellent dans les pertes de fang des femmes, le faignement de nez , le flux exceffif des hémorrhoïdes, dans le cours de ventre, & dans la dyffenterie. Le fuc épaiffi, en forme de rob, fe fubftitue à deux gros ou demi-once au firop, dans les mêmes maladies.

La décoction des myrtilles dans le vin, eft utile pour appaifer les rapports aigres de l'eftomac, pour la chûte de la matrice & du fondement , & pour le relâchement de la luette.

Les myrtilles entrent dans le firop de Myrte compofé , dans les trochifques de Ramich, de Méfué, & dans l'onguent ftiptique de Fernel.

Les baies de Myrtes ont précédé le poivre dans les ragoûts, avant que cet aromate eût été connu en Europe. Les habitants de la Calabre , & quelques autres peuples, emploient les feuilles & les branches de Myrte pour tanner les cuirs. On obtient des myrtilles une teinture ardoifée dont on fait peu d'ufage.

L'ancolie?

Ou gante de Notre Dame?

Aquilegia Vulgaris Linn. Sp. Pl.

Ital. Aquilegia. Angl. Columbine. Allem. Akeley. Agley. tyriack. kraut

Gravure de Rougie Regnault f.

77

L'ANCOLIE, ou GANTS DE NOTRE-DAME,

PLANTE VIVACE, DU NOMBRE DES APÉRITIVES.

Aquilegia fylveftris. C. B. P. 144. *Aquilegia vulgaris.* L. S. P.

TOURNEF. claff. 11. fect. 1. gen. 4. LINN. Polyandria pentagynia. ADANS. 55. Fam. des Renoncules.

L'ANCOLIE croît naturellement dans les bois, dans les prés, dans les terreins rudes & montagneux ; on la cultive dans les jardins autant pour l'agrément de fes fleurs que pour fon utilité en Médecine : on la multiplie de graines, & de plants enracinés vers le mois de Septembre : elle figure agréablement dans les parterres. Sa racine (*a*) eft brune en dehors, & jaunâtre en dedans ; c'eft un pivot charnu affez confidérable, divifé en plufieurs fibres fortes & rameufes.

Les tiges s'élevent à la hauteur de deux pieds : elles font droites, grêles, rougeâtres, légérement velues & rameufes. Les feuilles naiffent alternativement le long de la tige : elles font divifées en cinq parties ; les deux parties qui font à l'origine font ovoblongues, entieres, fans découpures ; ce font les ailes de la feuille. Les trois autres parties font autant de lobes qui conftituent la feuille, ils font divifés en plufieurs découpures affez ré-gulieres & arrondies. Les feuilles s'attachent à la tige par leur origine ; elles l'embraffent par le moyen de leurs ailes : elles font vertes en deffus & blanchâtres en deffous. Les rameaux fortent des aiffelles des feuilles ; ils different des caracteres de la tige par la forme des feuilles qui les accompagnent. De trois lobes dont celles ci font compofées, deux remplacent les ailes qui leur manquent : elles font attachées par leur bafe comme celles de la tige ; mais leurs divifions font ovales, terminées en pointe, & fans découpures.

Les fleurs naiffent dans les aiffelles des feuilles : elles y font portées par des pédicules longs & cylindriques : elles font difpofées en corymbes, au fommet de ces pédicules qu'elles font pencher par leur poids, & par ce moyen elles font réfléchies vers la terre ; chacune de ces fleurs eft compofée de cinq pétales & de cinq nectars qui font l'alternative avec eux, & qui fe prolongent en cornes recourbées par la difpofition des cinq extrémi-tés des nectars. La bafe de la fleur a quelque rapport avec les griffes d'un aigle. Cette prétendue reffemblance a valu à la plante le nom d'*aquilegia.* Nous avons repréfenté (*b*) la fleur dépouillée de ces nectars. Les cinq pétales (*c*) qui la compofent font regardés, par quelques Botaniftes, comme un calice coloré, & les cinq nectars, dont un eft repréfenté (*d*), comme les pétales de la fleur. Nous ne prétendons point ici décider cette queftion, le but de cet ouvrage eft de faciliter la connoiffance des plantes, & non de faire un fyftême de Botanique. Les nectars font attachés par la partie inférieure de leur ouverture & environnent les parties fexuelles. Les étamines, qui font repréfentées dans la figure (*b*), font au nombre depuis quinze jufqu'à trente diftinctes ; celles du centre font ordinairement longues, & leur longueur diminue à mefure qu'elles approchent du diametre. Le piftil (*e*) eft placé au centre ; il eft compofé de cinq ovaires réunis, lefquels font chacun terminés par un ftil & un ftigmate ifolé. Si l'on n'admet point le calice coloré, la fleur n'en a point. Le piftil devient par fa maturité un fruit (*f*) compofé de cinq capfules paralleles (*g*), terminées par une arête : chacune de ces capfules forme une feule loge, dont la valve s'ouvre longitudinalement par fon angle intérieur, c'eft-à-dire par celui qui regarde le centre de la fleur. Les graines (*h*) font renfermées dans la longueur des capfules.

Toute la plante a un goût herbacé ; la racine a une faveur douceâtre. Toutes les parties de l'Ancolie font d'ufage en Médecine : elles font diurétiques, déterfives, anti-fcorbutiques, fudorifiques & apéritives : elle eft propre à lever les obftructions du foie & de la rate : elle favorife les écoulements périodiques, & excite les urines. On réduit fa femence en poudre : on l'ordonne à la dofe d'un gros, dans le vin, mêlée avec un peu de fafran, pour guérir la jauniffe. Une légere décoction de cette femence concaffée, dans de l'eau d'orge, fait un excellent gargarifme pour nettoyer les ulceres des gencives des fcorbutiques. Le même gargarifme eft utile dans l'efquinancie & dans toutes les maladies de la bouche. La racine féchée & mife en poudre eft très utile pour appaifer les douleurs de la colique néphrétique : on la donne à la dofe d'un gros dans un verre de vin.

On tire, avec l'efprit de vin, une teinture des fleurs d'Ancolie qui eft excellente pour raffermir les gen-cives & nettoyer la bouche. Chomel dit qu'on augmente fon efficacité en la mêlant avec le double de teinture faite avec deux onces de gomme laque, & deux gros de maftic en larmes diffous dans une chopine d'efprit de vin bouilli légérement pendant demi-quart d'heure fur un feu clair. Lemery remarque que l'odeur de la fe-mence d'Ancolie s'attache fi fort au mortier quand on la pile, qu'il n'y a ni lotion, ni cendre, ni feu, qui puiffe la diffiper.

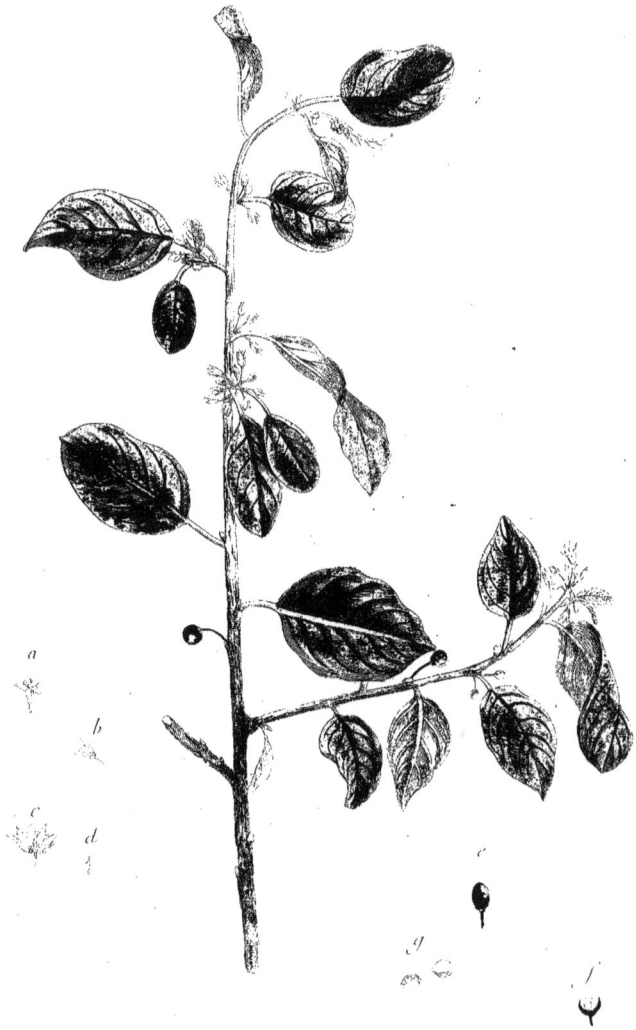

La Bourgene *ou* L'Aulne noir.
Rhamnus frangula Linn. Sp. Pl.
Ital. frangola. Ingl. Blackalder-tree. Allem. faulbaum.

LA BOURGENE, ou L'AUNE NOIR,

ARBRISSEAU, DU NOMBRE DES PLANTES PURGATIVES.

Alnus nigra baccifera. C. B. P. 428. *Rhamnus frangula.* L. S. P.

TOURNEF. claff. 21. fect. 2. gen. 2. LINN. Pentandria monogynia. ADANS. 42. Fam. des Jujubiers.

L'AUNE noir eft un grand arbriffeau qui fe plaît dans les terreins humides : on le rencontre affez communément dans les forêts à l'abri des grands arbres ; on ne le connoît guere que dans les climats tempérés ; il eft abondant en Boheme & dans les montagnes d'Auvergne. Il eft connu en plufieurs provinces fous le nom de *Bourdaine*. Ou l'a appellé *Aune noir*, par le rapport qu'on a trouvé de fes feuilles avec celles de cet arbre.

Cet arbriffeau pouffe ordinairement plufieurs tiges qui s'élevent à la hauteur de neuf à dix pieds : elles font droites, groffes comme le pouce, & fe divifent en plufieurs rameaux. L'écorce eft unie, brune en dehors & d'une couleur fafranée intérieurement : elle couvre un bois blanc & fragile, qui renferme une moëlle rouf-fâtre. Ce bois eft tendre : on le réduit en un charbon léger qui eft eftimé le meilleur pour fabriquer la poudre à canon. M. du Hamel a remarqué qu'un quintal de ce bois ne produit que douze livres de charbon.

Les feuilles font attachées alternativement aux branches, où elles font portées par des pétioles courts : elles font entieres, ovales, terminées en pointe, légérement découpées en leurs bords, partagées par une nervure droite, qui fe divife en plufieurs ramifications affez régulieres dans l'étendue de la feuille.

Les fleurs naiffent par paquets dans les aiffelles des feuilles, & quelquefois folitaires : elles font portées par des pédicules longs & foibles. Ces fleurs font monopétales. Nous en avons repréfenté une (*a*) vue de face. La fleur (*b*) eft montrée de profil ; & la figure (*c*) offre la corolle de la fleur ouverte. C'eft un tube mé-diocre, évafé à fon extrémité, & divifé en cinq fegments aigus. Les cinq étamines occupent les intervalles des divifions : elles font fort courtes. Le piftil (*d*) eft placé au centre de la corolle ; il eft compofé de l'ovaire, d'un ftil court & d'un ftigmate qui eft peu diftingué du ftil. Le calice, dans lequel repofe la fleur eft adhé-rent à la corolle, & tombe avec elle dès qu'elle ceffe d'être utile au fruit qui lui doit fuccéder. Ce calice eft d'une feule piece, divifé en cinq dents oppofées aux divifions de la corolle.

Le fruit (*e*) eft une baie molle, d'abord de couleur verte, & qui acquiert, par ces différents accroiffe-ments, une couleur rouge, puis enfin noirâtre à fa maturité : elle eft partagée en deux loges, comme nous l'avons démontré dans la figure (*f*), où cette baie eft coupée tranfverfalement : elle renferme dans chacune de fes loges deux pepins (*g*) convexes d'un côté & applatis de l'autre.

L'écorce de la Bourgene eft la partie la plus employée en Médecine ; récente elle eft vomitive, & quand elle eft feche elle eft purgative. On la fépare de l'arbre au printemps, & on la fait fécher à l'ombre. C'eft un purgatif violent, qui ne peut être employé feul que pour des tempéraments robuftes. Les gens de la campagne l'emploient avec fuccès pour guérir les fievres intermittentes. On l'ordonne en fubftance à la dofe d'un gros, & en infufion, dans le vin blanc ou dans l'eau tiede, jufqu'à deux gros. On a ordinairement recours à des ftomachiques pour corriger l'âcreté de ce remede : on lui affocie l'anis, la canelle ou le fel d'abfynthe ; mais de quelque maniere qu'on le prépare, c'eft un purgatif qui, par fa violence, femble peu fait pour les hommes accoutumés au travail, & point du tout pour les tempéraments délicats. La médecine vétérinaire en pourroit tirer de grands avantages.

L'écorce de Bourgene, bouillie dans le vinaigre, eft propre à nettoyer les gencives des fcorbutiques. Cette décoction eft regardée comme un préfervatif contre la pourriture des dents. Broyée avec le vinaigre elle eft propre à guérir & deffécher la gale ; il faut s'en frotter deux fois par jour.

L'hellebore noir.

Helleborus niger. Linn. Sp Pl.

Allem. *Schwarze Niess-Wurzel mit grünen Blumen.*

Gravures de Rangée Regnault f.

79

L'ELLÉBORE NOIR,

PLANTE VIVACE, DU NOMBRE DES PURGATIVES.

Helleborus niger, flore roseo. C. B. P. 186. *Helleborus niger.* L. S. P.

TOURNEF. claff. 6. fect. 7. gen. 11. LINN. Polyandria Polygynia. ADANS. 55. Fam. des Renoncules.

CETTE efpece d'Ellébore croît naturellement dans quelques contrées d'Italie : on le cultive dans les climats tempérés ; il demande une terre graffe & une belle expofition ; on le multiplie de plants enracinés. La racine (*a*) eft un amas de fibres fimples, longues & charnues. Les tiges s'élevent d'environ un pied & demi. Les feuilles radicales font alternes. Nous en avons féparé une (*b*) de la tige, pour la rendre plus fenfible : elles font palmées, compofées de plufieurs folioles ovales terminées en pointe, découpées affez réguliérement vers l'extrémité, & unies à leur origine, foutenues toutes par un fort pétiole, dont l'origine eft membraneufe, & embraffe la tige en maniere de gaîne. Les feuilles caulinaires différent effentiellement des radicales. Celles-ci font petites, feffiles, ou attachées à la tige par leur bafe, entieres, ovales, terminées en pointe, fans aucune découpure, & font alternes comme les radicales.

Les fleurs naiffent à l'extrémité des tiges, folitaires ou difpofées en corymbe : elles font rofacées, compofées de cinq pétales (*c*), amples, ovales, terminées à leur bafe par un ongle, au moyen duquel ils s'attachent au-deffus de l'ovaire. Les parties fexuelles confiftent en un nombre indéterminé d'étamines, depuis trente jufqu'à foixante, dont les filets font attachés fur un difque orbiculaire, fur lequel repofe le piftil, en plufieurs cornets ou nectaires (*d*), difpofés circulairement fur un rang au-deffous des étamines, & attachés par leur bafe au même difque'qu'elles, & en un piftil compofé de plufieurs ovaires, dont le nombre varie depuis trois jufqu'à dix. Ces ovaires font ordinairement réunis ; ils ont chacun un ftyle & un ftigmate peu diftinct du ftyle. Nous avons repréfenté deux cornets (*e*) féparés du grouppe. Ces deux dernieres figures font augmentées à la loupe.

Le fruit qui fuccede à la fleur eft un amas de capfules (*f*) en même nombre que les ovaires qui l'ont précédé ; chacune de ces capfules eft à une feule loge, & renferme deux rangées de femences, comme on le voit dans la capfule ouverte (*g*). Nous en avons repréfenté deux (*h*) : elles font prefque rondes, liffes, & dures.

On connoît plufieurs fortes d'Ellébore, qu'on ne diftingue que par leurs noms triviaux. Le Docteur Von Linné, après plufieurs célebres Botaniftes, n'a caractérifé celui-ci que par la fimple dénomination d'*Ellébore noir*. Cette dénomination eft infuffifante en françois, puifqu'elle eft commune avec l'Ellébore pied de griffon, & l'Ellébore vert. Cette obfervation doit déterminer à le nommer l'Ellébore noir à fleur rofe, comme l'ont fait plufieurs Botaniftes.

L'Ellébore a été regardé long-temps comme un fpécifique contre la folie ; c'eft un purgatif violent qui agit par haut & par bas : on l'emploie pour détacher les humeurs mélancoliques & bilieufes, dans l'hypocondrie, dans la manie, & dans la fievre quarte. C'eft de la racine dont on fait ufage : on la réduit en poudre fubtile, & on l'ordonne à la dofe de quinze à vingt grains, & en décoction, depuis un gros jufqu'à deux. Ce remede eft dangereux ; il porte à la tête & caufe quelquefois des convulfions, & des irritations dans le genre nerveux. On a effayé plufieurs préparations pour émouffer la caufticité de ce remede. La méthode qui eft recommandée par Kinfon femble être la meilleure : elle confifte à mettre la dofe d'Ellébore dans un coing vuidé exprès, & le faire cuire au four : on fait infufer cette poudre dans le fuc de coing. Chomel remarque à ce fujet que fi le coing peut produire cet effet fur l'Ellébore, il devient un remede falutaire pour guérir les maux qui réfultent de fon ufage. Le même Auteur dit avoir confeillé, avec fuccès, la racine d'Ellébore pour cautere appliqué fur la gorge des vaches, pour y déterminer un dépôt toujours favorable lorfqu'il furvient. On fait un trou à la peau & on l'enfonce deffous. Ce remede guériffoit quelquefois, & préfervoit toujours les beftiaux de la maladie qui regnoit en 1748.

L'ufage particulier de cette plante ne paroît point entraîner de fuites fâcheufes. La poudre de la racine, mêlée avec du faindoux, forme un onguent utile pour la gale & les maladies de la peau. Si l'Ellébore eft dangereux aux hommes, il peut être utile aux animaux : on peut les purger avec la poudre, à la dofe d'un demi-gros. Nous ne pouvons paffer fous filence un avis de M. Bourgelat : quoiqu'on puiffe le trouver dans fon ouvrage, nous le tranfcrirons ici, parceque les inftructions utiles ne fauroient être trop étendues. Les Bergers ignorants fe fervent, dit-il, de la racine de l'Ellébore pour guérir les brebis galeufes ; ils en font, avec du beurre, un onguent dont ils les frottent, prefque toutes enflent & périffent.

Le Raifort Sauvage.
Cochlearia armoriaca. Linn. Sp. Pl.

Angl. horse-radish. Ital. Peperella. Allem. Meerrettich.

Genevieve de Nangis Regnault. f.

80

LE RAIFORT SAUVAGE,

PLANTE VIVACE, DU NOMBRE DES ANTI-SCORBUTIQUES.

Raphanus ruſticanus. C. B. P. 96. *Cochlearia armonica.* L. S. P.

TOURNEF. claſſ. 5. ſect. 2. gen. 4. LINN. Tetradynamia ſiliculoſa. ADANS. 52. Fam. des Cruciferes.

LE RAIFORT SAUVAGE, connu encore ſous le nom de *grand Raifort* & de *Cram*, croît naturellement dans les foſſés humides & au bord des ruiſſeaux ; on le cultive dans différents endroits, à cauſe de ſes propriétés médécinales. Quoiqu'un terrein humide ſemble être plus favorable à ſon accroiſſement, il s'accommode néanmoins de toutes ſortes de terres ; il eſt même difficile de le détruire dans les champs qu'il a déja occupés. M. Marchand a obſervé que ſi l'on coupe des rouelles de la racine de cette plante, nouvellement tirée de terre, pendant qu'elle eſt dans ſa vigueur, & qu'on les replante auſſi-tôt, chaque rouelle donnera racine & plante, comme ſi on avoit planté une racine entiere. Il infere de là qu'une même plante contient une infinité de germes dans ſa ſubſtance, indépendamment de ſes ſemences. On pourroit juger d'après les obſervations de cet Académicien, que la reproduction opiniâtre du Raifort, dans les terres où il a déja été cultivé, ſeroit due aux fragments de quelques racines qui auroient été briſées en terre en l'arrachant ; on le croiroit d'autant plus volontiers, que ces ruptures arrivent aſſez fréquemment par la tenacité de la racine. Cette racine (*a*) eſt groſſe, droite, quelquefois de la longueur d'un pied & demi, garnie dans ſa longueur de fibres capillaires & rameuſes ; il ſort de terre pluſieurs feuilles radicales qui ſont d'abord découpées profondément comme celles du polypode, mais à meſure qu'elles grandiſſent, ces profondes découpures diſparoiſſent, elles deviennent entieres, grandes, amples, lancéolées, quelquefois de la longueur de deux pieds, crenelées en leur bord, & portées par de longs pétioles.

La tige ſort du centre des feuilles radicales : elle s'éleve d'environ deux pieds : elle eſt droite, canelée, creuſe & ferme. Les feuilles caulinaíres different des radicales : elles ſont alternes, ſeſſiles, ou attachées à la tige par leur baſe : elles ſont oblongues & découpées irrégulièrement. Les fleurs naiſſent dans les aiſſelles des feuilles, & au ſommet de la tige, diſpoſées en épi. Ces fleurs ſont cruciferes, compoſées de quatre pétales ovales (*b*), terminées à leur baſe par un onglet délié. Les ſix étamines (*c*) ſont raſſemblées autour de l'ovaire, attachées par la baſe de leurs filets à un diſque orbiculaire, ſur lequel repoſe le piſtil ; quatre de ces étamines ſont conſtamment longues & égales entre elles ; les deux autres ſont courtes & oppoſées l'une à l'autre. Le piſtil (*d*) eſt placé au centre des étamines ; il eſt compoſé de l'ovaire, d'un ſtyle peu ou point apparent, & terminé par un ſtigmate hémiſphérique. La fleur repoſe dans un calice (*e*) compoſé de quatre feuilles ovales, diſpoſées en croix comme les pétales, & faiſant l'alternative avec eux. Le piſtil devient par ſa maturité une ſilique (*f*) qui s'ouvre dès l'inſtant qu'elle eſt mûre, & laiſſe répandre pluſieurs petites ſemences (*g*). Auſſi-tôt que les fleurs ſont parvenues à leur maturité, la tige ſemble diſparoître : ceci paroît tenir du merveilleux ; mais il eſt vrai que le moment de la maturité eſt très difficile à ſaiſir, parceque la tige ſe fane, & tombe avec une promptitude incroyable. Les feuilles radicales perſiſtent ſeules juſqu'à l'arriere ſaiſon.

La racine du Raifort ſauvage eſt la partie de la plante d'uſage en Médecine. C'eſt un des plus puiſſants anti-ſcorbutiques connus : elle eſt encore ſtomachique & pectorale. Simon Pauli la recommande fort dans le ſcorbut. Chomel la regarde comme un anti-ſcorbutique excellent ; il ordonne l'uſage de cette racine, coupée par rouelles & infuſée pendant douze heures ſur les cendres chaudes, dans la décoction d'orge, à la doſe d'une once pour une pinte de liqueur. La décoction, ou la tiſanne de cette racine aux mêmes doſes, s'emploie utilement dans la même maladie.

La décoction de racine de Raifort, dans le lait, s'ordonne avec ſuccès aux phthyſiques ; ſon infuſion dans le vin blanc, eſt utile dans l'hydropiſie. Si on la pile, & qu'on en mêle le jus avec le vin où elle a infuſé, elle purge par haut & par bas.

Le houx.

Ilex Aquifolium. Linn. Sp. Pl.

Ital. *Aquifoglio, Agrifoglio.* Angl. Holly-tree. Allem. Stech-Baum, Stech-Palmen.

Geneviève de Nangis Regnault f.

81

LE HOUX,

ARBRISSEAU DU NOMBRE DES PLANTES EMOLLIENTES.

Ilex aculeata baccifera, folio finuato. C. B. P. 425. *Ilex aquifolium* L. S. P.

TOURNEF. claff. 10. fect. 1. gen. 4. LINN. Tetrandria tetragynia. ADANS. 11. Fam. des Airelles.

L E H O U X croît naturellement dans les bois ; il eft commun dans les pays froids , & dans les climats tempérés ; il figure agréablement dans les grands jardins : on en fait des paliffades, des buiffons, des pyrami-des, &c. il fe prête à toutes fortes de formes fous le cifeau du Jardinier ; la quantité de fes feuilles , & leur belle verdure continuelle, offrent un coup d'œil riant dans toutes les faifons. Cet arbriffeau s'élève d'une hauteur médiocre ; fon bois eft dur & pefant, de couleur blanchâtre ; l'écorce extérieure eft d'un verd cendré & l'intérieure eft pâle. C'eft avec l'écorce intérieure du Houx qu'on prépare la glu : elle fe fait de la maniere fuivante. On prend de la feconde écorce de Houx pendant la force de la feve ; on en détache toute l'écorce extérieure qui eft nuifible : on fait bouillir pendant quelques heures l'écorce deftinée à donner la glu, dans de l'eau de fontaine, jufqu'à ce qu'elle foit attendrie ; on la laiffe égoutter, après quoi on en fait des pelottes qu'on dépofe à la cave, dans des pots de terre ou autres vaiffeaux : on la laiffe fermenter pendant quinze jours ou trois femaines, jufqu'à ce qu'elle foit réduite en mucilage : on la retire & on la pile dans un mortier ou fur une meule de pierre, jufqu'à ce qu'on puiffe la manier comme de la pâte : on lave cette pâte dans de l'eau courante, & on la pêtrit pour en enlever les ordures ; au défaut d'eau courante il faut prendre de l'eau la plus fraîche ; fans cette précaution la glu pourroit tourner en huile : après cette lotion on laiffe repofer la glu pendant quatre ou cinq jours dans des vaiffeaux, où elle jette fon écume & fe purifie ; c'eft la derniere préparation qu'on lui fait fubir, enfuite on l'enferme dans d'autres vaiffeaux pour la conferver. Cette fub-ftance vifqueufe & réfineufe fe recueille autant pour fes propriétés médécinales, que pour le plaifir d'une chaffe connue de tout le monde fous le nom de *pipée.* Les branches du Houx font très flexibles ; on les emploie pour faire des manches de fouet, des manches de mail, & des houffines. Les feuilles naiffent alternative-ment le long des branches : elles font nombreufes, entieres, ovales, fermes, luifantes, découpées inéga-lement, & leurs découpures font armées d'épines dures & aiguës : elles font foutenues aux branches par des pé-tioles cylindriques.

Les fleurs font raffemblées en corymbes dans les aiffelles des feuilles ; chacune de ces fleurs (*a*) eft un tube monopétale, ovale, divifé en quatre folioles ovales & concaves : la même corolle eft repréfentée (*b*) vue en deffous. Les quatre étamines font attachées fur un rang, au bas du tube de la corolle, alternativement avec fes divifions. Le piftil (*c*) eft placé au centre ; il ne laiffe point appercevoir de ftil. L'ovaire paroît re-couvert par quatre ftigmates hémifphériques. Toutes les parties de la fleur repofent dans un petit calice (*d*) monophylle, divifé en quatre parties, ovales & pointues.

Le fruit (*e*) fuccede à la fleur ; c'eft une baie charnue, divifée intérieurement en quatre loges, raffem-blées comme on le voit dans la figure (*f*) : elles renferment chacune une des femences (*g*), lefquelles font convexes d'un côté & anguleufes de l'autre.

La racine, l'écorce & les baies de cet arbriffeau font employées en Médecine. La décoction des racines eft émolliente & réfolutive. La glu qu'on retire, comme nous l'avons dit de l'écorce de Houx, eft propre à amollir, à réfoudre & conduire à fuppuration les parotides, & les dépôts d'humeurs qui doivent abcéder, au rapport de Ruel. Cet Auteur ordonnoit dans ces occafions le cataplafme fait avec parties égales de glu, de réfine & de cire. Dix ou douze baies de Houx guériffent la colique ; le même remede eft propre à purger les humeurs épaiffes, & pituiteufes fuivant Dodonée. Quoique les préceptes de cet Auteur aient été fouvent adoptés avec fuccès, les Praticiens prudents n'en ont pas moins profcrit l'ufage de ce remede. Rai affure avoir vu une colique qui avoit réfifté à plufieurs remedes, céder à une décoction de feuilles de Houx, dans de la biere & du lait.

Chomel dit avoir connu un goutteux qui ne trouvoit pas de meilleur remede qu'un cataplafme de glu étendue fur des étoupes, pour calmer les douleurs de la goutte.

Langelique Sauvage.
Angelica Sylvestris. Linn *Sp Pl.*
Ital. *Angelica.* Angl. *Gont - weed.* Allem *Kleinewilde angelick.*

Gravure de Plantes Regnault f.

82

L'ANGÉLIQUE SAUVAGE,

PLANTE VIVACE DU NOMBRE DES DIAPHORÉTIQUES.

Angelica sylvestris major. C. B. P. 155. *Angelica sylvestris.* L. S. P.

TOURNEF. claff. 7. fect. 2. gen. 4. LINN. Pentandria Digynia. ADANS 15. Fam. des Ombelliferes.

L'ANGÉLIQUE SAUVAGE croît affez ordinairement le long des haies. Sa racine (*a*) eft charnue, prefque orbiculaire & ridée, garnie de quelques fibres fines & rameufes. Ses tiges font droites, cylindriques & canelées : elles s'élevent d'environ deux pieds. Les feuilles naiffent alternativement le long de la tige : elles font grandes, ailées fur trois rangs, & terminées par trois folioles : les deux premieres ailes font elles-mêmes accompagnées chacune de deux ailes, & compofées de onze folioles ; les fecondes font compofées de cinq rangées par paire, & terminées par une impaire comme les premieres ; les troifiemes font compofées de trois folioles dans la même difpofition. Toutes les folioles font ovales, terminées en pointe & dentelées réguliére-ment : elles font foutenues par des pétioles particuliers ; l'origine du pétiole général de chaque feuille eft une membrane fort large, qui embraffe le contour de la tige fans cependant y faire l'anneau. Avant leur dé-veloppement, les feuilles font pliées en deux, & reçues dans la cavité que forme cette membrane.

Les fleurs naiffent dans les aiffelles des feuilles, & au fommet des tiges, difpofées en ombelles. Le pédi-cule qui fupporte l'ombelle eft droit, cylindrique & canelé ; les rayons partent du même centre où ils font foutenus par une enveloppe univerfelle, compofée de trois à cinq feuilles linéaires ; les enveloppes partielles font auffi compofées de plufieurs feuilles linéaires, mais quelquefois elles en font dépourvues. Les ombelles particlles font difpofées comme l'ombelle univerfelle, & les pédicules portent chacun à leur fommet une fleur rofacée, que nous avons repréfentée (*b*) augmentée à la loupe : elle eft compofée de cinq pétales (*c*) ovales & terminés en languettes : la languette du fommet fe recourbe conftamment fur le centre du pétale. Les cinq étamines font placés près de l'ovaire, alternativement avec les pétales. Les antheres font ovoïdes, leurs filets font droits, & attachés par leur origine fur les bords du calice. Ce calice eft imperceptible ; il eft pofé fur l'ovaire avec lequel il fait corps ; il l'enveloppe fous l'apparence d'une pédicule affez fine, & l'accompagne jufqu'à fa maturité, & ne fe fait connoître que par cinq petites dents qui font quelquefois infenfibles. Le pif-til (*d*) eft pofé au centre de la fleur ; il eft compofé de l'ovaire, de deux ftyles très déliés & de deux ftig-mates peu diftingués des ftyles ; c'eft un amas de petits filets qui forment un léger velouté à l'extrémité de chaque ftyle. Ces deux figures font augmentées, ainfi que la premiere.

Le fruit qui fuccede aux piftils fe divife à fa maturité en deux graines (*e*) enfilées par un double axe. Chacune de ces graines (*f*) eft ovale, terminée en pointe, convexe & canelée d'un côté & applatie de l'autre.

Il ne faut point confondre cette efpece d'Angélique avec l'Angélique de Bohême ou Archangélique, *An-gelica fativa.* C. B. Quoique leur vertu fe rapproche, celle-ci en a de particulieres : on emploie utilement fes feuilles pilées & appliquées en cataplafme fur les loupes ; ce remede les diffipe peu à peu ; il faut en conti-nuer l'ufage, & renouveller le cataplafme deux fois par jour.

La racine d'Angélique fauvage, réduite en poudre, & prife à la dofe d'un gros dans un verre de vin blanc, le matin à jeun, a été recommandée, par quelques Praticiens, comme un bon remede dans l'épilepfie.

On tire de cette plante une eau diftillée propre pour les piquures des animaux vénimeux. Les feuilles pilées avec celles de rue de jardin, & mêlées avec le miel, s'emploient utilement dans les mêmes occafions.

La racine de cette plante fe fubftitue à celle d'archangélique, dans l'eau anti-épileptique de Mynficht, dans la confection thériacale du même Auteur, dans l'elixir peftilentiel de Crollius, & dans nombre d'autres compofitions.

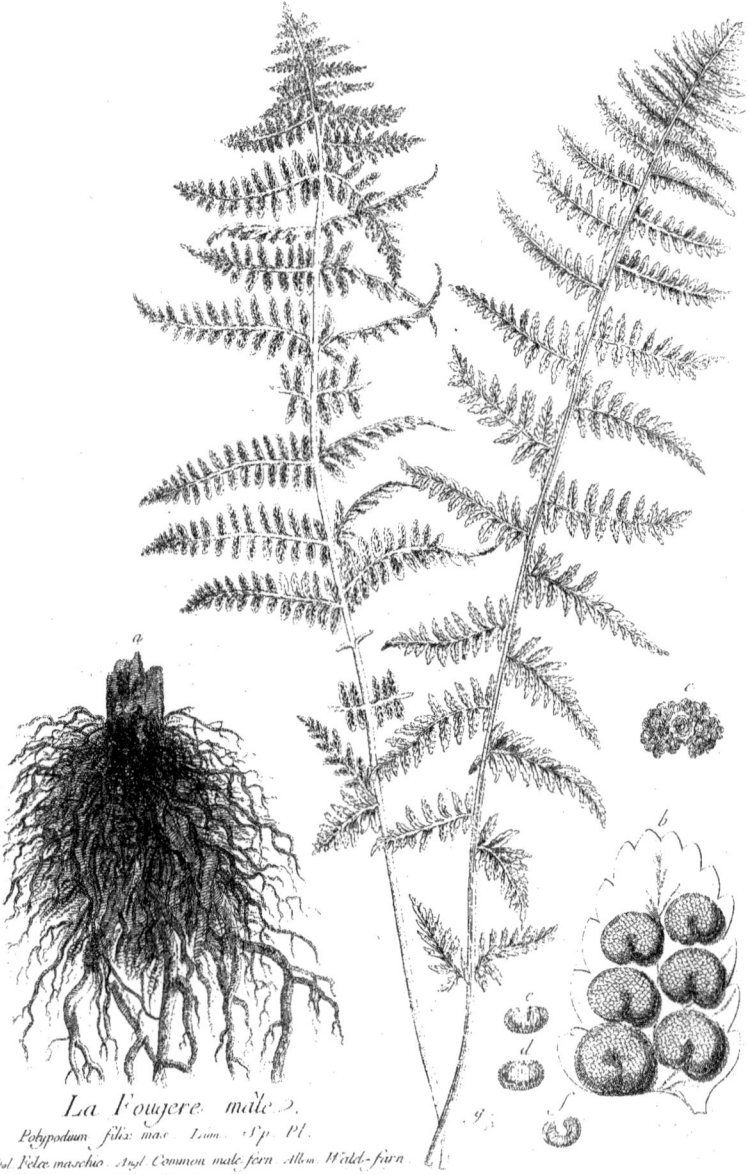

La Fougere mâle.
Polypodium filix mas. Linn. Sp. Pl.
Ital. *Felce maschio.* Angl. *Common male fern.* Allem. *Wald-farn.*

Gravures de Rempin Raynold. f.

43

LA FOUGERE MÂLE;

PLANTE VIVACE, DU NOMBRE DES Hépatiques.

Filix mas, non ramofa, dentata. C. B. P. 358. *Polypodium filix mas.* L. S. P.

TOURNEF. claſſ. 16. ſeɛt. 1. gen. 1. LINN. Cryptogamia filices. ADANS. 5. Fam. des Fougeres.

LA FOUGERE croît naturellement dans les bois. Sa racine (*a*) eſt un pivot garni d'une infinité de fibres très rameuſes, brune en dehors, blanchâtre & farineuſe en dedans. On a prétendu juſqu'à préſent qu'en coupant cette racine obliquement, elle préſentoit la figure d'une aigle à deux têtes; nous croyons qu'ainſi que dans les marbres, dans les vieilles murailles, ſur les tiſons, dans le dépôt du marc du café, &c. on y voit tout ce qu'on y veut voir, & qu'une imagination échauffée par la prévention y démêle des objets qui n'exiſtent que dans la tête du ſpectateur. La Fougere n'a point de tige. La racine jette pluſieurs feuilles qui s'élevent d'environ un pied & demi. Nous avons repréſenté deux de ces feuilles, dont l'une eſt vue de face, & l'autre de revers; cette derniere montre la fructification qui eſt poſée ſur le dos des folioles. Ces feuilles s'élevent droites, portées par de longs pétioles. Les folioles qui la compoſent ſont portées alternativement des deux côtés du pétiole, rangées par paire, & terminées par une impaire. Chacune des folioles eſt diſpoſée en particulier comme la feuille; les découpures qui les compoſent ſont auſſi rangées alternativement ſur la principale nervure; chacune de ces découpures eſt dentée tout au tour.

La fructification ſe trouve, comme nous l'avons déja dit, appliquée ſur le dos des découpures qui compoſent les folioles. Nous avons repréſenté (*b*) une de ces découpures vue au microſcope, la fructification ſe trouve diſpoſée par paquets teſticulaires; chacun de ces paquets paroît d'abord couvert d'une membrane écailleuſe, ſous laquelle eſt renfermée un amas de coques (*c*), dont une eſt repréſentée fermée (*d*): elle eſt entourée d'un cordon annulaire, qui la contracte & la déchire par le milieu (*e*): elle ouvre enfin comme on le voit dans la figure (*f*); c'eſt dans cet état qu'elle répand les ſemences (*g*). Toutes les recherches des Savants n'ont pu encore nous éclairer ſur le myſtere de la génération des plantes de cette famille: quoiqu'on puiſſe raiſonnablement penſer que la Nature ne s'écarte pas de la route ordinaire dans la reproduction de cette plante, la petiteſſe infinie des organes de la génération ne permet pas, même avec le ſecours du microſcope, d'en diſtinguer les parties ſexuelles.

La Fougere eſt utile dans les Arts, ainſi que dans la Médecine. Tout le monde ſait que la cendre de cette plante entre dans la fabrication du verre. Ces cendres, répandues ſur des terres légeres, en augmentent la fécondité.

La racine de Fougere eſt une des parties de la plante qu'on emploie le plus communément en Médecine: elle eſt apéritive & vermifuge. Cette racine calcinée, & priſe à la doſe d'un demi-gros dans du vin blanc, eſt propre à faire mourir les vers. L'eau diſtillée de la racine produit le même effet. Simon Pauli ordonnoit la poudre de cette racine ſéchée, juſqu'à la doſe de demi-once, pour détruire les vers. Chomel recommande la décoction de cette racine, à la doſe d'une once dans une pinte d'eau, pour les obſtructions du bas ventre. Les gens de la campagne connoiſſent la propriété de la Fougere pour le *rachitis*, & font coucher les enfants noués ſur des paillaſſes faites avec les feuilles de cette plante. Les racines pilées fraîches donnent un mucilage propre pour la brûlure. On trouve dans la Pharmacopée de Quercetan la compoſition d'une eau diſtillée qui a la même propriété que ce mucilage: on mêle une demi-livre d'eau diſtillée de feuilles de Fougere avec autant de flegmes de vitriol & d'alun, dans lequel on fait macérer une poignée de feuilles de lierre, & autant de feuilles de bouillon-blanc, dix grenouilles, autant de limaçons rouges & d'écreviſſes de riviere; on diſtille le tout, & on en baſſine la partie brûlée.

Une poignée de racine de cette plante ratiſſée & concaſſée, infuſée pendant vingt-quatre heures dans une pinte de vin blanc, & paſſée enſuite, fournit un excellent remede, au rapport de Chomel, pour l'enflure qui menace d'hydropiſie: on en fait prendre un verre le matin à jeun, & on fait uſer au malade de la tiſane faite avec la racine d'oſeille & de chiendent.

Les feuilles de Fougere peuvent s'employer, au défaut du capillaire, dans les maladies de poitrine. Foreſtus & Sennert recommandent la décoction de cette plante dans le gonflement de la rate.

Le Meurier noir.
Morus nigra Linn. Sp Pl.
Ital. Moro. Angl. Mulberry-tree. Allem. Maulbeer Baum.

64

LE MÛRIER NOIR,

ARBRE, DU NOMBRE DES PLANTES RAFRAÎCHISSANTES.

Morus fructu nigro. C. B. P. 459. *Morus nigra.* L. S. P.

TOURNEF. claff. 19. fect. 4. gen. 4. LINN. Monoëcia tetrandria. ADANS. 47. Famille des Châtaigners.

LE MURIER croît naturellement dans les pays chauds aux environs de la mer : on le cultive dans les climats tempérés avec la plus grande facilité ; il s'éleve à une hauteur médiocre. Son tronc eft affez gros, tortu, noueux, couvert d'une écorce rude & épaiffe ; fon bois eft dur, robufte & jaunâtre ; fes branches font nombreufes & comme entrelacées. Les feuilles naiffent alternativement le long des branches, portées par des pédicules médiocres : elles font entieres, cordiformes, dentelées affez réguliérement tout autour, rudes au toucher, vertes en deffus, pâles en deffous.

Les fleurs naiffent mâles & femelles, portées fur le même pied. Nous avons repréfenté deux branches, dont l'une (*a*) porte les fleurs, & l'autre (*b*) porte les fruits. Les fleurs mâles (*c*) font difpofées en chaton : elles font compofées de quatre étamines (*d*) raffemblées dans un calice à quatre feuilles égales, ovales, terminées en pointe ; le même calice eft repréfenté ouvert (*e*). Les étamines font difpofées dedans en croix ; chacune d'elles eft en oppofition avec une des feuilles du calice.

Les fleurs femelles (*f*) font raffemblées en tête ; nous en avons repréfenté une (*g*) feule : elle confifte en un piftil, qui eft compofé d'un germe, d'un ftyle court & de deux ftygmates recourbés. Le piftil eft foutenu par un calice compofé de quatre folioles obrondes, obtufes, qui font adhérentes au piftil, & qui l'accompagnent jufqu'à fa maturité.

Les fruits fuccedent aux piftils, & forment, par leur affemblage, ce qu'on connoît vulgairement fous le nom de Mûre (*h*). Chacun des fruits en particulier eft une efpece de baie, formée par le renflement du germe & du calice, qui fe colore par la maturité, & devient charnu & fucculent. Nous avons repréfenté une de ces baies ouverte (*i*) : elle renferme une feule femence ovale.

Les feuilles de Mûrier ont un goût douçâtre & vifqueux, leur parenchyme fert de nourriture aux vers à foie, au défaut de celle de Mûrier blanc ; quoiqu'elles leur fourniffent un aliment plus groffier que les autres, ils s'en accommodent cependant. L'écorce de la racine eft âcre au goût ; on l'eftime vermifuge, déterfive & apéritive. L'écorce du tronc & des branches eft recommandée par quelques Auteurs comme un bon remede contre le ver folitaire : on la prefcrit en poudre à la dofe d'un demi-gros, en bol, liée avec le firop d'abfynthe. Les fruits font nourriffants & rafraîchiffants ; avant leur maturité, ils font déterfifs & aftringents : on en fait des gargarifmes pour les ulceres de la bouche & de la gorge.

Le firop fimple fait avec les Mûres, connu fous le nom de *diamorum*, eft propre à adoucir les âcretés de la gorge & de la poitrine : on le prefcrit à la dofe d'une cuillerée dans un verre d'eau. Pour faire ce firop compofé, on y ajoute la mirrhe, le fafran & le verjus, ou le fuc du fruit de ronces, de fraifes, de framboifes & le miel ; il fe prefcrit à la même dofe que le fimple.

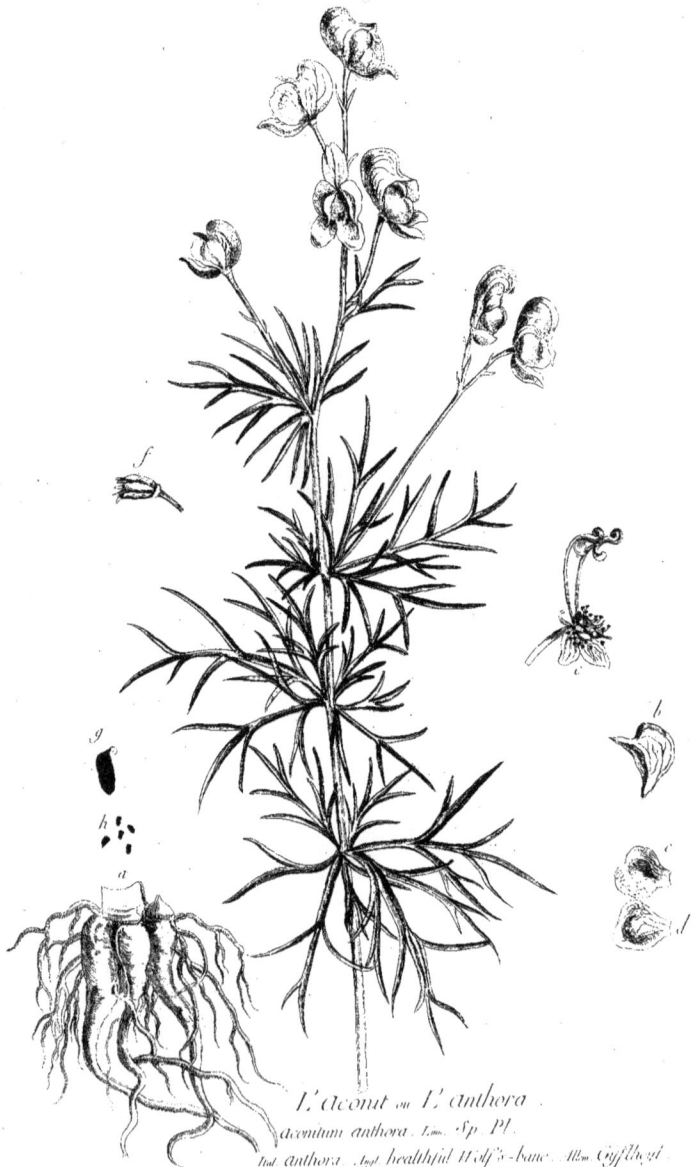

L'aconit ou L'anthora.
aconitum anthora. Lin. Sp. Pl.
Ital. Anthora. Angl. healthful Wolf's-bane. Allem. Giftheyl.

Gravures de Dangu Reynault f.

85

L'ACONIT ou L'ANTHORA,

PLANTE VIVACE, DU NOMBRE DES ALEXITERES.

Aconitum falutiferum, feu Anthora. C. B. P. 184. *Aconitum Anthora.* L. S. P.

TOURNEF. claff. 11. fect. 2. gen. 2. LINN. Polyandria tetragynia. ADANS. 55. Fam. des Renoncules.

CETTE plante croît naturellement dans les Alpes, & fur les montagnes du Dauphiné. On prétend que le nom d'*Aconitum* lui eft venu d'Acone, Port d'Héraclée, où elle croiffoit abondamment.

Sa racine (*a*) eft tubéreufe, compofée de deux ou trois tubercules raffemblés en faifceau, & garnie de plufieurs fibres rameufes. Sa tige s'éleve d'environ deux pieds : elle eft droite, cylindrique, foible. Les feuilles naiffent alternativement le long de la tige : elles font feffiles, digitées & découpées profondément.

Les fleurs naiffent dans les aiffelles des feuilles : elles font quelquefois deux enfemble, quoique foutenues par un même pétiole ; alors le pétiole fe partage dans fa longueur. Ces pétioles font droits & cylindriques. La fleur de l'Aconit eft polypétale & irréguliere : elle eft compofée de cinq pétales ; le fupérieur (*b*) eft tubulé, de la forme d'un cafque ; les deux latéraux, dont l'un (*c*) eft vu en dedans, & l'autre (*d*) eft vu en dehors, font larges, obronds, bombés, oppofés l'un à l'autre ; les deux inférieurs font alongés & légére- ment repliés en arriere ; ils font repréfentés (*e*) attachés au pédicule de la fleur. On voit dans la même figure les deux nectars qui font renfermés fous le heaume ; ils ont la même forme que ceux de la fleur du napel. Les parties fexuelles confiftent en un nombre indéterminé d'étamines (elles font repréfentées dans la même figure), & en cinq piftils raffemblés en faifceau (*f*). Chacun de ces piftils devient, par la maturité, un fruit (*g*), lequel eft une capfule oblongue, compofée d'une feule valve, dans laquelle font renfermées les femences (*h*).

La racine de cette plante a un goût âcre & amer, ainfi que les feuilles.

La racine d'Anthora eft regardée comme le contre-poifon du napel, auffi croît-elle affez communément aux mêmes lieux que cette dangereufe plante.

Plufieurs Auteurs l'eftiment propre à guérir les morfures des bêtes venimeufes & les bleffures empoifonnées ; on la fait prendre en poudre dans du vin blanc à la dofe d'un gros.

Elle entre dans plufieurs compofitions alexiteres.

Le Pêcher.
amygdalus Persica. Linn. Sp. Pl.
Ital. *Persico.* Esp. *Pexisgos.* Angl. *Peach tree.* Allem. *Pfersich baum.*

96

LE PÊCHER,

ARBRE DU NOMBRE DES PLANTE PURGATIVES.

Perſica molli carne & vulgaris, viridis & alba. C. B. P. 440. *Amygdalus perſica.* L. S. P.

Tournef. claſſ. 21. ſect. 7. gen. 3. Linn. Icoſandria monogynia. Adans. 42. Fam. des Jujubiers.

Cet arbre eſt originaire de Perſe : on le cultive avec tant de ſoin en Europe, qu'il s'y eſt naturaliſé. Quoique tout le monde le connoiſſe, ſes vertus ne nous ont pas permis de le paſſer ſous ſilence. Le Pêcher s'éleve à une médiocre hauteur. Sa tige eſt naturellement droite; ſon bois dur & ſon écorce blanchâtre.

Les feuilles naiſſent alternativement le long des branches, portées par des pétioles médiocres : elles ſont oblongues, terminées en pointe, dentelées réguliérement, & quelquefois pliſſées vers le milieu. Nous avons repréſenté (*a*) une branche chargée de fleurs : la branche (*d*), porte les feuilles & le fruit.

Les fleurs naiſſent alternativement le long des jeunes branches : elle ſont hermaphrodites, roſacées, compoſées de cinq pétales (*c*) ovales & égaux. Les parties ſexuelles (*e*) conſiſtent en trente étamines environ, & en un piſtil (*e*), lequel eſt compoſé d'un germe, d'un ſtyle long & cylindrique, & d'un ſtigmate hémiſphérique. Toutes les parties de la fleur repoſent dans un calice monophylle, découpé en cinq parties obtuſes; il abandonne le piſtil après ſa fécondation. Le piſtil ſe gonfle après avoir reçu la fécondation des étamines, & devient un fruit (*f*) connu ſous le nom *Pêche.* On a fait éprouver une infinité de variétés au fruit de cet arbre par la culture, qui fait un objet important des ſoins du Jardinier. Le noyau (*g*), qui occupe le centre de la Pêche, eſt repréſenté (*h*) ouvert longitudinalement, il renferme une amande couverte d'une pellicule rouſſâtre, que nous avons repréſentée nue (*i*).

L'aliment délicieux que cet arbre fournit à nos tables n'eſt pás le ſeul avantage qu'on retire du Pêcher: pluſieurs de ſes parties ſont encore employées en Médecine. Les feuilles ont un goût amer, ainſi que les fleurs & les amandes : l'odeur des fleurs eſt légérement aromatique. Le fruit eſt aqueux & agréable, ſa chair eſt peu nourriſſante : elle eſt aſſez rafraîchiſſante, pour qu'un uſage immodéré puiſſe la rende nuiſible. Les feuilles ſont fébrifuges & antiſeptiques; les fleurs ſont purgatives & vermifuges : on les emploie en infuſion ainſi que les feuilles. On en fait un ſirop purgatif, qui ſe preſcrit à la doſe d'une once ; c'eſt un des purgatifs les plus doux qu'on puiſſe employer. L'eau diſtillée de ſes fleurs s'emploie au même uſage, au rapport de Schroder & d'Ethmuler ; ſuivant Chomel, une petite poignée de ſes fleurs, dans un bouillon de veau qu'on fait infuſer légérement ſur un feu modéré, s'ordonne aux perſonnes d'un tempérament pituiteux & ſujettes aux fluxions de la tête. Le même Auteur ajoute qu'elles conviennent auſſi aux enfants qui ont des vers : on leur applique avec ſuccès ſur le ventre un cataplaſme fait avec les feuilles de Pêcher, & de la ſuie pilée enſemble & liée avec de bon vinaigre. La décoction d'une poignée de fleurs, dans un verre de lait, n'eſt pas moins efficace, & les purge : on peut encore purger ceux de quatre à cinq ans avec un gros de fleurs ſéches, mêlées avec le pain de leur déjeûner, ou dans un bouillon. Ces remedes ſont familiers à la campagne.

Les noyaux & les amandes des fruits, concaſſés & infuſés dans du vin blanc, favoriſent les écoulements périodiques : on met environ deux ou trois noyaux dans un verre de vin.

La gomme de Pêcher eſt aſtringente. Quelques Auteurs lui attribuent beaucoup de vertus ; & Garidel, après Pitton, dit qu'elle eſt propre à arrêter le crachement de ſang & le cours de ventre. M. Adanſon recommande, dans cette derniere maladie, comme un remede excellent, l'infuſion de la gomme arabique dans le vin.

La **Scrophulaire**, l'herbe Du Siege.
Scrophularia aquatica . Linn. *Sp. Pl.*
Ital. *Scrofularia* Angl. *Blind-nettle* Allem. *Braun-wurz*.

Genevieve de Nangis Regnault . f.

87

LA SCROPHULAIRE, HERBE DU SIEGE,

PLANTE BISANNUELLE, DU NOMBRE DES RÉSOLUTIVES.

Scrophularia aquatica major. C. B. P. 235. *Scrophularia aquatica.* L. S. P.

TOURNEF. claff. 3. fect. 3. gen. 3. LINN. Didynamia angiofpermia. ADANS 17. Fam. des Perfonnées.

CETTE plante croît naturellement en Allemagne, en Angleterre & en France : elle fe plaît dans les terreins humides, aux bords des ruiffeaux, dans le voifinage des fources & dans les foffés : on l'appelle *Scrophulaire aquatique* ou *Bétoine d'eau.* La racine (*a*) eft groffe, charnue, garnie de fibres rameufes : elle pouffe une ou plufieurs tiges, qui s'élevent de deux à trois pieds. Ces tiges font droites, fortes, quadrangulaires, creufes, rameufes & couvertes de poils courts. Les feuilles font ordinairement oppofées, & quelquefois alternes le long de la tige : elles font portées par des pétioles médiocres ; elles font entieres, ovales, terminées en pointe, & dentelées affez réguliérement tout autour. Les rameaux fortent des aiffelles des feuilles, & portent les mêmes carcteres que la tige.

Les fleurs naiffent au fommet de la tige & dans les aiffelles des feuilles ; leur difpofition eft une efpece de corymbe. Ces corymbes font oppofés ou alternes le long de la tige vers le fommet ; ils font accompagnés à leur origine de petites feuilles feffiles, différentes de celles de la tige : on trouve ces mêmes feuilles à l'origine des pédicules des fleurs. Les fleurs font monopétales, irrégulieres & hermaphrodites ; nous avons repréfenté (*b*) une fleur vue de face. La corolle eft un tube médiocre, découpé en quatre parties inégales, dont la fupérieure eft élevée & découpée en cœur ; les trois autres font égales entre elles, obtufes & rabatues. La figure (*c*) offre la corolle ouverte. Les étamines font attachées à la bafe du tube, & font inégales entre elles. Le piftil (*d*) occupe le centre ; il eft compofé du germe, d'un ftyle long & cylindrique, & d'un ftigmate ovoïde. Toutes les parties de la fleur repofent dans le calice (*e*) ; lequel eft compofé de cinq feuilles.

Le fruit qui fuccede au piftil eft une capfule (*f*) ovale, terminée en pointe, compofée de deux valves & partagée en deux loges, comme on le voit (*g*) dans la capfule coupée tranfverfalement. Les femences (*h*) occupent l'intérieur des loges.

Les feuilles de cette plante, ainfi que les tiges, ont une odeur légérement fétide : elles font vulnéraires, carminatives, réfolutives : on les emploie en Médecine. L'herbe & les feuilles, pilées & appliquées, font propres à réunir & à cicatrifer toutes fortes de plaies ; c'eft cette propriété qui a valu à la plante le nom d'*Herbe du fiege* ; parcequ'on rapporte qu'au fiege de la Rochelle, qui dura très longtemps, on n'employoit à la fin que cette plante préparée indifféremment de toutes fortes de manieres pour guérir les bleffures & les plaies.

Le fuc des feuilles eft propre à nettoyer les ulceres, même ceux qui font carcinomateux.

La Scrophulaire eft propre à guérir les écrouelles : on en fait un onguent recommandé par Sibaldi & plufieurs autres. Voici la méthode de cet Auteur : Prenez pane de porc, une livre, faites la fondre à un feu médiocre ; ajoutez-y enfuite, feuilles de Scrophulaire, de digitale, d'ortie morte, de langue de chien, de chacune une poignée, après les avoir hachées enfemble : laiffez cuire doucement le tout jufqu'à ce que l'onguent foit d'un beau verd foncé ; alors paffez-le & mêlez-y cire & réfine parties égales, environ la moitié du poids du premier mélange. Ajoutez-y deux onces de térébenthine, & une once de verd-de-gris ; remuez bien le tout, & lui donnez la confiftance d'onguent un peu folide.

La Menthe Poivrée (ou Menthe Dangleterre).

Mentha Piperita (*Lnn Sp. Pl.*

88

LA MENTHE POIVRÉE, ou MENTHE D'ANGLETERRE,

PLANTE VIVACE, DU NOMBRE DES STOMACHIQUES.

Mentha spicis brevioribus & habitioribus, foliis Menthæ fuscæ, sapore fervido piperis. Rai. Angl. 3. p. 234.
t. 10. f. 2. *Mentha piperita.* L. S. P.

TOURNEF. classe. 4. sect. 2. gen. 10. LINN. Didynamia gymnospermia. ADANS. 25. Fam. des Labiées.

LES Anglois cultivent cette plante de temps immémorial, néanmoins elle est nouvelle en France ; & elle commence à peine à jouir chez nous de l'estime que nos voisins lui accordent depuis nombre d'années. La Menthe poivrée que l'on nomme aussi *la poivrette*, se plaît dans un terrein humide & léger ; les sécheresses la font périr : & quoiqu'on la ranime par les arrosements, elle ne donne plus qu'une herbe maigre & courte quand elle a été attaquée par le hâle.

La racine (*a*) est un pivot médiocre , garni de nombreuses fibres rameuses. Les tiges s'élevent d'environ un pied & demi : elles sont droites, quadrangulaires & rameuses. Les feuilles sont opposées deux à deux le long de la tige : elles sont portées par des pétioles médiocres, sillonnés dans leur longueur ; leur forme est ovale, terminée en pointe, & dentées assez réguliérement tout autour. Les rameaux sortent des aisselles des feuilles, & portent les mêmes caracteres que la tige.

Les fleurs naissent au sommet de la tige & des rameaux rangées en épis courts & verticillés ; chaque épi est accompagné à sa base d'une feuille florale, peu différente des feuilles de la plante : les feuilles florales perdent pourtant leur dentelure à mesure qu'elles approchent du sommet. Les fleurs sont monopétales, irregulieres & hermaphrodites. Nous avons représenté une corolle (*b*) ; c'est un tube dont l'extrémité est partagée en deux levres, dont la supérieure est arrondie, & l'inférieure divisée en trois parties presque égales. La même corolle est représentée (*c*) ouverte, & laisse voir les étamines qui sont attachées par leur base à celle du tube : elles sont plus courtes que la corolle. Le pistil est représenté (*e*) dans le calice ouvert ; il est composé du germe qui est formé par quatre ovaires réunis, d'un style long & cylindrique , & d'un stigmate fourchu. Toutes les parties de la fleur reposent dans le calice (*d*) : c'est un tube médiocre, divisé en cinq segments aigus. Le calice persiste jusqu'à la maturité du fruit qui succede au pistil. Les quatre ovaires deviennent autant de semences semblables à celles des autres especes de Menthe, & qui restent déposées comme elles au fond du calice.

Cette plante, inconnue pour ainsi dire jusqu'à nos jours dans les pharmacopées françoises, y jouit actuellement, année 1774, de la plus haute réputation. Nous donnerons le détail de ses vertus d'après les observations d'un savant Médecin (M. Barbeu du Bourg). Cette espece de Menthe, dit-il, est une des plus singulieres productions du regne végétal, sur-tout à raison de son goût piquant, suivi d'une fraîcheur très sensible, propriété qui sembleroit caractériser l'Ether, pour ainsi dire exclusivement.

La Poivrette est un des plus puissants & des plus innocents stomachiques que l'on connoisse : on l'ordonne sur-tout pour les foiblesses d'estomac, les mauvaises digestions, les coliques venteuses, le hoquet, la coqueluche, les fleurs blanches, &c. On la recommande spécialement à ceux qui, ayant besoin de prendre du lait, ont de la peine à le digérer. Miller dit qu'on lui attribue la vertu de dissoudre la pierre des reins & de la vessie : on prétend aussi qu'elle tue les vers. Enfin, on lui a reconnu encore une autre qualité ; c'est d'être un excellent véhicule des préparations mercurielles, ayant réussi à merveille dans diverses maladies, où l'on avoit lieu de soupçonner quelque *reliqua* d'un virus dégénéré.

On emploie en infusion les feuilles & les sommités des tiges, plutôt séches que fraîches. Le temps de sa plus grande force est vers la fin de l'été, lorsque les fleurs se passent, & que les semences arrivent à leur maturité.

On fait différentes préparations de la Menthe poivrée. Une eau distillée qui se prescrit à la dose d'une cuillerée ; une huile essentielle, dont on peut prendre cinq à six goutes avec un peu de sucre, dans une cuillerée de l'eau distillée de la plante ; un sirop ; un ratafia ; des pastilles, aussi agréables au goût d'une infinité de personnes, qu'utiles à leur santé, & non moins recherchées aujourd'hui en France, qu'elles l'ont été presque de tout temps en Angleterre. Toutes les préparations qu'on fait de la Poivrette conservent l'odeur aromatique que répandent ses feuilles & ses tiges quand on les presse entre les doigts.

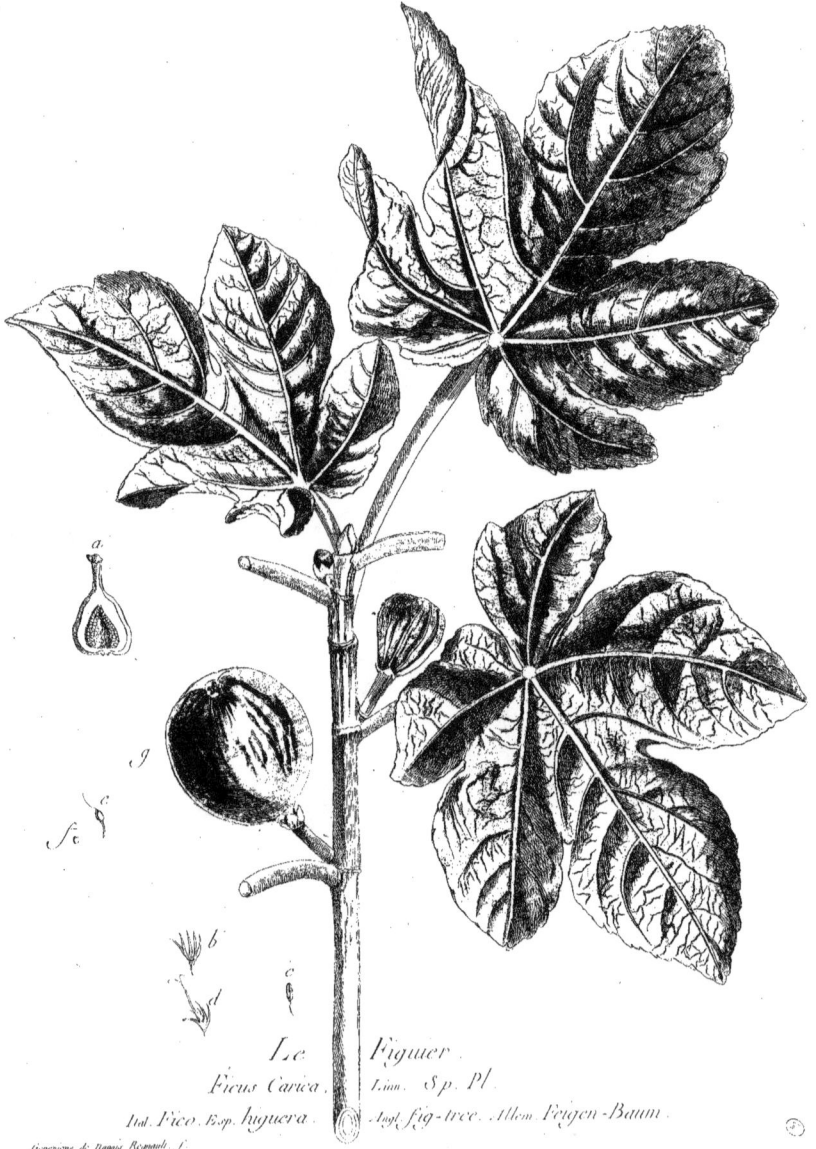

Le Figuier.

Ficus Carica. Linn. Sp. Pl.

Ital. Fico. Esp. higuera. Angl. fig-tree. Allem. Feigen-Baum.

Genevieve de Nangis Regnault f.

89

LE FIGUIER,

Arbrisseau, du nombre des Plantes Béchiques.

Ficus communis. C. B. P. 457. *Ficus carica.* L. S. P.

Tournef. *Appendix*, Edition du Louvre. Linn. Polygamia policecia. Adans. 47. Fam. des Châtaigniers.

Le Figuier eſt originaire d'Aſie; il eſt commun à la Louiſiane : on le cultive avec ſuccès dans nos climats. Il demande une belle expoſition & une bonne terre : on l'eleve aſſez ordinairement en caiſſe, & on l'enferme l'hiver dans la ſerre. Cet arbre s'éleve à une médiocre hauteur; ſon bois eſt ſpongieux, tendre, & couvert d'une écorce blanchâtre. Les jeunes branches, ainſi que les feuilles, rendent, en les rompant, une liqueur laiteuſe très cauſtique. Les feuilles ſont portées alternativement le long des branches par des pétioles cylindriques & caſſants. Les feuilles ſont palmées, diviſées en cinq lobes réunis, découpées légérement tout autour, rudes, laiteuſes, vertes en deſſus & pâles deſſous.

Les fleurs naiſſent dans les aiſſelles des feuilles raſſemblées dans un calice commun ou placenta, charnu, concave, de la figure d'une poire, & preſque fermé comme une bourſe. Ce placenta eſt porté par un pédicule court & cylindrique; il eſt accompagné à ſon origine de pluſieurs folioles membraneuſes, concaves, courtes, arrondies & terminées en pointe : par leur diſpoſition, ces folioles ont l'apparence d'un calice. L'ouverture qui reſte à l'extrémité de ce calice commun eſt vulgairement nommé *œil de la figue*. Cette ouverture eſt accompagnée d'un nombre d'écailles imbriquées. Nous avons démontré (*a*) ce calice commun, coupé longitudinalement, pour faire voir la diſpoſition des fleurs : elles ſont mâles & femelles; les femelles occupent le fond du placenta, & les mâles ſont placées près de l'ouverture. Les fleurs mâles conſiſtent en un calice (*b*) à trois ou à cinq pétales, qui renferment deux à trois étamines (*c*). La fleur femelle eſt un piſtil (*d*) compoſé de l'ovaire, d'un ſtyle long & de deux ſtigmates recourbés, lequel repoſe dans un calice à peu près ſemblable à celui de la fleur mâle. Ces trois figures ſont augmentées à la loupe. Le fruit (*e*) ſuccede au piſtil; il eſt enveloppé dans une pulpe mucilagineuſe. Nous avons repréſenté (*f*) la ſemence nue : elle eſt obronde, comprimée & lenticulaire. On voit par cette deſcription que les fruits du figuier ſont proprement les ſemences renfermées dans le placenta, & que la figue (*g*), vulgairement dite, n'en eſt que l'enveloppe. Quoi qu'il en ſoit, les figues fourniſſent à nos tables un aliment délicieux; & l'extrême maturité ajoute encore à ſon goût excellent. Dans nos climats, les figues parviennent à leur maturité ſans aucun ſecours artificiel; mais Tournefort rapporte, dans ſon Voyage du Levant, que les Orientaux, & particuliérement les habitants de l'Archipel, qui font un commerce & une conſommation conſidérable de ces fruits, mettent en pratique une méthode aſſez extraordinaire pour les faire mûrir & pour en augmenter la récolte. Ils cultivent deux variétés de Figuier, le *Figuier domeſtique* & le *Capri-Figuier* ou *Figuier ſauvage*. Les figues du Capri-Figuier contiennent de petits vers qui doivent ſe changer en moucherons : on recueille les figues avant que les moucherons ſoient éclos : on les tranſporte ſur le figuier domeſtique. A meſure que les moucherons écloſent ils s'introduiſent dans les figues de ce dernier par l'ombilic ou œil de la figue; ils y dépoſent leurs œufs, & contribuent par ce moyen à l'accroiſſement & à la maturation des fruits : on nomme ce procédé *caprification*. Quelques Curieux l'imitent dans nos climats, en ſubſtituant l'huile d'olive aux moucherons, ſoit en perçant l'œil de la figue avec une paille trempée dans l'huile, ſoit en y dépoſant ſimplement une goutte d'huile ſans le percer.

Le lait que rendent les feuilles en les coupant eſt propre à guérir les verrues. Les figues ſe mangent fraîches ou ſeches : de ces dernieres, on fait des gargariſmes, des tiſanes, & autres préparations. Bouillies dans le lait, elles donnent un gargariſme utile dans les fluxions de la gorge & de la luette, & pour adoucir la toux & les rhumes opiniâtres.

On laiſſe macérer les figues dans l'eau-de-vie, on en exprime la teinture, à la quelle on met le feu; quand elle eſt brûlée, c'eſt une liqueur excellente pour l'extinction de la voix & pour l'enrouement.

La décoction des figues & des raiſins ſecs ſoulage les maux de gorge qui ſurviennent dans la petite vérole & la rougeole. Ce remede eſt recommandé par Sennert, Ethmuler, Foreſtus, &c.

On doit eviter l'uſage des figues avant leur maturité, leur ſuc âcre & piquant alors peut être très nuiſible à la ſanté.

La Marjolaine.
Origanum majorana Linn. *Sp. Pl.*
Ital. *Maggiorana commune*. Angl. *Swet marjoram*. Allem. *Meiran*.

Geneviève de Nangis Regnault *f.*

90

LA MARJOLAINE,

PLANTE ANNUELLE, DU NOMBRE DES CÉPHALIQUES.

Marjorana vulgaris. C. B. P. 224. *Origanum Majorana.* L. S. P.

TOURNEF. claff. 4. fect. 3. gen. 13. LINN. Didynamia gymnofpermia. ADANS. 25. Fam. des Labiées.

CETTE plante croît naturellement dans les Provinces méridionales : on la cultive facilement dans nos jardins. Sa racine (*a*) eft ligneufe & rameufe. Ses tiges s'élevent d'environ un pied : elles font ligneufes, grêles & branchues. Les branches de cette plante font nombreufes. Les feuilles font oppofées deux à deux le long de la tige & des branches : elles font entieres, ovales, obtufes, fans découpures, foutenues par des pédicules très courts. Les rameaux naiffent dans les aiffelles des feuilles, & portent les mêmes caracteres que la tige.

Les fleurs naiffent au fommet des tiges & des rameaux difpofées en épi court. Nous avons repréfenté une de ces fleurs (*b*) : elles font labiées. La corolle eft un tube cylindrique, évafé à fon extrémité, partagé en deux levres, dont la fupérieure eft découpée en cœur, & l'inférieure divifé en trois parties prefqu'égales, comme on le voit dans la figure (*c*), où la corolle eft repréfentée ouverte latéralement. Les quatre étamines font attachées aux parois de la corolle vers la bafe du tube, & leurs antheres n'excedent pas la moitié de fa longueur. Le piftil (*d*) occupe le centre de la corolle, dont il excede la longueur ; il eft compofé de l'embryon, lequel confifte en quatre ovaires raffemblés autour du ftyle. Le ftyle eft terminé par deux ftigmates égaux & recourbés. Toutes les parties de la fleur font raffemblées dans le calice (*e*) ; c'eft un tube médiocre, divifé en cinq dents courtes : chaque fleur eft accompagnée à fa bafe d'une feuille florale (*f*) ; ces feuilles femblent envelopper la fleur avant leur épanouiffement ; & par leur affemblage elles donnent d'abord à l'épi la figure d'une tête écailleufe. Les quatre femences (*g*) fuccedent au piftil, & reftent au fond du calice jufqu'à leur maturité.

L'odeur de la Marjolaine eft aromatique & agréable, fa faveur eft âcre & amere : on tire de l'herbe fraîche une eau diftillée & une huile cuite ; la plante féchée donne une huile effentielle.

Cette plante n'eft pas feulement céphalique, elle eft encore pectorale, carminative, ftomacale, hyftérique & fternutatoire.

Les feuilles & les fleurs, féchées & réduites en poudre, font affociées avec les autres plantes errhines dans les poudres fternutatoires : on emploie même cette poudre feule ; elle a la propriété de fortifier le cerveau, de favorifer les écoulements périodiques, & de diffiper les vents : cette poudre, incorporée avec la marmelade d'abricot, ou la conferve de fleurs d'oranges, eft bonne dans l'épilepfie, dans le vertige, & pour le tremblement, au rapport de Chomel. Cheneau ordonnoit le remede fuivant pour l'enchifrenement & le rhume de cerveau : Deux pincées de Marjolaine & demi-dragme d'ellébore blanc ; faire bouillir le tout dans fix onces d'eau, qu'on laiffe réduire aux deux tiers : on paffe cette liqueur, & on en met dans le creux de la main pour la refpirer.

La Marjolaine entre dans l'opiat céphalique que Garidel recommande pour prévenir l'apoplexie des perfonnes qui en ont eu des attaques. Cet Auteur affure l'avoir employé avec fuccès. En voici la defcription : Prenez de la poudre des feuilles & des fleurs feches de Marjolaine, fix onces ; de la poudre de femence de cumin, une livre ; de fuc de pariétaire dépuré & épaiffi en confiftance d'extrait, demi-livre ; du miel de Narbonne ou du miel blanc, du meilleur, ce qu'il en faut pour faire l'opiat : la dofe eft d'un gros pour les adultes, & pour les enfants à proportion. Il confeille d'y ajoûter, pour l'épilepfie, de la fiente de paon, avec la poudre de la racine de pivoine mâle, ou à fon défaut de la femelle.

La Marjolaine entre dans le firop de bétoine compofé, dans celui d'armoife de Rhafis, dans la poudre *xyloaloës* de Méfué, dans le vin aromatique, & dans plufieurs autres préparations propres à faciliter la circulation du fang & des liqueurs, & à fortifier les nerfs.

Le Citronier.
Citrus medica , Linn. Sp. Pl .
Ital. Citroni. Esp. Cidra. Angl. Citron-tree. Allem. Citronen-Baum.

LE CITRONNIER,

Arbre du nombre des Plante Alexiteres.

Malus Limonia acida. C. B. P. 436. *Citrus medica.* L. S. P.

Tournef. claſſ. 21. fect. 6. gen. 2. Linn. Polyadelphia polyandria. Adans. 44. Fam. des Piſtachiers.

Le Citronnier eſt naturel à la Syrie, à la Perſe & à la Médie ; il eſt naturaliſé depuis long-temps dans nos Provinces méridionales : on parvient même à l'élever dans les climats tempérés , en y apportant les mêmes ſoins qu'aux orangers. Il ſert de ſujet pour recevoir la greffe de ce dernier ; c'eſt la méthode la plus prompte pour élever des orangers. Le Citronnier s'éleve à une hauteur médiocre ; nous n'avons repréſenté dans la planche qu'une jeune branche. Les feuilles ſont alternes , portées par des pétioles médiocres & articulés ; il ſort à l'origine des pétioles une épine médiocre. Ces feuilles ſont entieres , ovales , terminées en pointe, découpées tout au tour , partagées par une nervure droite qui ſe ramifie aſſez réguliérement dans l'étendue de la feuille : elles ſont fermes, vertes en deſſus, pâles en deſſous.

Les fleurs naiſſent au ſommet des jeunes rameaux, dans les aiſſelles des feuilles, ou éparſes le long des branches : elles naiſſent ſolitaires ou raſſemblées en panicules : elles ſont hermaphrodites & roſacées. La corolle eſt compoſée de cinq pétales (a) oblongs, planes & ouvert. Les étamines (b) n'excedent pas ordinairement le nombre de trente. Les antheres ſont longues & marquées de pluſieurs ſillons longitudinaux : elles jouent ſur leurs filets comme ſur un pivot : elles environnent le piſtil (c), lequel eſt compoſé du germe , d'un ſtyle droit & cylindrique , & d'un ſtigmate hémiſphérique ; le germe eſt placé ſur un diſque orbiculaire, qui ſert d'appui à la baſe des étamines. Toutes le parties de la fleur repoſent dans le calice, que nous avons repréſenté dans la même figure que les étamines ; ce calice eſt d'une ſeule piece , & découpé en cinq petites dents. Le fruit qui ſuccede au piſtil eſt repréſenté (d) ; il eſt connu de tout le monde ſous le nom de *Citron* : c'eſt une capſule ovoïde qui ſe termine par une pointe obtuſe , couverte d'une écorce raboteuſe & inégale, de la couleur à laquelle ce fruit a donné le nom extérieurement , & blanche en dedans : elle eſt diviſée en neuf à onze loges , dans chacune deſquelles ſont renfermés quatre pepins (e) ovoïdes , durs extérieurement & moëlleux. Les ſommités des fleurs, & la premiere écorce du fruit, ont une odeur aromatique & agréable ; leur ſaveur eſt légérement amere ; le fruit eſt d'un très grand uſage en Médecine. Tout le monde ſait que le ſuc de ce fruit , étendu dans l'eau avec le ſucre , forme une boiſſon agréable , appellée *limonade* : elle a la propriété de déſaltérer , de tempérer l'ardeur de la bile trop exaltée, & d'exciter l'urine : elle eſt aſtringente , & bonne pour le dévoiement qu'elle ſuſpend ſans danger. Chomel , ainſi que pluſieurs grands Praticiens, conſeillent d'en modérer les doſes dans les climats tempérés, à cauſe de ſa froideur : une pinte ou deux au plus, ſuffiſent dans la journée. Dans les pays chauds , & dans l'été, l'excès en eſt moins dangereux. Le ſuc de Citron rafraîchit , en modérant la violente fermentation du ſang : ſon uſage convient dans les fievres ardentes & malignes. Sylvatius vante l'uſage de ce ſuc dans la gonorrhée; il faut prendre tous les quatre jours une potion compoſée d'une once de ſuc de Citron, trois onces d'eau roſe & le blanc d'un œuf mêlés enſemble. Le jus de Citron , avec le beurre frais , le faiſant fondre à un feu doux , fait une pommade excellente pour les dartres , au rapport de Chomel. Le même Auteur dit avoir ſouvent éprouvé que le jus de Citron arrête le vomiſſement. On retire des zeſtes de Citron , qui ſont les cloiſons membraneuſes qui forment les loges du fruit, une huile appellée *néroli* : on met deux ou trois gouttes de cette huile dans les juleps pour les rendre plus agréables , & en augmenter la vertu. L'écorce de citron confite rend l'haleine agréable : elle ranime le mouvement du ſang & des eſprits , aide à la digeſtion , & fortifie le cœur ; ſéchée & réduite en poudre, ainſi que confite, elle entre dans l'opiat de Salomon. La ſemence de Citron eſt ſtomachique , & propre à tuer les vers : elle entre dans l'antidote de Mathiole & dans celui de Cortheſius.

La Reglisse.

Glycyrrhiza *Glabra. Lan. Sp Pl.*

Ital. Regolizia. Esp Regaliza. Angl Liquorish Allem Suszhotz Suszwurtzil.

Geneviève de Nangys Regnault f.

92

LA RÉGLISSE,

PLANTE VIVACE, DU NOMBRE DES BÉCHIQUES.

Glycirrhiſa ſiliquoſa , vel Germanica. C. B. P. 352. Glycirrhiſa glabra. L. S. P.

TOURNEF. claſſ. 10. ſect. 1. gen. 1. LINN. Diadelphia decandria. ADANS. 43. Famille des Légumineuſes.

CETTE plante croît abondamment dans les pays chauds, & dans nos Provinces méridionales ; on l'obtient dans les climats tempérés par la voie de la culture : elle ſe plaît dans un terrein gras expoſé à l'ombre : on la multiplie par les rejettons, qu'on couche en terre à un demi-pied de profondeur, après un léger labour ; il ſuffit de lui donner un ſecond labour dans le courant de la ſaiſon, & de la ſarcler quand les mauvaiſes herbes ſont trop abondantes. La Régliſſe cultivée eſt auſſi bonne que celle qu'on nous apporte des pays chauds. La racine (*a*), qui eſt la partie la plus recommandable de la plante, eſt foiblement ligneuſe, rouſſâtre en de-hors, jaune en dedans, rameuſe & rampante : elle trace prodigieuſement, auſſi ne doit-on la mettre dans les jardins qu'avec précaution ; parceque comme elle s'étend beaucoup, elle ravit la ſubſtance de toutes les plantes qui l'avoiſinent : de plus, elle eſt ſi vivace, que les plus ſimples fragments des racines échappées au fer du Cul-tivateur, végetent avec une nouvelle force ; & , comme elle étend ſes fibres aſſez profondément en terre, elle eſt plus difficile à extirper que le chiendent. Quand on veut lever cette racine de terre, il faut faire un grand trou autour & au-deſſous de la plante, & l'enlever ſans la tordre, parceque cela la noirciroit.

Les tiges s'élevent d'environ trois pieds, & quelquefois davantage : elles ſont droites, ligneuſes, rameuſes. Les feuilles naiſſent alternativement le long des tiges : elles ſont compoſées de pluſieurs folioles, rangées par paires & terminées par une impaire, ſur un pétiole commun : ce pétiole eſt ſillonné dans ſa longueur ; l'origine eſt accompagnée de deux ſtipules qui ſont corps avec le pétiole, dont elle ſemble n'être qu'une exenſion. Ces folioles ſont entieres, unies, ſans découpures, ovales, & découpées en coin à leur extrémité ; leur nombre le plus ordinaire eſt de treize, mais il varie ſouvent : quelquefois on ne trouve qu'onze ou neuf folioles. Nous avons même repréſenté dans la planche une feuille qui n'eſt compoſée que de deux folioles.

Les fleurs naiſſent dans les aiſſelles des feuilles, diſpoſées en épi ; ces fleurs ſont papillonnacées, compoſées de l'étendard (*b*), de deux ailes (*c*), de la carène (*d*), & des parties ſexuelles (*e*) : celles-ci conſiſtent en dix étamines & un piſtil. Les étamines ſont réunies à leur baſe par une membrane qui forme la gaîne au-tour du piſtil : huit de ces étamines ſont égales entre elles, & réunies en un faiſceau au-deſſous du piſtil ; les deux autres ſont plus courtes, & ſont placées au-deſſus du piſtil : ce piſtil eſt compoſé du germe & d'un ſtig-mate hémiſphérique. Toutes les parties de la fleur ſont raſſemblées dans le calice (*f*), lequel eſt un tube médiocre d'une ſeule piece, diviſé en cinq dents linéaires.

Le fruit (*g*) ſuccede à la fleur ; c'eſt un légume à deux valves (*h*) formant une ſeule loge, dans laquelle ſont renfermées les deux ſemences (*i*).

La racine de Régliſſe eſt la ſeule partie de cette plante qu'on emploie communément en Médecine ; ſon uſage eſt ſi univerſel, qu'il eſt peu de tiſanes dans leſquelles elle ne ſoit introduite. Cette racine eſt douce, mucilagineuſe : elle eſt diurétique, laxative & adouciſſante ; ſa doſe eſt d'une demi-once par pinte d'eau, qu'on ne laiſſe bouillir qu'un bouillon, pour ne pas rendre la liqueur trop mucilagineuſe. Quand on emploie cette racine fraîche, il ſuffit de la laiſſer infuſer à froid dans les tiſanes, & même dans l'eau ſimple : ſon uſage eſt propre à adoucir l'âcreté des humeurs qui excitent la toux, à vuider le gravier des reins & de la veſſie ; on l'emploie auſſi dans le crachement de ſang & dans la pleuréſie. Le ſuc de Régliſſe, ou jus de Régliſſe blanc ou noir, qu'on emploie familiérement dans le rhume, pour faciliter l'expectoration & adoucir la toux, eſt un extrait fait par l'évaporation de la décoction de racine de Régliſſe, à laquelle on ajoute l'amidon, le ſucre, la gomme adragant, &c.

La Régliſſe entre dans la thériaque, dans les trochiſques de Gordon, dans les pilules de rhubarbe de Méſué, dans la poudre diatragacant froide, dans celle des trois ſantaux, &c.

Le Picea ou *Sapin mâle*.

Pinus Abies. L. ma. Sp. Pl.

Ital. Pezzo Picea . *Esp.* Pino . *Angl.* Silver-firr . *Allem.* Rotthannenbaum

Gravure de Nannet Niquet F.

93

LE PICEA ou, SAPIN MÂLE,

ARBRE, DU NOMBRE DES PLANTES APÉRITIVES.

Picea major prima, five abies rubra. C. B. P. 493. *Pinus abies.* L. S. P.

TOURNEF. claff. 19. fect. 3. gen. 1. LINN. Monoecia monadelphia. ADANS 57. Fam. des Pins.

CET arbre eft encore connu fous les noms de *Peffe*, de *Pece*, d'*Epicia*, & de *faux Sapin*. Il croît naturelle-ment dans les forêts & fur les montagnes : on le trouve abondamment fur le mont Pila, dans le Forèz & fur les montagnes d'Auvergne. C'eft un des grands arbres d'Europe ; fa tige eft droite, fes branches paralleles à l'horizon, & fon port eft pyramidal. Les feuilles font éparfes autour des branches & rangées en forme de cy-lindre : elles font droites en forme d'alêne, roides, piquantes & liffes. Les rameaux fortent des branches, comme nous les avons démontrés (*a*), on les prendroit d'abord pour des fleurs; ils font couverts, avant leur développement, d'une efpece de coëffe feuillée, qui tombe dès que les rameaux commencent à prendre leur croiffance ; quand cette coëffe eft tombée, le paquet de jeunes feuilles qu'elle enveloppoit, & qui annoncent le rameau, eft d'abord d'un verd jaunâtre très tendre, & les feuilles acquierent, à mefure que le rameau gran-dit, la couleur qu'elles ont dans la planche.

Les fleurs font mâles & femelles, portées fur le même pied ; les mâles naiffent le long des rameaux & à leur fommet, comme on le voit dans les figures (*b*) : la figure (*c*) offre une de ces fleurs avant le développe-ment : elle eft couverte d'une coëffe caduque comme celle des jeunes rameaux ; celle-ci eft compofée d'une quantité de feuilles difpofées fymmétriquement & tuilées. Nous avons repréfenté une de ces feuilles (*d*) augmentée à la loupe : elles font membraneufes à leur origine, écailleufes & colorées à leur fommet; toutes ces feuilles font réunies fans être adhérentes, & forment, par leur affemblage, une coëffe qui tombe d'une feule piece au développement de la fleur. La fleur mâle eft compofée d'un nombre d'étamines réunies par leur filet en une colonne qui s'éleve du centre du calice, & raffemblée fur un axe commun, que nous avons repréfenté (*e*). Nous avons repréfenté deux de ces étamines, augmentées à la loupe, dont l'une eft vue en dehors (*f*) & l'autre en dedans (*g*) : on remarque dans celle-ci les deux cavités qui renferment la pouf-fiere prolifique, laquelle pouffiere eft abondante, & confifte en globules infiniment petits, de couleur fou-frée. Toutes les étamines font raffemblées dans le calice (*e*) : ce calice eft compofé de plufieurs feuille tuilées alternativement, ainfi que les étamines. Les fleurs femelles (*h*) naiffent ordinairement au fommet des ra-meaux : elles font compofées d'un amas d'ovaires, difpofés comme les étamines des fleurs mâles : elles font raffemblées dans un calice dont les feuilles font obtufes ; il leur fuccede un fruit (*i*). Les efpeces d'écailles qui le compofent font repréfentées féparément, l'une (*k*) eft vue en dehors, l'autre (*l*) eft vue en dedans ; c'eft fur cette face que font placées les femences, dont une eft vue (*m*) avec l'aile membraneufe qui l'ac-compagne : la même femence eft repréfentée (*n*). Ces quatre dernieres figures font plus grandes que nature.

On retire de cet arbre une réfine utile en Médecine : elle s'emploie pour la gravelle : elle eft regardée comme un des meilleurs remedes pour la rétention d'urine. La décoction des jeunes branches s'emploie contre la goutte, les rhumatifmes & le fcorbut : on la croit propre à foulager le mal de dents. Les feuilles font aftringentes ainfi que l'écorce. Le bois s'emploie pour la menuiferie, & le fuc réfineux entre dans le baume d'Arcœus, & dans plufieurs autres compofitions.

Le Romarin.
Rosmarinus officinalis, Lin. Sp. Pl.
Ital. Rosmarino. Angl. Rosemary. Allem. Rosmaris.

LE ROMARIN,

PLANTE VIVACE, DU NOMBRE DES CÉPHALIQUES.

Rofmarinus hortenfis, anguftiore folio. C. B. P. 317. *Rofmarinus officinalis.* L. S. P.

TOURNEF. claff. 4. fect. 3. gen. 6. LINN. Diandria monogynia. ADANS. 15. Fam. des Labiées.

LE ROMARIN croît naturellement dans les provinces méridionales : on le cultive avec fuccès dans les climats tempérés. Sa racine (*a*) eft un pivot garni de fibres fortes & rameufes. La tige s'éleve trois à quatre pieds, quelquefois davantage : elle jette beaucoup de rameaux. Les rameaux font droits, grêles, quadrangulaires, articulés ; chacune des articulations jette de nouveaux rameaux ou des feuilles. Les feuilles font ordinairement oppofées deux à deux, & le feuillage eft difpofé en croix : elles font feffiles, entieres, longues, étroites, obtufes, épaiffes, repliées par les bords.

Les fleurs naiffent dans les aiffelles des feuilles, difpofées en épis : elles font labiées. Nous en avons repréfenté une vue de face (*b*) ; c'eft un tube monopétale, partagé en deux levres, dont la fupérieure eft retrouffée & échancrée ; l'inférieure eft découpée en trois parties, dont la mitoyenne eft creufée en cuiller. On ne trouve ordinairement que deux étamines à la fleur du Romarin ; & fuivant les obfervations de M. Adanfon elle en a quatre, dont deux font beaucoup plus petites, communément ftériles & fans antheres. Le piftil occupe le centre de la corolle & des étamines ; il eft compofé de quatre ovaires diftincts, rapprochés autour d'un ftyle qui leur eft commun, & qui eft terminé par deux ftigmates : il eft repréfenté (*c*) dans le calice ouvert. Le même calice eft repréfenté (*d*) fermé ; c'eft un tube monophylle, partagé en trois divifions. Les ovaires qui formoient la bafe du piftil deviennent autant de femences (*e*) jointes enfemble : elles reftent jufqu'après leur maturité attachées au fond du calice.

Toutes les parties de cette plante font d'ufage en Médecine. Les feuilles ont une odeur agréable, forte & aromatique, & une faveur âcre ; l'odeur des fleurs eft douce, & participe beaucoup de celle des feuilles. Toute la plante eft céphalique à un dégré éminent : elle eft fébrifuge, cordiale, tonique, réfolutive, anti-apoplectique & anti-afthmatique. L'herbe fraîche s'ordonne en décoction & en infufion dans le vin & dans l'huile : on retire, de l'herbe feche, une huile effentielle & un efprit ardent. Ce font les fommités fleuries de cette plante, mifes en digeftion dans l'eau-de-vie, qui nous donnent, par la diftillation, l'eau de la Reine de Hongrie, dont les propriétés font fi univerfellement reconnues pour les étourdiffements, les vertiges, les défaillances, les vapeurs hyftériques & hypocondriaques : on en fait avaler une petite cuillerée dans un verre d'eau, & l'on en frotte le nez, les tempes, & les parties nerveufes & mufculeufes, affoiblies & affligées par les douleurs du rhumatifme. L'eau de la Reine de Hongrie eft utile pour les bleffures & les contufions : elle s'emploie avec fuccès dans les maux de dents, les humeurs froides, & la gangrene. La décoction des feuilles dans le vin fortifie les jointures & les nerfs. Ethmuller recommande l'infufion théiforme de ces feuilles pour les écrouelles ; il faut en continuer long-temps l'ufage.

Le vin aromatique, compofé avec les feuilles de Romarin, de fauge, de thim, &c. s'emploie utilement en fomentation pour diffiper l'enflure qui furvient aux plaies. On ordonne l'ufage de l'eau où l'on a fait macérer pendant douze heures les feuilles & les fleurs de Romarin, pour fortifier la vue & la mémoire : elle eft utile pour les fleurs blanches & la jauniffe : on la donne en injection pour le relâchement de la matrice.

Les fleurs de cette plante ont été appellées *anthos*, ou fleurs par excellence : elles donnent le nom au miel *anthofat*, qui fe prefcrit à la dofe d'une once ou deux dans la colique venteufe & dans les vapeurs : elles entrent dans l'orviétan, dans le firop de *ftœcas*, dans l'opiat de Salomon. L'huile effentielle eft employée dans le baume apoplectique.

La Vigne.
Vitis Vinifera. Linn. Sp. Pl.
Ital. Vite Vinifera. Angl. Vine. Allem. Lynen ou Waldreben.

LA VIGNE,

Arbrisseau, du nombre des Plantes Béchiques.

Vitis vinifera, C. B. P. 299. *Vitis vinifera* L. S. P.

Tournef. claff. 21. fect. 2. gen. 4. Linn. Pentandria monogynia. Adans. 51. Fam. des Câpriers.

Nous ne répéterons point ici ce que l'on trouve dans une infinité d'ouvrages fur les variétés, la culture, & les avantages de la vigne ; nous nous bornerons à la fimple defcription de fes caractères, & à fes propriétés principales par rapport à la Médecine.

La tige de cet arbriffeau eft farmenteufe & articulée ; l'écorce du tronc eft brune & gercée, celle des farments eft liffe, & le bois rouffâtre : les jeunes branches font garnies de vrilles qui s'attachent aux objets voifins, en s'entortillant en fpirale : ces vrilles font grêles, cylindriques & fourchues. Les feuilles font alternes, foutenues par de longs pétioles, lefquels prennent leur origine aux articulations des branches. Ces feuilles font digitées, difpofées en cinq lobes réunis : elles font découpées tout autour. Les fleurs naiffent le long des branches en oppofition avec les feuilles : elles font difpofées en grappes. Ces fleurs font regardées comme rofacées, compofées de cinq pétales égaux, qui fe rapprochent par leur fommet. Nous avons obfervé qu'affez ordinairement les pétales font non feulement rapprochés, mais qu'ils font réunis par leur fommet, comme nous l'avons démontré dans la figure (a), & qu'ils forment une efpece de coëffe qui fert d'enveloppe aux parties fexuelles ; & nous avons remarqué que cette coëffe tombe d'une piece quand la fleur fe développe. Les parties fexuelles (b) confiftent en cinq étamines & un piftil qu'elles environnent. Le piftil eft compofé de l'ovaire, d'un ftyle court & cylindrique, & d'un ftigmate hémifphérique. Toutes les parties de la fleur repofent dans un calice d'une feule piece, divifé en cinq dents peu apparentes. La pouffiere génitale réfide dans les antheres ou fommets des étamines : elle confifte en molécules ovoïdes ; ce font ces mêmes molécules, détachées des étamines & reçues dans les pores du ftigmate du piftil, qui operent fa fécondation. Quand des pluies abondantes & continuelles pendant le temps de la fleur, lavent le fommet des étamines, elles entraînent la pouffiere prolifique, & occafionnent l'avortement du piftil. Cet avortement, qui n'eft que trop ordinaire, eft appellé vulgairement *coulage*. D'autres caufes contribuent encore à faire couler la fleur de la Vigne ; des infectes infiniment petits, connus dans diverfes contrées, fous des noms différents, rongent les étamines, &, en diffipant la pouffiere féminale, s'oppofent à la fécondité, qui ne peut avoir lieu que par le concours des deux fexes.

Le fruit (c) qui fuccede au piftil eft une baie ronde ou ovale, fucculente, à une feule loge : nous l'avons repréfentée (d) coupée tranfverfalement pour montrer l'arrangement des graines qu'elle renferme. Ces graines (e) font appellées *pepins*, & le fruit, dont nous avons repréfenté une grappe (f) attachée au fommet, eft connu fous le nom de *raifin*.

Toutes les parties de cet arbriffeau font d'ufage en Médecine ; le bois s'emploie en décoction : il eft apéritif. L'eau que diftille le cep, au printemps, eft ophtalmique, déterfive, propre pour les dartres & les demangeaifons de la peau. Les feuilles font aftringentes ; féchées & réduites en poudre on les ordonne à la dofe d'un gros pour la dyffenterie. Tout le monde fait que le raifin donne, par la fermentation, le vin ; qu'on tire de celui-ci par la diftillation, l'eau-de-vie, qui nous donne en la diftillant de nouveau l'efprit de vin. Le vin, pouffé à une feconde fermentation, devient acide, & paffe à l'état de vinaigre, liqueur dont l'utilité eft connue dans les maladies contagieufes : on l'emploie après y avoir fait macérer des plantes cordiales & alexitaires, telles que le fcordium, la rue, l'ail, &c.

Le marc de raifin, encore chaud, eft propre à diffiper les douleurs de la goutte & du rhumatifme : on couvre les parties malades avec le marc, & on le laiffe féjourner pendant une heure. Les raifins fecs font nourriffants ; ils entrent dans plufieurs tifanes pectorales, & dans les firops compofés & préparés pour les maladies de poitrine, comme dans le firop d'*althæa*, dans celui d'*eryfimum*, de Lobel, &c.

Le Pomier de Renette.
Pyrus malus. Linn. *Sp. Pl.*
Ital. ruelo. Angl. Apple-tree. Allem. Apsel-Baum.

Grisevionc & Ranger Regnault, f.

96

LE POMMIER DE REINETTE,

ARBRE, DU NOMBRE DES PLANTES BÉCHIQUES.

Mala prasomilia C. B. P. 433. *Pyrus malus prasomilia.* L. S. P.

TOURNEF. claff. 21. fect. 8. gen. 4. LINN. Icofandria pentagynia. ADANS 41. Fam. des Rofiers.

LA domefticité de cet arbre eft de la plus haute antiquité : on le cultive dans toute l'Europe ; la variété des efpeces, les fruits qu'on en recueille, & la liqueur qu'on en tire, fournit une branche de commerce confidérable pour des Provinces entieres. Le Pommier s'éleve à une hauteur médiocre ; fon bois eft dur, blanchâtre, couvert d'une écorce rude, cendrée en dehors, jaunâtre & unie en dedans. La tige eft médiocre par rapport à la hauteur de l'arbre ; il jette beaucoup de branches. Les feuilles font entieres, fimples, ovales, terminées en pointe, dentelées en maniere de fcie, vertes en deffus, pâles en deffous & couvertes d'un léger duvet plus fenfible dans les jeunes feuilles que dans celles qui font parvenues à leur croiffance : elles font difpofées alternativement le long des branches, & foutenues par des pétioles médiocres & cylindriques. Les pétioles font accompagnés à leur origine de deux ftipules qui tombent de bonne heure.

Les fleurs font difpofées en corymbe, à l'extrémité des jeunes branches, quelquefois elles font folitaires, & fouvent les paquets de fleurs naiffent le long des branches. Ces fleurs font hermaphrodites, rofacées, compofées de cinq pétales. Nous avons repréfenté un des pétales (*a*) ; ils font ovales : leur origine eft une efpece d'onglet qui s'attache légérement au fommet du tube du calice ; ils tombent peu après leur épanouiffement. Nous avons repréfenté les parties fexuelles (*b*) dans le calice, elles confiftent en trente étamines environ, qui entourent le piftil & qui font deftinées à le féconder par le moyen de la pouffiere prolifique, dont leurs antheres ou fommets font compofés. Le piftil eft repréfenté, (*c*) ; il eft compofé de cinq ovaires réunis & de cinq ftyles terminés par autant de ftigmates. Ces ftyles font raffemblés par leur bafe, & femblent réunies, mais on les fépare facilement jufqu'à leur attache aux ovaires ; les ovaires font renfermés dans le calice.

Le calice eft un tube monophylle, découpé en cinq parties; il fe gonfle & devient, par fa maturité, un fruit (*d*) connu de tout le monde fous le nom de *pomme*. Les cinq ovaires qui compofoient le piftil fe convertiffent en autant de capfules, dans chacune defquelles font renfermées les deux femences (*e*). Ces capfules font placées au centre du fruit.

On diftingue les Pommiers de Reinette en deux efpeces principales, qui ne different prefque que par la couleur du fruit ; & c'eft cette même couleur qui en fixe la dénomination. L'une eft connue fous le nom de *Reinette blanche*, & la feconde efpece eft appellée *Reinette grife*. Il y a une infinité d'efpeces de pommes qui different entre elles par la figure, par la couleur & le goût ; quelques-unes même participent du goût de la poire. Ces différences viennent des greffes qu'on a adaptées fur les Pommiers.

Le bois de Pommier obéit au cizeau : on l'emploie à faire plufieurs inftruments. La Pomme de Reinette a la préférence fur toutes les autres en Médecine : elle eft humectante, pectorale, rafraîchiffante, cordiale, apéritive : on en fait un firop qu'on fait prendre aux malades pour adoucir les âcretés de la gorge & l'enrouement. Le fuc de pommes, mêlé avec le fafran, eft un remede anti-vermineux. Le cidre qu'on tire des pommes eft une boiffon utile dans les maladies de poitrine : elle convient aux gens maigres & menacés de marafme. La pomme, coupée par rouelles, entre dans les tifanes béchiques & rafraîchiffantes : elle contribue à faciliter l'expectoration.

La pomme s'emploie comme ophtalmique dans l'inflammation des yeux : on l'applique en cataplafme après l'avoir fait bouillir dans l'eau rofe ou dans celle d'euphraife, ou bien on rape la chair & on l'étend fur un linge pour l'appliquer fur les yeux.

La pomme pourrie, cuite fous la cendre, & appliquée en cataplafme, eft propre à arrêter le progrès de la gangrene, au rapport de Simon Pauli.

Le chien-Dent ou Pied de Poule.
Panicum dactilon L. in Sp. Pl.
Ital Denti Canino. Angl Cocks-foot-grass. Allem hunn-zusfs-gras.

Gravure de Margot Benard f.

91

LE CHIENDENT ou, PIED DE POULE,

PLANTE VIVACE, DU NOMBRE DES APÉRITIVES.

Gramen dactylon folio arundinaceo, majus aculeatum forte Plin. C. B. P. 7. *Panicum dactilon.* L. S. P.

TOURNEF. claff. 15. fect. 3. gen. 18. LINN. Triandria dyginia. ADANS. 7. Fam. des Gramens.

LE CHIENDENT fe rencontre communément le long des chemins & dans les terreins cultivés ; il fe multiplie avec une telle abondance dans certaines terres, fur-tout dans les terres fablonneufes, qu'il nuit beaucoup à la végétation des femences qu'on leur confie ; il eft d'autant plus difficile à détruire qu'il renaît pour ainfi dire de fa cendre. Effectivement, quelques fragments de racines échappées au fer du Cultivateur, fuffifent pour donner une nouvelle abondance de cette plante importune : on ne peut efpérer de la bannir des terreins dont elle s'eft emparée, que par une fuite de labours fréquents. Un labour profond, donné à la fin de l'automne en retournant la terre, expofe les racines aux rigueurs du froid, & les fortes gelées les font affez ordinairement périr ; les engrais & la variété des productions contribuent auffi à la deftruction de cet ennemi des végétaux utiles. La racine (*a*) eft longue, noueufe, genouillée, farmenteufe, rampante : elle trace beaucoup ; c'eft par ce moyen que la plante fe produit abondamment.

Les tiges font un chaume qui s'élève d'environ un demi-pied ; il eft articulé. Les feuilles font alternes ; leur origine eft une gaîne qui embraffe le contour de la tige dans la longueur d'un pouce, leur extrémité eft longue, étroite, & terminée en pointe.

Les épis qui foutiennent les fleurs naiffent ordinairement trois ou quatre enfemble au fommet des tiges ; c'eft cette difpofition des épis qui a valu à la plante le furnom de *pied de poule*. Les fleurs font compofée de trois étamines, & du piftil renfermé dans une balle ou calice. Nous avons repréfenté une de ces fleurs (*b*) augmentée au microfcope. La balle eft divifée en trois valvules, dont l'une eft imperceptible ; dans la balle on trouve deux autres valvules ovales & aiguës qui tiennent lieu de corolle. La fleur eft foutenue par un pédicule cylindrique & court ; les antheres des étamines font longues, parallélipipedes, à deux loges fendues aux deux extrémités, attachés légerement au filet par la fente inférieure & pendante : elles s'ouvrent longitudinalement par les côtés, comme nous l'avons démontré dans la figure (*c*), où l'étamine eft repréfentée dans l'état où elle fe trouve après avoir fécondé le piftil. Ce piftil eft repréfenté (*d*) ; il eft compofé de l'ovaire, de deux ftyles courts, & de deux ftigmates longs & velus, qui s'échappent ordinairement par les intervalles des valvules de la balle, comme on le voit dans la fleur entiere : ces deux figures font augmentées, ainfi que la premiere. Le fruit qui fuccede au piftil confifte en une feule graine (*e*) ovoïde, attachée par fa bafe au fond de la balle.

La racine du Chiendent eft d'ufage en Médecine, foit en décoction ou tifane, & en poudre, foit qu'on en retire une eau diftillée ou qu'on l'affocie avec d'autres plantes dans les apozêmes apéritifs & diurétiques, fa faveur eft douceâtre : elle eft apéritive, légerement diurétique. L'eau de racine de Chiendent, ordonnée pour boiffon ordinaire, eft propre à exciter l'urine, fon ufage eft utile dans la gravelle & dans la pierre ; quelques Auteurs prétendent qu'elle eft propre à faire mourir les vers. La poudre de la racine de Chiendent, ainfi que fon eau diftillée, fe prefcrivent à la dofe d'un gros. Le Chiendent entre dans le firop de guimauve de Fernel, & dans plufieurs autres compofitions.

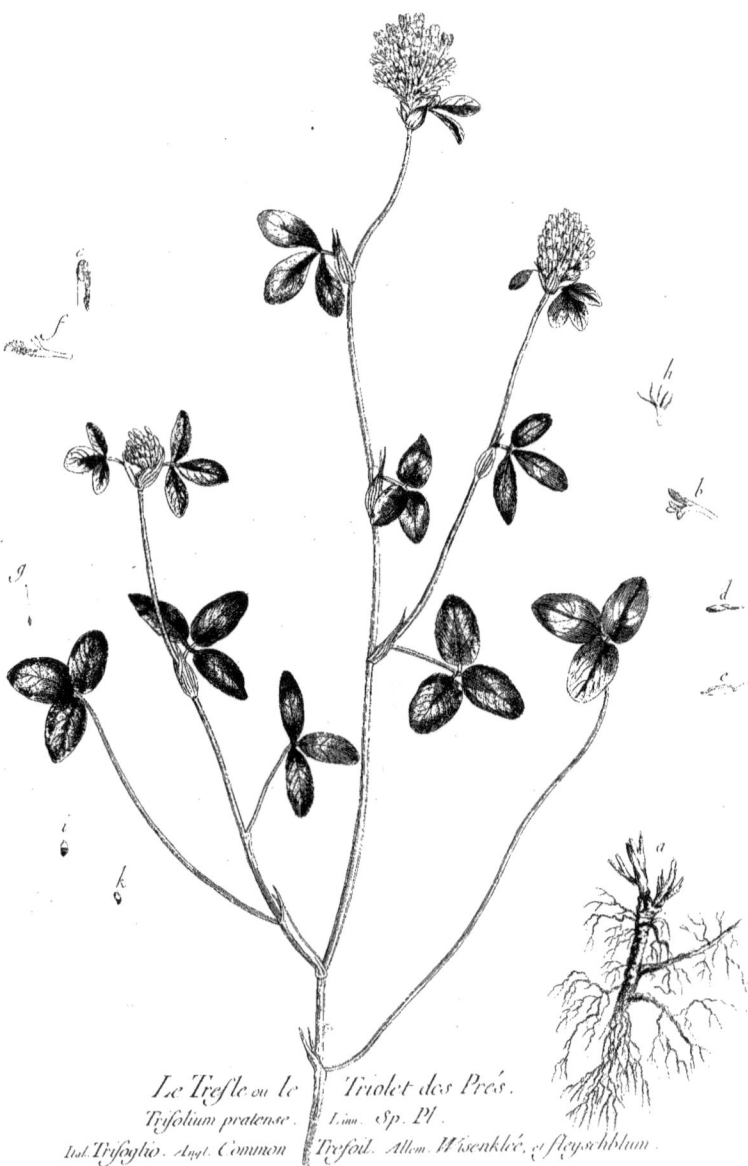

Le Trefle ou le Triolet des Prés.

Trifolium pratense. Lin. *Sp. Pl.*

Ital. *Trifoglio.* Angl. *Common Trefoil.* Allem. *Wisenklée, et fleyschblum.*

Genevieve de Nangis Regnault f.

98

LE TREFLE, ou LE TRIOLET DES PRÉS,

PLANTE VIVACE, DU NOMBRE DES OPHTALMIQUES.

Trifolium pratenfe purpureum. C. B. P. 327. *Trifolium pratenfe.* L. S. P.

TOURNEF. claff. 10. fect. 4. gen. 2. LINN. Diadelphia decandria. ADANS. 43. Fam. des Légumineufes.

CETTE plante croît naturellement dans les prairies : elle fait partie des bonnes herbes dont le mêlange forme ce qu'on appelle vulgairement *foin;* & le Trefle, cultivé particuliérement, fournit un excellent four-rage. C'eft une des plantes dont on forme les prairies artificielles : on le feme au mois de Mars , après avoir préparé la terre par de bons labours ; il ne s'accommode pas indifféremment de toutes les terres comme le fain-foin ; il fe plaît , & vient abondamment dans un terrein gras. Quelques Econômes, en le femant, y mêlent moitié d'aveine , d'orge ou de vece , qu'on dépouille la premiere année , pendant que le Trefle fe fortifie ; la feconde année on le coupe deux fois , & quand la terre eft bonne , il fournit encore affez de verd pour le faire pâturer par les vaches : il donne trois ou quatre ans avec la même abondance, & il ne dure guere plus de cinq ou fix ans. On doit éviter de femer le Trefle dans le voifinage des jeunes arbres , parceque l'expérience a montré que cette plante gêne leur végétation.

La racine (*a*) eft un pivot garni de fibres rameufes & ligneufes ; les tiges s'élevent à la hauteur d'environ un pied : elles font grêles, cannelées & velues. Les feuilles font portées trois à trois fur de longs pétioles : elles font difpofées alternativement le long de la tige & des rameaux ; les pétioles font accompagnés à leur bafe d'une double ftipule , dont l'origine eft large, membraneufe & ftriée : elle embraffe une partie du con-tour de la tige : les feuilles font entieres , unies, ovales & velues. Les rameaux fortent des aiffelles des feuilles & font accompagnés à leur bafe de ftipules femblables à celles des pétioles, mais plus volumineufes, & leur membrane forme la gaîne autour de la tige : les autres caracteres font femblables à ceux de la tige.

Les fleurs naiffent au fommet de la tige & des rameaux, difpofées en épi court ; l'épi qui porte les fleurs eft couvert avant fon développement par plufieurs feuilles florales, qui femblent n'être qu'une continuation des fti-pules qu'on rencontre à l'origine des pétioles & des rameaux. Ces fleurs font légumineufes ; nous en avons repréfenté une (*b*) dépouillée du calice : elle eft compofée de l'étendard ou pétale fupérieur (*c*), de deux aîles ou pétales latéraux (*d*), de la carêne (*e*) ou pétale inférieur (ce pétale fe divife à fon origine en deux onglets qui s'attachent au fond du calice), & des parties fexuelles (*f*), lefquelles confiftent en dix étamines réunies en un faifceau par leur bafe , qui eft membraneufe , & qui forme la gaîne autour du piftil ; huit des étamines font longues , égales entre elles, les deux autres font courtes & occupent la partie fupérieure du faifceau, dont elles paroiffent détachées, quoiqu'elles y tiennent réellement par la membrane qui les réunit toutes. Le piftil (*g*) eft placé au centre des étamines comme dans un fourreau ; il eft compofé de l'ovaire, d'un ftyle long & cylindrique, & d'un ftigmate fphérique ; les parties fexuelles font enveloppées & cachées par la carêne : toute les parties de la fleur repofent dans le calice (*h*), lequel eft un tube monophylle , menu à fa bafe, évafé à fon extrémité, & partagé en cinq divifions étroites & pointues ; toutes les divifions de la fleur font augmentées à la loupe. Le fruit (*i*) fuccede au piftil ; c'eft un légume court & univalve, dans lequel font renfermées quelques femences (*k*) réniformes.

Les fleurs du Trefle ont une odeur affez agréable, leur faveur eft légérement aftringente. Cette plante eft déterfive, rafraîchiffante, humectante, adouciffante & vulnéraire. L'eau diftillée de fes fleurs eft propre à appaifer l'inflammation des yeux , & en diffipe la rougeur , au rapport de Jean Bauhin.

L'infufion de fes fleurs eft utile, fuivant Riolan, pour diffiper le tremblement des membres ; & plufieurs Auteurs ont regardé la décoction de cette plante, comme un bon remede pour les femmes fujettes aux fleurs blanches.

L'Eglantier ou *Le Rosier Sauvage*.
Rosa canina Linn. *Sp. Pl.*
Ital. *Rosa canina*. Angl. *Rose Wild*.

Genevieve de Nangis Regnault f.

99

L'ÉGLANTIER, ou LE ROSIER SAUVAGE,

Arbrisseau, du nombre des Plantes Vulnéraires-Astringentes.

Rosa silvestris, vulgaris, flore odorato incarnato. C. B. P. 483. *Rosa canina.* L. S. P.

Tournef. class. 21. sect. 8. gen. 6. Linn. Icosandria polygynia. Adans 41. Fam. des Rosiers.

Cet arbrisseau croît naturellement dans les haies, mais il s'élève peu; ses branches sont nombreuses. La surface des jeunes branches de cet arbrisseau est armée de piquants courbes & aigus; ces piquants ne tiennent qu'à l'écorce, & tombent dès que les branches vieillissent. Les feuilles naissent alternativement le long des branches : elles sont ordinairement composées de sept folioles rangées par paire & terminées par une impaire. Les folioles sont ovales, terminées en pointe & dentelées régulièrement tout autour : elles sont portées par un pétiole commun, dont l'origine est accompagnée de deux larges stipules qui font corps avec lui : elles sont longues, membraneuses & terminées en pointe.

Les fleurs naissent dans les aisselles des feuilles ou à l'extrémité des rameaux, soutenues par des pédicules cylindriques & hérissés de petites pointes; assez souvent ces pédicules sont divisés, & portent une fleur solitaire à chacun de leurs sommets. Ces fleurs sont rosacées & composées de cinq pétales (*a*) échancrées en forme de cœur d'environ vingt étamines & d'un pistil. Nous avons représenté (*b*) le groupe des étamines : elles sont attachées par la base de leurs filets sur les bords du calice & disposées sur trois rangs. Le pistil consiste en vingt-cinq ovaires ou environ attachés aux parois du calice. Toutes les parties de la fleur reposent dans le calice (*c*); c'est un tube monophylle, découpé à son extrémité en cinq parties ovales & aiguës. Ce calice accompagne les ovaires jusqu'à leur maturité; à mesure que les ovaires mûrissent le calice se gonfle & perd sa couleur; il se referme enfin à la maturité, & acquiert la forme & la couleur qu'on lui voit dans la figure (*d*). Les découpures se sèchent, & forment à son sommet une espece de couronne. C'est dans cet état qu'il est vulgairement connu sous le nom de *gratte-cul* ou *kynorrodon.* On a regardé de tout temps le gratte-cul comme le fruit de l'églantier. Quelques Botanistes prétendent que chaque graine en particulier est un fruit elle-même. Quoi qu'il en soit, le gratte-cul est couvert d'une écorce charnue, moëlleuse, d'un goût acide, doux & agréable. Cette écorce forme une seule loge, comme on le voit dans la figure (*e*), où elle est représentée coupée transversalement : elle enferme les semences (*f*), lesquelles sont les ovaires fécondés. Ces semences sont dures, couvertes d'un poil dur qui s'en détache facilement. Si ce poil s'attache aux doigts ou à quelque autre partie, il pénetre la peau, & y cause des demangeaisons importunes.

Les fleurs, les fruits, la semence & la racine sont d'usage en Médecine. Les fleurs sont encore connues sous le nom de *roses de chien* ; elles ont une odeur suave, & un peu âpre : elles sont purgatives, astringentes, vulnéraires. On en prépare un sirop purgatif & astringent qu'on emploie utilement pour purger les femmes dans les pertes rouges ou blanches. Le fruit est stomachique & diurétique : on en fait une conserve connue sous la dénomination de *kynorrodon.* Cette préparation est utile dans les indigestions, dans les foiblesses d'estomac : on l'ordonne communément dans le cours de ventre, dans la dysurie, dans la strangurie, & dans le flux hépatique : elle est propre à adoucir l'âcreté de l'urine & à modérer l'ardeur de la bile : on la prescrit à la dose, depuis deux gros jusqu'à une demi-once. La semence, réduite en poudre, s'ordonne à la dose d'un gros, dans la gravelle.

La racine de l'Eglantier est recommandée par Tragus, Césalpin, & plusieurs autres Auteurs, comme un bon remede contre la rage. Le fameux remede contre la rage, que le Chevalier d'Igby nous a transmis, & qu'on regardoit comme un secret de famille, avec de la racine d'Eglantier, celle de scorsonnere, des feuilles de rue, de pâquerette, de sauge, de chaume, demi-poignée; du sel commun environ deux onces : on mêle le tout ensemble, en y ajoutant un peu d'ail : on en fait un cataplasme qu'on applique sur la morsure après l'avoir lavée avec du vin salé.

Il naît sur l'Eglantier une espece d'éponge velue, de la grosseur d'une noix, qu'on appelle *bedeguar* ou *spongiola.* Cette excroissance paroît n'être autre chose qu'une tumeur causée par la piquure d'un moucheron, & le dépôt de ses œufs dans le bouton d'où doivent sortir les feuilles. On trouve, en ouvrant cette éponge, une quantité de vers qui deviennent moucherons, si le temps de métamorphose est arrivé : on attribue à cette production les mêmes vertus qu'au fruit : on l'emploie dans les gargarismes pour les ulceres de la gorge. Plusieurs Auteurs l'ont regardée comme somnifere, réduite en poudre & prise dans le vin : elle passe pour un bon remede dans la dyssenterie.

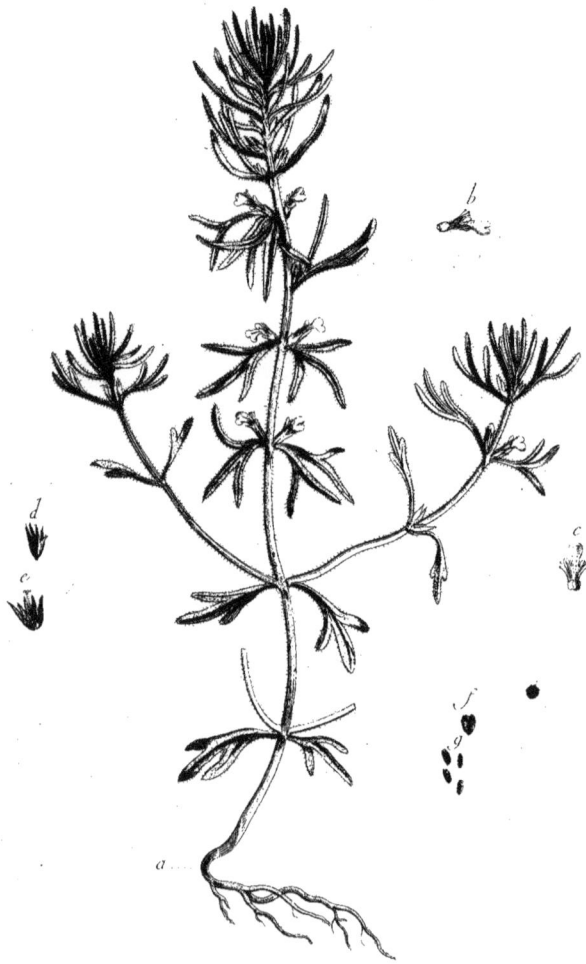

L' Ivette.

Teucrium Chamæpytis Lin. *Sp. Pl.*

Ital. *Iva moscata* Esp. *Pinillo olorole* Angl. *Ground-pine* Allem. *Erdpin*.

Genevieve de Nangis Regnault f.

100

L'IVETTE, ou IVE MUSQUÉE,

PLANTE ANNUELLE, DU NOMBRE DES VULNÉRAIRES-APÉRITIVES.

Chamæpitys lutea, vulgaris, five folio trifido. C. B. P. 249. *Teucrium chamæpitys.* L. S. P.

TOURNEF. claff. 4. fect. 4. gen. 4. LINN. Dydinamia gymnofpermia. ADANS. 25. Famille des Labiées.

CETTE plante croît naturellement fur les montagnes , & dans les terreins fablonneux. Sa racine (*a*) eft fimple , menue & fibreufe ; fes tiges n'excedent pas communément la longueur d'un pied; elles font ordinairement couchées à terre, & ne s'élevent que par le fommet de la tige & des rameaux : elles font cylindriques, velues & rameufes. Les feuilles font oppofées deux à deux le long des tiges; elles font feffiles ou attachées à la tige par leur origine : elles font étroites dans cette partie, larges à leur extrémité, & découpées profondément en trois parties obtufes & prefqu'égales, quelquefois les découpures varient par le nombre & par les proportions; les découpures latérales font fouvent plus courtes que la mitoyenne, & on rencontre des feuilles qui n'ont que deux divifions , tandis que d'autres en ont quatre : toutes les feuilles font unies à leur bord , & velues ainfi que la tige. Les rameaux fortent des aiffelles des feuilles, & portent les même caractères que la tige : elles font labiées ; chacune d'elles eft un tube (*b*) cylindrique, recourbé à fon extrémité, ne formant qu'une feule levre inférieure, divifée en trois parties ; celle du milieu eft grande, ovale, légèrement concave, & découpée en cœur; les deux autres font petites, arrondies , & difpofées latéralement aux deux côtés de la grande. Les quatre étamines occupent la place, & femblent tenir lieu à la corolle de levre fupérieure : elles font difpofées par paires, & attachées par la bafe de leur filet au haut du tube de la corolle, comme on le voit dans la figure (*c*) , où la corolle eft repréfentée ouverte par la partie fupérieure de fon tube. Le piftil eft attaché au fond du calice, il enfile le tube de la corolle, il n'en excede point la longueur; il eft compofé de l'ovaire, d'un ftyle cylindrique & de deux ftigmates courbes & égaux : nous l'avons repréfenté dans la même figure que le calice ouvert (*d*), lequel eft un tube médiocre d'une feule piece, divifé à fon extrémité en cinq dents égales & aiguës : quand les étamines ont fécondé le piftil, la corolle fe fanne & tombe. Le calice eft repréfenté fermé (*e*), il perfifte jufqu'après la maturité du fruit; & les quatre graines qui compofoient le piftil, lefquelles font repréfentées raffemblées (*f*) & féparées (*g*), reftent encore , après leur maturité , attachées au fond du calice.

Cette plante eft apéritive, vulnéraire , céphalique , nervale & hyftérique : on emploie fes feuilles en infufion , dans l'eau ou dans le vin , en décoction & en poudre : on en tire le fuc & on en fait un extrait ; l'extrait s'ordonne à la dofe d'un gros : la poudre en infufion fe donne à la même dofe.

L'ufage de cette plante eft propre à rétablir le mouvement des liqueurs , & à diffoudre le fang caillé intérieurement : on la croit utile pour favorifer les écoulements périodiques , & pour défobftruer les vifceres dans l'hydropifie & la jauniffe. Les pilules *de Iva arthritica*, de Nicolas de Mathiole, auxquelles l'Ivette a donné le nom, s'ordonnent dans ces différentes maladies. Les maladies dans lefquelles on fait le plus d'ufage de cette plante, font les rhumatifmes, la goutte, la paralyfie & les tremblements : on en ordonne l'extrait à la dofe d'un gros, avec une ou deux gouttes d'huile de canelle en bole ; ou l'on prefcrit fa poudre à la même dofe, avec autant de celle de feuilles de germandrée, délayées dans un verre de vin rofé , tous les matins pendant un mois. L'Ivette entre dans la thériaque d'Andromaque & la réformée , dans la poudre du Prince de la Mirandole , contre la goutte; dans le firop d'armoife , & dans l'onguent *martiatum*.

L'Avoine.
Avena Sativa. Lin. Sp. Pl.
Ital. Avena, o Biada. Esp. Avena, o Avea. Angl. Oats. Allem. habern.

Graveur de Rouges Regnault. f.

101

L'AVEINE,

PLANTE ANNUELLE, DU NOMBRE DES RÉSOLUTIVES.

Avena vulgaris feu alba. C. B. P. 23. *Avena fativa.* L. S. P.

TOURNEF. claff. 15. fect. 3. gen. 5. LINN. Triandria digynia. ADANS. 7. Fam. des Gramens.

CETTE plante eft au nombre des grains les plus généralement cultivés : elle s'accommode volontiers de toutes fortes de terreins ; on la feme depuis la mi-Février jufqu'à la mi-Avril : elle réuffit difficilement quand on la feme plus tard. Il faut avoir préparé la terre par deux labours, dont le premier fe donne en automne, & le fecond quelques jours ou même immédiatement avant la femaille ; on choifit ordinairement un temps doux qui fuccede à la pluie pour la femer : on la recouvre enfuite avec la herfe paffée deux fois, en croifant dans les terres fortes : on peut procéder de la même maniere dans les terres legeres & fablonneufes, quoique beaucoup de Laboureurs foient dans l'ufage d'enfouir le grain avec la charrue, auffi-tôt qu'il eft femé. Quand l'Aveine eft levée on la roule, c'eft-à-dire qu'on abbat l'herbe naiffante, par le moyen d'un cylindre de bois, qu'un cheval traîne fur toute la piece d'Aveine. Cette méthode réunit plufieurs avantages : elle unit la terre en brifant les mottes, elle refoule le plan, & en rechauffant la plante en terre, elle lui donne une nouvelle vigueur, & la fait multiplier plus promptement & plus furement. La racine (*a*) eft un amas de fibres fimples & légérement rameufes. La tige s'éleve de deux pieds environ ; c'eft un chaume articulé, de chacun de fes nœuds il s'eleve une feuille fimple, entiere, droite, flexible, unie, ftriée & terminée en pointe.

L'origine de cette feuille eft une gaîne cylindrique qui embraffe la tige dans la longueur de trois à quatre pouces, le fommet de la gaîne eft couronné par une membrane courte ; les feuilles font alternes.

Les fleurs font difpofées au fommet de la tige en panicules étagées : elles font compofées d'une balle ou calice, comme on le voit dans la figure (*b*), de trois étamines & du piftil. Entre les deux valves du calice on trouve deux autres valvules, dont l'une eft attachée par la bafe au fond du calice ; & l'autre qui eft plus petite, eft foutenue par un pédicule court ; ces deux valvules (*c*) font compofées chacune de deux écailles, dont l'une entre dans l'autre & eft moins longue, par conféquent ; elles femblent adhérentes, & renferment un embryon, lequel eft repréfenté (*d*) ; il eft compofé de l'ovaire, de deux ftyles courts & de deux ftigmates foyeux ; l'ovaire eft couvert de quelques poils : ces deux dernieres figures font augmentées à la loupe. Entre les deux valvules (*e*) on apperçoit un filet de la forme d'une étamine, dont l'origine s'attache à celle d'une des valvules ; l'efpece d'anthere qui la termine eft membraneufe : ce filet fubfifte jufqu'à la maturité du fruit. Nous avons repréfenté (*f*) la graine enveloppée dans fa balle ; dans la figure (*g*) elle en eft dépouillée : cette graine eft oblongue, fillonnée dans toute fa longueur, & farineufe.

Ce grain fait partie de la nourriture de plufieurs animaux ; quelques curieux en nourriffent leurs poules pour rendre leur ponte plus abondante ; il eft à craindre que cette méthode n'épuife les poules en peu de temps. Quoique l'Aveine ne foit employée communément que pour la nourriture des chevaux, plufieurs peuples du Nord s'en nourriffent à défaut d'autres fromens. Le pain fait avec la farine d'Aveine eft un aliment fain & léger ; & quoiqu'il n'ait pas le goût de celui de froment, ou même de feigle, c'eft cependant une reffource utile dans les temps de famine.

L'Aveine eft employée en Médecine intérieurement & extérieurement ; le gruau, dont on prefcrit fouvent l'ufage aux perfonnes épuifées par de longues maladies, eft une préparation de la femence d'Aveine dépouillée de fa balle & de fon écorce : on le prépare dans l'eau ou dans le lait : on met une cuillerée de gruau pour une pinte d'eau, qu'on fait bouillir jufqu'à la diminution d'une fixieme partie, on l'écrime avec foin : on fait prendre une chopine de cette liqueur chaude, après y avoir ajouté un peu de fucre. Pour le rendre plus nourriffant, on le fait bouillir dans le lait coupé à moitié d'eau ; on l'écrême à plufieurs reprifes pendant qu'il eft fur le feu, pour qu'il charge moins l'eftomac ; la dofe eft la même. La bouillie faite avec le gruau dans le lait, fournit un aliment plus fubftantiel que les précédents. Soit qu'on l'emploie d'une maniere ou de l'autre, il eft adouciffant, pectoral, légérement apéritif, & propre à appaifer la toux & à guérir l'enrouement. Une légere décoction d'Aveine s'ordonne utilement dans les picotements de poitrine & dans la pleuréfie.

La farine d'Aveine s'emploie dans les cataplafmes réfolutifs & émollients. Le cataplafme d'Aveine fricaffée avec du vinaigre, appliqué chaudement entre deux linges, eft utile dans la pleuréfie.

Le Grenadier a fruit
Punica granatum Linn. *Sp. Pl.*

Ital. Melagrano. *Esp.* Granadas. *Angl.* Balaustine-tree. *Teut.* Granatapffel.

Geneviève de Nangis Regnault. f.

102

LE GRENADIER A FRUIT,

Arbrisseau, du nombre des Plantes Vulnéraires-Astringentes.

Malus punica sativa. C. B. P. 438. *Punica granatum.* L. S. P.

Tournef. clasf. 21. sect. 8. gen. 5. Linn. Icosandria monogynia. Adans 14. Fam. des mirtes.

Le Grenadier croît naturellement dans les pays chauds, & dans les provinces méridionales de la France: on le cultive dans nos jardins, & il ne réuffit qu'en efpalier, à l'expofition du midi. Il demande une bonne terre à potager, mêlée de moitié de terreau de fumier de cheval ou de fumier de vache bien confommé; il faut renouveller cet engrais tous les quatre ou cinq ans, & lui donner annuellement les mêmes labours qu'aux arbres fruitiers. Par ce moyen on obtient des fruits, qui n'ont pas, à la vérité, la même beauté que ceux de Languedoc ou de Provence; mais dont ils different peu pour le goût, fur-tout fi l'arbre eft expofé à la plus vive ardeur du foleil, & qu'il ne craigne point les vents froids.

Le bois du Grenadier eft brun & dur, fon écorce eft rougeâtre; les branches font épineufes; les rameaux font oppofés le long des branches; les feuilles font oppofées deux à deux le long des rameaux, quelquefois éparfes, & rarement alternes : elles font entieres, ovoblongues, obtufes, unies, fermes, vertes & liffes en deffus, & blanchâtres en deffous.

Les fleurs font hermaphrodites : elles naiffent quelquefois folitaires dans les aiffelles des feuilles, quelquefois deux à deux dans les mêmes aiffelles, & communément difpofées en corymbe au fommet des rameaux.

La fleur du Grenadier eft compofée de cinq pétales (le nombre augmente affez fouvent jufqu'à fept), du piftil & des étamines; nous avons repréfenté (*a*) un des pétales; ils font ovales, minces, attachés fur les bords du calice par un onglet affez large. Le piftil (*b*) eft compofé de l'ovaire, du ftyle, & d'un ftigmate fphérique & applati. Les étamines font repréfentées dans le calice (*c*) : elles font au nombre de deux cents ou environ; le calice eft un tube monophylle, épais, charnu, divifé à fon extrémité en autant de fegments que la fleur porte de pétales; il renferme le piftil avec lequel il fait corps; après la fécondation il fe gonfle, fe retrécit par fon extrémité fans perdre de fes divifions, & devient un fruit (*d*) auquel fes mêmes divifions fervent de couronne. Ce fruit eft une efpece de pomme prefque ronde, couverte par le tube même du calice, qui eft confidérablement augmenté & qui a durci à raifon de fon accroiffement; ce fruit eft connu fous le nom de *Grenade* ou *Balaufte*; nous l'avons repréfenté (*e*) coupé tranfverfalement; il eft divifé en plufieurs loges qui partent toutes du centre, & renferment de nombreufes femences (*f*) qui font entourées chacune d'une pulpe fucculente : nous avons repréfenté ces mêmes graines (*g*) dépouillées de leur pulpe.

C'eft dans la pulpe qui environne les femences, que réfident le fuc acide qu'on recherche dans les grenades; il eft aftringent & rafraîchiffant; l'écorce du fruit a une faveur acerbe & auftere: elle eft très aftringente, ainfi que les graines, dont le goût eft aigre; les membranes qui féparent les loges du fruit, font acerbes & aftringentes, ainfi que fon écorce.

Les fleurs de Grenadiers, l'écorce de fon fruit, connu fous le nom de *malicorium*, le fuc de pulpes & les pepins mêmes, tout eft d'ufage en Médecine; les fleurs s'emploient en infufion ou réduites en poudre, à la dofe d'une pincée, pour arrêter la gonorrhée. Le *malicorium* fe prefcrit en décoction à la dofe de demi-once, & en poudre, depuis une dragme jufqu'à deux : elle s'emploie affez communément dans les pertes de fang, le cours de ventre & la dyflenterie. Le firop préparé avec les pulpes du fruit, appaife l'ardeur de la foif dans les fievres continues; il eft propre à adoucir les humeurs âcres & la bile par fon agréable acidité : on le fait prendre à la dofe d'une once, dans une chopine d'eau.

Il ne faut pas confondre cette efpece de Grenadiers avec celui à fleurs doubles, *Balauftia flore pleno, majore & minore.* C. B. P. 438. quoiqu'ils aient beaucoup de reffemblance par les caracteres : le nombre multiplié des pétales de la fleur, qui fait avorter le fruit, le rend inutile en Médecine; auffi n'eft-il employé qu'à embellir les jardins : il s'éleve plus difficilement que l'autre.

Le Carvi.

Carum Carvi. Linn. *Sp. Pl.*

Ital. *Caro.* Esp. *Alcaravea.* Angl. *Caraway.* Allem. *Matthkumich.*

Genevieve de Nangis Regnault f.

103

LE CARVI,

PLANTE BISANNUELLE, DU NOMBRE DES CARMINATIVES.

Cuminum pratenfe , Carvi officinarum. C. B. P. 158. *Carum Carvi.* L. S. P.

TOURNEF. claff. 7. fect. 1. gen. 4. LINN. Pentandria digynia. ADANS. 15. Fam. des Ombelliferes.

CETTE plante eft encore connue fous le nom de *Cumin des prés* : elle croît naturellement dans les prairies élevées & fur les montagnes. Sa racine (*a*) eft un pivot charnu, fimple , droit , garni de quelques fibres rameufes. Elle pouffe d'abord plufieurs feuilles radicales ; nous en avons repréfenté une dans la planche , attachée à la racine même : elles font foutenues par de longs pétioles , fillonnés dans leur longueur. Ces feuilles font ailées fur plufieurs rangs ; les folioles qui compofent les ailes font découpées profondément & irréguliérement.

Les tiges s'élevent à la hauteur de deux pieds environ : elles font droites, cannelées, liffes & rameufes. Les feuilles caulinaires naiffent alternativement le long de la tige ; elles different des feuilles radicales en ce qu'elles n'ont point de pétioles : elles font feffiles ou attachées à la tige par leur origine ; elles font ailées ainfi que les feuilles radicales, mais les ailes font moins nombreufes.

Les rameaux fortent des aiffelles des feuilles ; ils portent les mêmes caractcres que la tige, & font accompagnés de feuilles comme elles , mais le nombre des ailes de leurs feuilles diminue en proportion de leur éloignement de la bafe.

Les fleurs naiffent au fommet de la tige & des rameaux, difpofées en ombelle ; les rayons qui compofent l'ombelle n'excedent pas ordinairement le nombre de fept. L'enveloppe univerfelle , ou le calice commun à tous les rayons de l'ombelle eft quelquefois compofé de deux folioles longues & étroites , & le plus fouvent elles n'exiftent pas : les ombelles partielles font foutenues par les rayons ; elles n'ont point d'enveloppe. Les fleurs font rofacées ; nous en avons repréfenté une (*b*) augmentée au microfcope : elle eft compofée de cinq pétales (*c*) prefqu'égaux, cordiformes, obtus, recourbés au fommet , de cinq étamines qui font pofées fur les bords du calice alternativement aux pétales ; ces étamines font longues & droites , comme on le voit dans la figure (*b*). Le piftil (*d*) eft placé fous la fleur ; c'eft un ovaire enfermé dans le calice , lequel l'accompagne jufqu'à fa maturité , en l'enveloppant fous l'apparence d'une pellicule affez fine : on reconnoît ce calice par cinq petites dents prefqu'infenfibles qui couronnent l'ovaire ; l'ovaire eft terminé par deux ftyles peu ou point fenfibles , & par un double ftigmate hémifphérique qui occupe le centre de la fleur.

Le piftil devient , par fa maturité , un fruit (*e*) compofé de deux graines qui fe féparent naturellement , comme on le voit dans la figure (*f*) , & font foutenues par un double axe formé par le pédicule qui a porté la fleur. Ces deux graines font ovales, oblongues, applaties (*g*) du côté qui les uniffoit , convexes & ftriées extérieurement (*h*).

La racine a un goût âcre & aromatique ainfi que la femence ; cette femence eft une des quatre femences chaudes majeures, qui font les femences d'anis , de Carvi , de cumin & de fenouil.

La racine de cette plante s'ordonne quelquefois dans les tifanes & dans les lavements carminatifs ; mais la femence eft la partie de cette plante qu'on emploie le plus fouvent en Médecine. L'huile effentielle qu'on en retire eft recommandée pour la furdité.

L'huile dont Konig nous a donné la compofition eft utile pour le tintement des oreilles. Il faut prendre deux gros de femences de Carvi , autant de fel de coriandre, de coloquinte un gros : on fait bouillir le tout dans l'huile de rue , quand ce mélange a bouilli on le preffe, & on y ajoute une once d'eau de la Reine de Hongrie : on introduit quelques gouttes de cette huile dans l'oreille , & on la bouche enfuite avec du coton. Cette huile eft propre à appaifer les douleurs de la colique , au rapport de Chomel , fi on en frotte le nombril.

La femence de Carvi s'emploie, comme les autres femences chaudes, dans les indigeftions & dans la colique. Elle fleurit dans les mois de Mai & Juin.

La Salseparelle ou *Sarce-parelle* .
Smilax Sarsaparilla . Lınn. *Sp. Pl* .

Graveur de Nangis Regnault .

LA SALSEPAREILLE, ou SARSEPAREILLE,

Arbrisseau, du nombre des Plantes Diaphorétiques.

Smilax aspera peruviana, five Salfaparilla. C. B. P. 296. *Smilax Sarfaparilla.* L. S. P.

Tournef. *Appendix.* Linn. Diœcia hexandria. Adans 8. Fam. des Liliacées.

L a Salsepareille croît naturellement au Pérou, au Brefil, au Mexique, & en Virginie : on ne l'obtient dans nos climats que par le fecours de la culture. C'eft un arbriffeau qui s'éleve en grimpant, & s'attache aux murailles & autres objets qui l'avoifinent, comme la vigne-vierge. Ses tiges font grêles, cylindriques, armées d'épines. Ses feuilles font alternes, & foutenues par des pétioles médiocres ; l'origine des pétioles eft armée de deux tenons ou mains, par le fecours defquels les branches fe fixent à tout ce qu'elles rencontrent, foit en embraffant les objets auxquels elles s'attachent, foit en s'y étendant, ou en s'infinuant dans toutes les inégalités des furfaces de ces mêmes objets. Ces feuilles font entieres, ovales & terminées en pointe ; celles des extrémités font rougeâtres, & elles confervent, en grandiffant, quelques parties de cette couleur : la grandeur de ces feuilles s'étend quelquefois jufqu'à la longueur de cinq à fix pouces.

Les fleurs naiffent mâles & femelles ; nous n'avons repréfenté dans la planche que l'individu mâle. Toutes les fleurs naiffent le long des branches, & dans les aiffelles des feuilles, difpofées en ombelles : quand elles naiffent féparées des feuilles, l'origine de l'ombelle eft accompagnée d'une feuille florale qui ne fe rencontre pas aux ombelles axillaires ; les ombelles ne font que partielles, & l'on ne trouve aucune enveloppe à l'origine des rayons. Nous avons repréfenté une des fleurs mâles (*a*) : elles font compofées de fix étamines & quelquefois de cinq (*b*), fuivant le nombre des feuilles (*c*) du calice, avec lefquelles elles font l'alternative : ce calice eft repréfenté (*d*) ; il eft compofé de fix feuilles, longues, étroites & pointues.

Les fleurs femelles confiftent en un piftil foutenu par un calice femblable à celui des fleurs mâles ; nous en avons repréfenté une (*e*). Le piftil (*f*) eft compofé de l'ovaire, de trois ftyles courts, & de trois ftigmates hémifphériques. Après la fécondation l'ovaire devient un fruit (*g*), lequel eft une baie fphérique à trois loges, dans lefquelles font renfermées les femences (*h*).

La racine de cet arbriffeau eft la feule partie d'ufage en Médecine ; on nous l'apporte feche du Perou, en branches ou fibres groffes comme une plume, longues de cinq à fix pieds, rondes, ligneufes, fans nœuds, dures, ridées, de couleur grife, obfcure en dehors, & blanchâtre en dedans : on doit la choifir bien faine, fouple, ferme & fans vermoulure ; il faut prendre garde fi elle ne fe brife point facilement, & fi elle ne fe réduit point en pouffiere. Cette racine eft fudorifique ; c'eft la bafe de la tifane fudorifique qu'on prefcrit dans les maladies vénériennes : on la prefcrit à la dofe depuis une once jufqu'à deux, bouillies dans trois ou quatre pintes d'eau, qu'on laiffe réduire à moitié : l'ufage de cette racine eft bon dans les rhumatifmes & dans la goutte. Deux gros de racines de Salfepareille, coupées par petits morceaux avec autant de racines d'efquine, qu'on fait bouillir avec un poulet ou un morceau de veau, pour faire deux bouillons, s'ordonnent avec fuccès, au rapport de Chomel, dans les rhumatifmes, la goutte & l'hydropifie.

b
c
d
a
e
f *g*
90 *h*

Le Sison ou Amome .
Sison Amomum . Linn . Sp. Pl .
Ital. Amomo . Angl. Bastard-Stone-parsley . Allem. Sison .

Genevieve de Nangis Regnault f.

105

LE SISON, ou AMÔME;

PLANTE VIVACE, DU NOMBRE DES CARMINATIVES.

Sison quod amomum Officinis nostris. C. B. P. 154. *Sison amomum.* L. S. P.

TOURNEF. classé. 7. sect. 1. gen. 8. LINN. Pentandria digynia. ADANS. 15. Fam. des Ombelliferes.

LE SISON croît naturellement dans les terreins humides & argilleux. Sa racine (*a*) est un pivot simple, droit, ferme, garni de quelques fibres rameuses. Il sort d'abord de la racine quelques feuilles radicales; elles sont soutenues par de longs pétioles, dont l'origine est une membrane qui embrasse une partie de la base de la tige; cette origine est concave, & se prolonge le long du pétiole par un sillon droit. Ses feuilles sont ailées sur plusieurs rangs; les ailes sont des folioles rangées par paire le long du pétiole, & terminées par une impaire: elle sont toutes entieres, oblongues, terminées en pointe & découpées irrégulierement comme on le voit dans la feuille attachée à la racine.

Les tiges s'élevent environ à la hauteur de deux pieds: elles sont droites, fermes, cannelées, moëlleuses & rameuses. Les feuilles caulinaires, c'est-à-dire, celles qui tiennent à la tige sont alternes; elles different essentiellement des feuilles radicales: elles sont ailées sur un ou plusieurs rangs. Les ailes ne sont que des divisions de la feuille même, ou opposées ou alternes; toutes ces divisions sont presque lanugineuses & irrégulieres. Le pétiole qui soutient les feuilles semble n'être qu'un prolongement de la feuille même; l'origine est membraneuse, & embrasse le contour de la tige sans cependant y faire l'anneau. Les rameaux sortent des aisselles des feuilles & portent les mêmes caracteres que la tige.

Les fleurs naissent au sommet de la tige & des rameaux, disposées en ombelle. Les rayons qui composent l'ombelle sont peu nombreux; l'enveloppe universelle est ordinairement composée de deux feuilles étroites & pointues, & quelquefois de quatre. Les ombelles partielles sont composées du même nombre de folioles lesquelles portent le même caractere. Les fleurs sont rosacées. Nous en avons représenté une (*b*) augmentée au microscope: elle est composée de cinq pétales (*c*) égaux, ovales, terminés en pointe; l'extrémité se roule jusqu'à la moitié de sa longueur. Les parties de la génération consistent en cinq étamines & un pistil qui reçoit d'elle sa fécondité. Les étamines sont droites, comme on le voit dans la figure (*b*), & disposées alternativement avec le pétale: elles sont placées sur les bords du calice en opposition avec ses divisions: elles se flétrissent & tombent dès qu'elles ont répandu leur poussiere fécondante. Le pistil (*d*) est placé sous la fleur; c'est un ovaire enfermé dans le calice, lequel l'accompagne jusqu'à sa maturité, en l'enveloppant sous l'apparence d'une pellicule assez fine: on reconnoît ce calice par cinq petites dents presqu'insensibles qui couronnent l'ovaire. L'ovaire est terminé par deux styles peu ou point sensibles, & par deux stigmates hémisphériques qui composent le centre de la fleur. Ces deux figures sont augmentées, ainsi que la premiere.

Le pistil devient, par sa maturité, un fruit (*e*) composé de deux graines qui se séparent naturellement, comme on le voit dans la figure (*f*), & sont soutenues par un double axe formé par le pédicule qui a porté la fleur; ces deux graines sont ovales, oblongues, applaties (*g*) du côté qui les unissoit, convexes & cannelées extérieurement (*h*).

La racine a un goût aromatique. Les semences sont âcres & plus aromatiques que la racine: on ne fait guere usage en Médecine que de la semence de cette plante, c'est une des quatre semences chaudes mineures qui sont celles d'ache ou de persil, d'ammi, de panais sauvage & de Sison ou Amome. La semence de Sison est stomachique, carminative & diurétique: on en tire une eau distillée qui entre dans les potions carminatives à la dose, depuis quatre jusqu'à six gros, & une huile essentielle qu'on emploie ordinairement pour augmenter la vertu de l'eau distillée en y ajoutant cinq ou six gouttes de cette huile dans les potions; l'usage de ce remede est utile pour dissiper les vents, & pour appaiser les douleurs de la colique venteuse.

Cette semence a les mêmes vertus que celles des autres carminatives, aussi l'emploie-t-on assez indifféremment & de la même maniere, soit distillée soit en infusion dans l'eau-de-vie ou dans quelque autre liqueur spiritueuse.

Le Lierre.

hedera helix. Linn. *Sp. Pl.*

Ital. Edera. *Esp.* ira. *Allem.* Epheuu. *Angl.* Ivy.

Commune de Champs Regnault f.

106

LE LIERRE,

ARBRISSEAU, DU NOMBRE DES PLANTES DÉTERSIVES.

Hedera arborea. C. B. P. 305. *Hedera helix.* L. S. P.

TOURNEF. claff. 11. fect. 2. gen. 3. LINN. Pentandria monogynia. ADANS. 15. Fam. des Ombelliferes.

CET arbriffeau croît fans culture dans toutes fortes de terreins, dans les bois & dans les jardins. Son bois eft dur & blanc ; l'écorce eft ridée, & couverte d'un poil long & dur ; les tiges & les branches font farmenteufes , grimpantes : elles s'attachent aux arbres & aux vieilles murailles, par des vrilles rameufes qui s'y implantent comme des racines. Les feuilles font alternes, & foutenues par de longs pétioles : elles font entieres, ovales, terminées en pointe : celles de la bafe font quelquefois triangulaires ; elles font fermes & luifantes.

Les fleurs naiffent au fommet des rameaux, difpofées en ombelles, & accidentellement folitaires, comme on les voit repréfentées dans la planche au-deffous de l'ombelle terminale. Les ombelles font partielles , ou compofées d'un feul rang de rayons : l'enveloppe eft ordinairement compofée de plufieurs feuilles, petites, étroites & pointues. Ses feuilles font hermaphrodites & rofacées ; nous en avons repréfenté une (*a*) : elle eft compofée de cinq pétales , de cinq étamines & du piftil : les pétales font oblongs & recourbés, comme on le voit dans la figure (*b*) ; ils font pofés fur les bords du calice, alternativement à fa divifion. Les cinq étamines font l'alternative avec les pétales de la corolle , & font placées comme eux fur les bords du calice, en oppofition à chacune de fes divifions. Le piftil (*c*) eft placé au centre de la corolle , il eft compofé d'un ovaire, d'un ftyle court, & d'un ftigmate peu diftinct du ftyle ; il repofe dans le calice avec lequel il fait corps. Le calice l'accompagne jufqu'à fa maturité, en l'enveloppant fous l'apparence d'une pellicule affez fine ; il fe fait reconnoître par cinq petites dents qui couronnent l'ovaire. Dès que le piftil a reçu la fécondité des étamines, celles-ci fe flétriffent & tombent, ainfi que les pétales de la corolle. C'eft dans cet état qu'eft repréfentée l'ombelle du fommet de la branche ; le calice fe gonfle, & devient, par fa maturité, un fruit (*d*), lequel eft une baie ronde, à une feule loge, que nous avons repréfentée coupée tranfverfalement (*e*) : elle renferme ordinairement cinq graines (*f*), arrondies d'un côté & anguleufes de l'autre.

La racine du Lierre eft déterfive & réfolutive ; les baies ont un goût acide : elles font émétiques & purgatives ; les feuilles ont une faveur un peu âcre ; les tiges rendent un fuc réfineux, par le moyen des incifions qu'on fait à leur bafe : cette méthode eft en ufage dans les pays chauds. La gomme réfineufe qu'on en retire fe durcit en peu de temps ; elle eft appellée *gummi Hederæ* ou *gomme de Lierre* ; il faut la choifir jaune, rougeâtre, tranfparente, d'une odeur forte, d'un goût âcre & aromatique : cette gomme eft d'ufage en Médecine ; la plus grande partie nous vient des Indes , par la voie de Marfeille. Les feuilles de Lierre ont la préférence fur celles de poirée, de plantain, ou de morelle, pour appliquer fur les cauteres ; on fubftitue même au pois, pour en entretenir la fuppuration , de petites boules de la même groffeur, faites avec le bois de Lierre. On applique avec fuccès les feuilles de Lierre, bouillies dans le vin, pour nettoyer les plaies & les ulceres. La décoction de feuilles de Lierre eft propre à appaifer les douleurs d'oreilles & de dents ; on en lave les cheveux pour détruire les poux & les lentes, & pour guérir la teigne.

L'ufage intérieur des baies de Lierre eft dangereux ; les gens de la campagne en font cependant ufage , à la dofe d'un gros ou deux, dans les fievres. Spigelius l'eftimoit propre pour la fievre tierce caufée par une pituite trop abondante, & la prefcrivoit à la dofe d'un gros, avec trois grains de trochifques de camphre, & fix grains de nitre , dans trois onces d'eau de chardon bénit, d'endive, ou de fouci.

La gomme de Lierre eft eftimée propre à guérir le mal de dents : on en introduit un petit morceau dans le creux de la dent gâtée. Cette gomme eft propre à faire tomber le poil.

Chomel nous a laiffé la recette d'un onguent merveilleux pour la brûlure.

Prenez des feuilles de Lierre, des fommités de fauge franche deux poignées de chacune, de l'écorce moyenne de fureau une poignée, de fiente de pigeon demi-poignée : on coupe le tout, & on le fait frire avec du vieux beurre : on le paffe enfuite tout chaud en le preffant fortement. On applique cet onguent froid fur l'ulcere que la brûlure a caufée, & on le couvre avec du papier brouillard ou du papier gris.

La racine de Lierre, réduite en poudre, s'emploie contre le *tænia* ou le *ver folitaire.* Les feuilles de cet arbriffeau paroiffent dans l'arriere faifon , & elles confervent leur verdure malgré la rigueur de l'hiver.

La gomme de Lierre entre dans l'onguent d'*althea*, & dans quelques autres.

L' Orcanelle.
Anchusa tinctoria. Linn. *Sp. Pl.*

Ital. *Anchusa.* Esp. *Sougen.* Angl. *Alkanet.* Allem. *Root. ochsenzung.*

Graveure de Nangis Regnault f.

107

L'ORCANETTE,

PLANTE VIVACE, DU NOMBRE DES VULNÉRAIRES-ASTRINGENTES.

Anchufa puniceis floribus. C. B. P. 255. *Anchufa tinctoria.* L. S. P.

TOURNEF. claff. 2. fect. 4. gen. 2. LINN. Pentandria monogynia. ADANS. 24. Fam. des Bourraches.

CETTE plante croît naturellement dans les pays chauds : on la rencontre affez communément dans les provinces méridionales de la France : elle fe plaît dans les terreins fablonneux. Sa racine (*a*) eft ligneufe, & garnie de quelques fibres rameufes; la couleur de cette racine lui a donné accès dans les Arts, par la teinture qu'on en retire : elle n'eft pas feulement utile aux étoffes, on l'emploie encore à teindre de couleur pourpre plufieurs liqueurs fpiritueufes.

Les tiges font fimples, cylindriques, & couvertes d'un duvet très fin, la plupart rampent à terre, & celles qui s'élevent excedent rarement la hauteur de huit à dix pouces. Les feuilles naiffent alternativement le long des tiges : elles font feffiles ou attachées à la tige par leur origine : elles font entieres, oblongues, obtufes, unies en leurs bords, partagées par une nervure droite & fenfible, & couvertes d'un duvet femblable à celui qui couvre les tiges; il fort quelquefois des rameaux peu confidérables, des aiffelles des feuilles vers le fommet des tiges.

Les fleurs naiffent au fommet des tiges & des rameaux, difpofées en épi, foutenues par des pédicules courts & cylindriques : ces fleurs font borraginées, monopétales; nous en avons repréfenté une (*b*); c'eft un tube cylindrique, évafé en foucoupe à fon extrémité & divifé en cinq parties égales & arrondies, comme on le voit dans la figure (*c*), où la corolle eft repréfentée ouverte : ces fleurs font hermaphrodytes. On voit dans la même figure les cinq étamines deftinées à féconder le piftil : elles font attachées vers le milieu du tube à la corolle; leurs filets font courts, & la pouffiere prolifique qui compofe les antheres confifte en corpufcules ovoïdes, jaunâtres & tranfparents. Le piftil (*d*) eft placé au centre; il eft compofé de l'embryon, d'un ftyle droit & cylindrique, & d'un ftigmate fphérique qui le termine : l'embryon confifte en quatre ovaires raffemblés autour de la bafe du ftyle. Le calice dans lequel repofe la fleur, eft un tube monophylle, divifé à fon extrémité en cinq dents égales, longues & terminées en pointe, comme on le voit dans la figure (*e*), où il eft repréfenté ouvert; les ovaires deviennent, par leur maturité, quatre femences ovales, courbes, terminées en pointe, comme nous les avons repréfentées dans la figure (*f*).

C'eft dans l'écorce de la racine que réfident les parties colorantes : elle eft blanche entiérement; quand on la deftine à la teinture, il faut la choifir récemment féchée, fouple, rendant une belle couleur vermeille quand on en frotte l'ongle : elle fert à teindre l'onguent rofat, différentes pommades, la cire & l'huile, en la faifant infufer dedans.

Cette racine eft légérement âpre & aftringente au goût; plufieurs Auteurs l'ont regardée comme béchique & aftringente : elle eft propre à arrêter le cours de ventre, étant prife en décoction; extérieurement, on en fait ufage pour déterger & fécher les vieux ulceres.

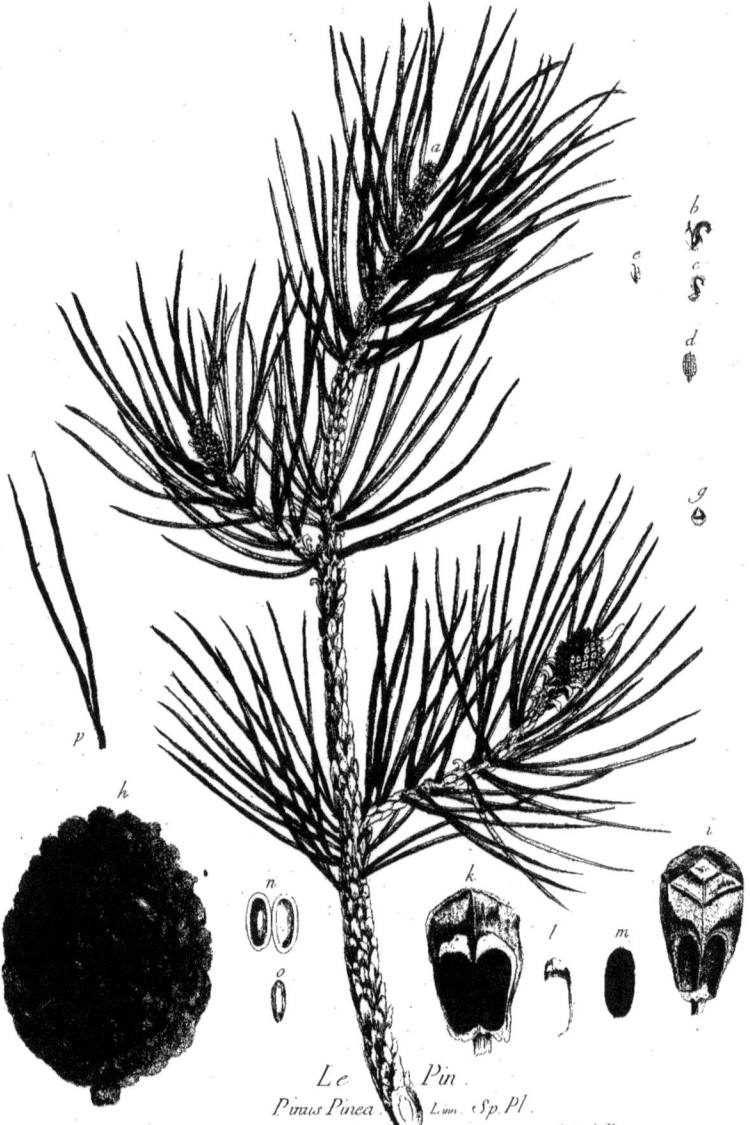

Le   Pin.

Pinus Pinea .   L. in . Sp. Pl .

Ital. Pino. Angl. Mountain Pine . Allem. Berg-Zirbel Baum.

Gravure de Nangis Regnault . f.

 ②

108

LE PIN,

ARBRE, DU NOMBRE DES PLANTES RAFRAÎCHISSANTES.

Pinus fativa. **C. B. P.** 491. *Pinus pinea.* **L. S. P.**

TOURNEF. claff. 19. fect. 3. gen. 2. LINN. Monoecia monadelphia. ADANS. 57. Fam. des Pins.

LE PIN croît comunément fur les montagnes, en Efpagne, en Italie, & dans les Provinces méridionales de France. Sa tige eft droite ; fes branches font difpofées horifontalement : elles font couvertes jufqu'à leur extrémité d'une écorce écailleufe. Les feuilles font alternes, longues, étroites, unies, fermes & pointues, raffemblées deux à deux, & réunies par leur bafe dans une gaîne cylindrique & écailleufe, comme nous l'avons repréfenté dans la figure (*p*).

Les fleurs font mâles & femelles fur le même pied : les individus mâles font placés à l'extrémité des branches ; les femelles font quelquefois placées autour des branches, quelquefois à côté des mâles ; fouvent elles en font féparées, & quelquefois elles terminent les branches. L'individu mâle (*a*) eft compofé d'un nombre d'étamines, difpofées en grappes, fur un axe commun, formant enfemble un chaton alongé. Nous avons repréfenté (*b*) une des étamines : elle eft accompagnée d'une écaille qui eft attachée à fa bafe. Cette écaille eft repréfentée (*c*) détachée de l'étamine : elle eft membraneufe à fon origine ; fon extrémité eft velue, terminée en pointe & recourbée. L'étamine eft repréfentée nue, & augmentée à la loupe (*d*). Le filet eft court ; l'anthere eft volumineufe, & compofée d'une infinité de petits corps globuleux, raffemblés fur une bafe commune. Cette anthere n'offre à la vue fimple qu'une graine verte : elle eft recouverte de neuf petites folioles (*e*) membraneufes & tranfparentes qui l'enveloppent exactement.

L'individu femelle (*f*) eft compofé d'un nombre d'ovaires raffemblés autour d'un axe commun ; chaque ovaire eft foutenu par un calice offeux (*g*). L'individu femelle devient, à fa maturité, un fruit (*h*) connu vulgairement fous le nom de *pomme de Pin*. Sa forme, & la difpofition des calices, lui ont valu une place diftinguée dans les ornements d'architecture. Nous avons repréfenté (*i*) un calice vu extérieurement. Les deux cavités qui font pratiquées à fa bafe fervent à loger une partie des graines qui font produites par le calice qui le fuit : celui-ci fait le même office au fuivant, & ainfi de fuite. La figure (*k*) offre un calice vu intérieurement ; il renferme deux graines dans des cavités profondes : chaque graine eft accompagnée d'une aile que nous avons montrée féparée (*l*). Cette aile s'attache à la bafe intérieure du calice : elle s'éleve latéralement, & couronne le fommet de la graine avec fa partie fupérieure. La graine (*m*) eft coriace, & couverte d'une pouffiere noire & fablonneufe : elle contient un noyau coupé longitudinalement (*n*), lequel renferme une amande (*o*).

Les graines du Pin font vulgairement connues fous le nom de *pignon* ; il ne faut pas confondre ces pignons avec les fruits d'une efpece de Riccin, qui porte le nom de *pignon d'Inde*, & qui font des purgatifs violents. Les pignons du Pin font humectants, adouciffants & rafraîchiffants : on les emploie dans les émulfions avec les femences froides, à la dofe, depuis une demi-once, jufqu'à une once ; leur ufage eft propre à adoucir l'acrimonie des humeurs. On les emploie pour mondifier les ulceres des reins, pour réfoudre, pour amollir, pour tempérer & corriger l'âcreté des urines ; ils font pectoraux & reftaurants ; ils font utiles dans le crachement de fang, dans la phtyfie, dans le deffechement & la maigreur connus fous le nom de *tabes* : on les croit propres à réparer le lait des nourrices. L'huile qu'on en retire par expreffion peut être fubftituée à l'huile d'amande douce : elle eft pectorale & adouciffante.

L'infufion de la pomme de Pin, dans l'eau tiede, pendant vingt-quatre heures, eft un remede utile pour baffiner les parties affligées des éryfipeles, & en appaifer l'inflammation : l'eau diftillée, que l'on retire de ces pommes de pin, eft aftringente ; Schroder la recommande comme un bon remede pour arrêter la defcente de matrice.

Perfonne n'ignore que le pin eft un des arbres dont on obtient la réfine, par le moyen des incifions qu'on fait à fon écorce.

Le Froment.

Triticum hybernum Linn. *Sp. Pl.*

Ital. *Fromento Grano* Esp. *Trigo* Angl. *Wheat* Allem. *Waitzen* ou *Waitzenkorn*

Geneviève de Nangis Regnault f.

109

LE FROMENT,

PLANTE ANNUELLE, DU NOMBRE DES RÉSOLUTIVES.

Triticum hybernum ariftis carens. C. B. P. 21. *Triticum hybernum.* L. S. P.

TOURNEF. claff. 15. fect. 3. gen. 1. LINN. Triandria digynia. ADANS. 7. Fam. des Gramens.

L'ÉPOQUE de la domefticité du Froment fe perd dans la nuit des temps. Cette précieufe plante fe cultive fur une grande partie de la furface du globe. Ses racines (*a*) font un amas de fibres plus ou moins confidérables, fuivant le fol dans lequel il croît. La tige eft un chaume qui s'éleve de deux ou trois pieds ; il eft articulé : les feuilles naiffent à chaque articulation ; leur origine eft une gaîne cylindrique, fendue dans fa longueur, couronnée d'une membrane courte & accompagnée de deux oreillettes latérales, qui fe recourbent en demi-cercle pour embraffer la tige. L'extrémité des feuilles eft fimple : elles font droites, longues, terminées en pointe & partagées par une nervure très droite.

Les fleurs naiffent au fommet des tiges difpofées en épis, fur un fût ou pédicule commun, ou, fuivant Tournefort, fur une rape (*b*) : elles font rangées par paquet fur chaque articulation. Nous avons repréfen-té (*c*) un paquet de ces fleurs, & (*d*) une fleur feule : elle eft compofée de trois étamines, du piftil, & d'une efpece de calice écailleux, formé par deux battants qu'on peut regarder comme la corolle de cette efpece de calice. Nous avons repréfenté féparément le piftil (*e*) ; il eft compofé de l'ovaire, de deux ftyles & de deux ftigmates qui ne font point diftingués des ftyles ; ils font velus tout autour dans leur longueur. La figu-re (*f*) offre une des étamines ; le filet eft foible ; l'anthere eft longue, parallélipipede, à deux loges, fen-due aux deux extrémités, attachée légérement aux filets par la fente inférieure & pendante : elle s'ouvre lon-gitudinalement par les côtés. La pouffiere féminale eft compofée de globules jaunes, luifants, très petits : ces deux figures font augmentées à la loupe. Les graines (*g*) fuccedent aux fleurs : elles font convexes d'un côté, & fillonnées dans toute leur longueur de l'autre.

L'ufage du bled, comme aliment, eft connu de tout le monde. Son utilité dans les Arts, fous la forme d'amidon, fe multiplie à l'infini. Pour lui faire éprouver cette métamorphofe on choifit le plus beau Froment, après qu'on l'a bien mondé, on lui fait fubir une fermentation de dix à douze jours dans des tonneaux remplis d'eau, expofés à la plus grande ardeur du foleil. Quand le grain eft fuffifamment amoli (ce que l'on connoît quand il fe preffe facilement fous les doigts) on le met dans des facs pour en féparer par le frottement la farine d'avec le chaz ou fon. Après avoir fait éprouver plufieurs autres opérations à cette farine pour la purifier par un renouvellement d'eau fucceffif, on laiffe égoutter l'eau pour obtenir une pâte que l'on coupe par mor-ceaux, & qu'on fait fécher avec précaution. C'eft dans cet état que l'amidon eft introduit dans le Com-merce : quand on veut l'employer on en prend une quantité proportionnée à l'ufage auquel on le deftine, que l'on met tremper dans de l'eau pendant huit ou dix heures, en le changeant quatre ou cinq fois d'eau.

L'amidon eft employée en Médecine ; il eft pectoral, rafraîchiffant & incraffant, propre pour arrêter le crachement de fang. La farine de Froment s'emploie dans les cataplafmes réfolutifs. Le fon eft émollient, adouciffant, & légérement déterfif. L'ufage de la décoction de fon dans l'eau commune en lavement, eft très familier dans la dyffenterie & dans le cours de ventre : on affocie la graine de lin au fon pour faire des lavements émollients. Le cataplafme de mie de pain, fait avec le lait & les jaunes d'œufs, eft connu en Médecine fous le nom de *mica panis ;* il eft utile pour appaifer la douleur de l'inflammation des tumeurs : on ajoute à ce cataplafme le fafran en poudre & l'huile rofat pour le rendre plus réfolutif.

La tifane faite avec le fon bouilli eft utile pour les rhumes invétérés & la toux opiniâtre : on en met une cuillerée dans une pinte d'eau qu'on fait bouillir jufqu'à ce qu'il écume, on le retire après l'avoir écumé ; & quand il eft repofé on le verfe par inclination, & on fait fondre une once de fucre dedans : il faut boire cette tifane un peu chaude.

L'amidon entre dans la poudre diatragacant froide, & dans plufieurs autres fortes de compofitions pecto-rales & rafraîchiffantes.

La Garence.

Rubia tinctorum. L.ⁱⁿ *Sp. Pl.*

Ital. *Rubia.* Esp. *Rubia.* Angl. *Madder.* Allem. *ferber Rodte.*

110

LA GARANCE,

PLANTE VIVACE, DU NOMBRE DES APÉRITIVES.

Rubia tinctorum sativa. C. B. P. 333. *Rubia tinctorum.* L. S. P.

TOURNEF. claff. 1. fect. 8. gen. 1. LINN. Tetrandria monogynia. ADANS. 19. Fam. des Apparines.

LA GARANCE croît naturellement dans les pays chauds : on la trouve en Italie, dans le Bugey, & aux environs de Montpellier : on la cultive en plufieurs provinces avec fuccès. Quoiqu'elle ne donne pas une auffi belle teinture que celle qu'on nous envoie de Smirne, fous le nom d'*Azala*, elle fournit une branche de commerce digne d'attention.

La Garance fe multiplie de trois manieres, par la femence, par les racines, & par les provins. La voie des racines eft la plus prompte. Voici comme on y procede : Lorfqu'on tire les racines de terre pour les vendre aux Teinturiers, on réferve toutes celles qui font petites ou rompues. Le moindre tronçon de racine, pour peu qu'il foit garni de chevelu, ou d'un feul bouton, reproduit un nouveau pied de Garance.

Quoique cette plante fubfifte dans toutes fortes de terre, elle ne donne point dans toutes d'auffi belles racines. Une terre forte, douce, & un peu humide, lui eft favorable ; une trop grande humidité lui eft dangereufe : elle périt quand elle eft fubmergée. On prépare la terre qu'on deftine à faire une Garanciere par trois ou quatre labours ; c'eft toujours au mois de Mars qu'on la confie à la terre, foit qu'on la multiplie de femences ou de fragments de racines. Pendant la jeuneffe de la plante, il faut arracher avec foin les mauvaifes herbes. Au mois de Septembre, qui fuit la femaille, on fauche l'herbe, qui fournit un affez bon aliment pour les beftiaux, puis on couvre chaque pied d'environ deux bons doigts de terre, pour les garantir de la gelée. On fait la même récolte l'année fuivante, dans la même faifon ; & au mois de Novembre fuivant on commence la récolte des racines par les plus groffes, & d'année en année on les recueille à mefure qu'elles groffiffent. En Italie on laiffe les racines jufqu'à huit & dix années entieres, pour qu'elles acquierent plus de volume & de force : on leur donne, pendant ces dix années, un labour à la fin de chaque automne, après avoir recueilli, au mois de Septembre, le fourrage & les racines qui ont pu profiter.

Nous avons repréfenté (*a*) la racine de cette plante : elle eft longue, rempante, branchue, légérement ligneufe, & rougeâtre dans toutes fes parties. Les tiges s'élevent de trois à quatre pieds : elles font farmenteufes, quadranguleufes, armées d'épines dures dans toutes fa longueur. Les feuilles font difpofées annulairement autour de la tige au nombre de cinq ou fix : elles font oblongues, terminées en pointe, attachées à la tige par leur bafe, & garnies tout autour de poils durs. Les rameaux font oppofés deux à deux dans les aiffelles des feuilles ; ils font armés d'épines comme la tige, mais la difpofition des feuilles differe de celles de la tige : elles font ordinairement oppofées deux à deux, & les rameaux qui portent les fleurs fortent de leurs aiffelles.

Les fleurs font monopétales. Nous en avons repréfenté une (*b*) augmentée à la loupe. La corolle eft un tube évafé, & divifé en cinq fegments ovales & pointus. Les cinq étamines font raffemblées par leurs antheres, comme on le voit dans cette figure, & elles font attachées par leurs filets à la corolle, & font l'alternative avec fes divifions, comme on le voit dans la figure (*c*), où la corolle eft repréfentée ouverte. Le piftil (*d*) eft placé au centre des étamines ; il eft compofé d'un double ovaire, d'un ftyle court & de deux ftigmates ; il repofe, ainfi que les autres parties de la fleur, dans un calice monophylle (*e*), divifé en cinq parties. Le fruit (*f*) fuccede à la fleur ; il eft compofé de deux baies arrondies, & attachées par un ombilic, que nous avons repréfenté dans une des baies (*g*), qui eft vue en dedans. La figure (*h*) offre la furface extérieure de l'autre baie.

La racine de Garance eft d'un grand ufage en teinture, pour donner une couleur rouge aux étoffes. Tout le monde connoît la propriété qu'a cette plante de teindre en rouge les os des animaux qui en ont été nourris quelques temps. La racine de cette plante eft mife au rang des cinq petites racines apéritives, qui font celles d'arrête-bœuf, de câprier, la Garance, le chiendent, & le chardon roland. Les Hollandois employoient familierement cette racine cuite dans la biere (fous le nom de *Krappe*), pour prévenir les fuites des chûtes confidérables : on prend cette liqueur intérieurement. L'infufion de racine de Garance, à la dofe d'une once, dans un demi-feptier de vin blanc, ou la décoction à la même dofe, dans une pinte d'eau, eft utile pour exciter les urines, & pour accélérer les écoulements périodiques. On l'ordonne en poudre dans les mêmes occafions à la dofe d'un fcrupule, mêlée avec douze grains de fuccin. Chomel recommande le remede fuivant dans l'hydropifie naiffante, dans la jauniffe, & pour les obftructions du bas-ventre. Prenez une dragme de poudre de racine de Garance, douze grains de faftan de Mars apéritif, & fix grains d'aloës fuccotrin ; faites-en un bol avec le firop des cinq racines. Cette racine entre dans le firop d'armoife de Fernel, & dans le firop apéritif & purgatif du même Auteur.

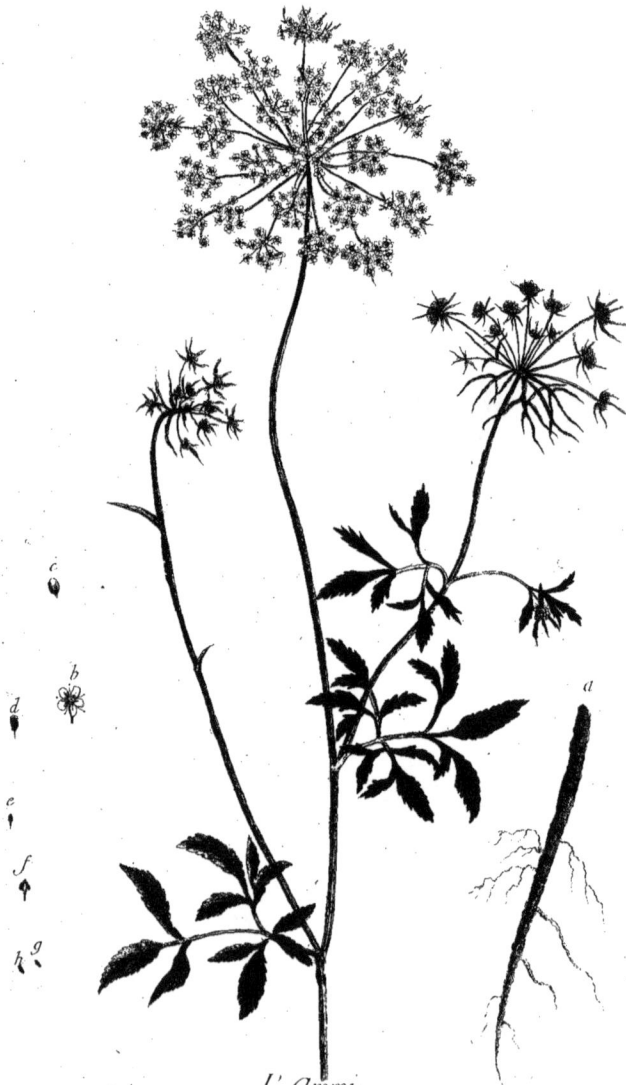

L' Ammi.

Ammi majus. Linn. Sp.Pl.

Ital. *Ammi*. Esp. *Ammi*. Angl. *Common bishop's weed*. Allem. *Amincy*.

Gouvernes de Nangis Regnault. f.

L'AMMI,

PLANTE ANNUELLE, DU NOMBRE DES CARMINATIVES.

Ammi majus. C. B. P. 159. *Ammi majus.* L. S. P.

TOURNEF. claff. 7. fect. 1. gen. 1. LINN. Pentandria digynia. ADANS. 15. Fam. des Ombelliferes.

CETTE plante croît naturellement dans les pays Méridionaux : on la cultive dans nos climats pour fes propriétés médicinales. Sa racine (*a*) eft un pivot fimple, droit, garni de quelques fibres foibles & rameufes. Sa tige s'éleve d'environ deux à trois pieds : elle eft droite, cylindrique, cannelée & rameufe.

Les feuilles naiffent alternativement le long de la tige : elles font portées par un pétiole dont l'origine eft membraneufe, large, & embraffe tout le contour de la tige, fans cependant y faire l'anneau : elles font ailées fur un ou deux rangs. Les ailes font compofées de plufieurs folioles irrégulieres, qui fe terminent toutes en pointe, & font dentelées réguliérement. Les rameaux fortent des aiffelles des feuilles, & portent les mêmes caracteres que la tige.

Les fleurs font difpofées en ombelles au fommet de la tige & des rameaux : l'enveloppe univerfelle eft compofée de plufieurs folioles linéaires & ailées; tous les rayons partent du centre de cette enveloppe, & portent à leur fommet les ombelles particlles. Les enveloppes de celles-ci font compofées de huit à dix folioles linéaires & fimples. Les fleurs font rofacées. Nous en avons repréfenté une (*b*) : elle eft compofée de cinq péta-les (*c*) ovales & égaux. On voit, dans la figure (*b*), les cinq étamines : elles font longues, attachées par la bafe de leurs filets fur les bords du calice en oppofition à chacune de ces divifions, & alternativement avec les pétales de la corolle. Le piftil (*d*) eft pofé fous la fleur, & enfermé dans un calice membraneux avec lequel il fait corps; il eft compofé de l'ovaire, de deux ftyles, & de deux ftigmates qui font peu diftincts des ftyles. Le calice eft pofé fur l'ovaire avec lequel il fait corps, comme nous l'avons dit plus haut, & qu'il ac-compagne jufqu'à fa maturité, en l'enveloppant fous l'apparence d'une pellicule affez fine. On le reconnoît par cinq petites dents qui couronnent l'ovaire, & qu'on apperçoit difficilement. Ces deux figures font aug-mentées, ainfi que la premiere.

Le fruit fuccede à la fleur; il eft ovale, couvert de poils rudes, & compofé de deux femences qui fe féparent naturellement, comme nous l'avons démontré dans la figure (*f*). Ces femences font cannelées, & convexes extérieurement (*g*), & applaties intérieurement (*h*).

Toute la plante eft aromatique, âcre & piquante. La femence eft une des quatre femences chaudes mi-neutes, qui font celles d'ache ou de perfil, d'Ammi, de panais fauvage, & d'amome : on l'emploie dans les in-fufions & décoctions carminatives. Quelques Auteurs la recommandent dans les maladies de l'eftomac, & la prefcrivent comme un remede propre à faire ceffer la ftérilité des femmes, à la dofe d'un gros en poudre, dans du vin ou dans du lait. Il faut prendre ce remede trois heures avant dîner, de deux jours l'un, & le continuer cinq à fix fois Mathiole, qui recommande ce remede, défend les tendres ébats le jour qu'on en fait ufage.

La femence d'Ammi eft bonne pour les fleurs blanches, au rapport de Simon Pauli; mais fuivant cet Au-teur il faut que fon ufage foit précédé par un lavement fait avec les racines de gentiane & de zédoaire, de cha-cune un gros, de petite centaurée, de romarin & de lierre terreftre, de chacune une poignée, d'armoife & de méliffe, de chacune demi-poignée, de femences d'ariftoloches ronde & longue, de chacune deux dragmes; le tout bouilli dans fuffifante quantité d'eau.

La femence de cette plante entre dans la thériaque, dans le firop de bétoine compofé, dans *l'aurea alexan-drina* de Méfué, dans la *dialaccamagna* du même Auteur, dans la poudre *diacalamenthes*, dans celle de *dia-cimini* de Nicolas d'Alexandrie, dans l'electuaire des baies de laurier de Rhafis, & dans l'emplâtre de mélilot. Il fleurit dans les mois de Juin & d'Août.

Le Chanvre mâle, et le Chanvre femmelle.

Cannabis Sativa. Lin. Sp. Pl.

Ital. Canape. Esp. Canambo. Angl. hemp. Allem. Zanterhauff.

Gravure de Bocquet Regnault f.

LE CHANVRE MÂLE ET LE CHANVRE FEMELLE,

PLANTE ANNUELLE, DU NOMBRE DES HÉPATIQUES.

Cannabis fativa. C. B. P. 320. *Cannabis fativa.* L. S. P.

TOURNEF. claff. 5. fect. 6. gen. 5. LINN. Diœcia pentandria. ADANS. 47. Fam. des Châtaigniers.

TOUT le monde fait que le Chanvre eft une plante de la premiere néceffité, foit par fes tiges qui nous donnent les meilleures toiles & les cordages, foit par fa femence dont on tire une huile utile dans les Arts & dans la Médecine. Nous avons repréfenté (I) le Chanvre mâle & (II) le Chanvre femelle. On diftingue vulgairement ces deux efpeces dans un ordre contraire à celui où la Nature les a placées. Le peuple reconnoît fous la dénomination de *Chanvre mâle* l'efpece qui porte les graines, tandis qu'il nomme *Chanvre femelle* celle qui porte des fleurs fans produire de fruits. Comme l'expérience a démontré que les pieds qui ne portent que des fleurs font conftamment ftériles, tandis que les autres ont une fécondité conftante; que d'ailleurs l'orga-nifation des fleurs de l'une & de l'autre efpece (car le Chanvre vulgairement nommé mâle porte auffi des fleurs, comme on le verra ci-après) les rend propres à recevoir la fécondité l'un de l'autre, on ne peut plus raifonnablement déplacer leurs efpeces malgré le crédit qu'un long ufage a laiffé prendre à l'erreur.

La racine (*a*) de l'une & de l'autre efpece offre peu ou point de différence; c'eft un pivot fimple, ligneux, garni de quelque fibres peu rameufes, qui acquierent du volume à raifon de la force de la plante. Les tiges du chanvremâ le s'élevent communément à la hauteur de quatre pieds : elles font droites, fermes, quadrangu-laires, menues, rudes au toucher & rameufes : elles font creufes, ligneufes & couvertes d'un tiffu compofé de fibres très fines ; c'eft ce tiffu qui, après avoir effuyé différentes préparations, nous donne la filaffe, & c'eft celui qu'on tire du Chanvre mâle qui a la préférence dans le commerce. Les feuilles naiffent alternativement le long de la tige : elles font palmées ou compofées de plufieurs folioles qui partent du même centre ou qui s'étendent comme les doigts d'une main ouverte ; ces folioles font oblongues, terminées en pointe & dente-lées reguliérement : elles font portées à la tige par un pétiole commun long & cylindrique. Les fleurs naiffent dans les aiffelles des feuilles difpofées en grappes : elles ne font compofées que d'étamines. Nous en avons repréfenté une (*b*) entiere, le pédicule qui la foutient eft accompagné à fon origine d'une feuille florale longue, étroite & pointue La fleur eft compofée des cinq étamines que nous avons repréfentées (*c*) ; leurs antheres font longues & volumineufes : elles font foutenues par des filets courts & foibles qui les laiffent jouer au gré du vent : elles font raffemblées dans un calice (*d*) compofé de cinq folioles oblongues & concaves.

Les tiges du Chanvre femelle portent les mêmes caracteres que celles du mâle ; elles en different cependant par la qualité du tiffu qui les couvre, dont les fibres font plus fortes, auffi la filaffe qu'on en tire n'eft-elle propre qu'à faire de groffes toiles ou des cordages. Les feuilles de cette efpece different auffi du Chanvre mâle en ce que les folioles qui les compofent font plus longues & communément plus nombreufes. Les fleurs de cette efpece font raffemblées au fommet des rameaux : elles font deftinées à produire le fruit, & l'on voit aifément par leur conftruction qu'elles ne feroient fufceptibles d'aucune fécondité fans le concours des fleurs mâles. Nous en avons repréfenté une (*e*) : elle ne confifte qu'en un piftil, lequel eft compofé de l'ovaire, d'un ftyle court & de deux ftigmates égaux & recourbés. Le piftil eft foutenu par un calice fimple (*f*) d'une feule feuille ovale & terminée en pointe, fa fécondation s'opere à l'aide du courant de l'air qui tranfmet au piftil la pouffiere prolifique à mefure qu'elle s'échappe du fommet des étamines. Le calice de la fleur femelle perfifte jufqu'à la maturité du fruit, comme on le voit dans la figure (*g*) ; ce fruit confifte en une feule graine (*h*) connue fous le nom de *chenevis*.

Les feuilles récentes de cette plante ont un goût âcre & amere, fon odeur eft forte & pénétrante. La femence a un goût infipide ; elle contient beaucoup d'huile : on en tire par expreffion une huile bonne à brûler. On croit l'émulfion faite avec ces femences propre pour arrêter les fleurs blanches & les gonorrhées : elle eft utile aux perfonnes qui ont des obftructions au foie fans fievre : on l'ordonne auffi dans la jauniffe. Lorfqu'on fait cette émulfion avec le chenevis dépouillé de fon écorce & l'eau rofe, elle devient un cofmétique excellent pour effacer les marques de la petite vérole : on baffine le vifage avec du coton imbibé de cette liqueur. Le cataplafme fait avec les feuilles & la femence de cette plante pilée, eft réfolutif, propre pour réfoudre les tu-meurs skirrheufes & les écrouelles. Ce remede eft employé par les gens de la campagne.

Le chenevis pilé & infufé dans le vin blanc excite les urines & favorife les écoulements périodiques. Le fuc de chenevis, tiré par expreffion vers le temps de fa maturité, eft utile pour appaifer les douleurs d'oreilles caufées par quelque obftruction, au rapport de Diofcoride. L'huile de chenevis, mêlée avec la cire fondue, eft recommandée pour appaifer les douleurs de la brûlure.

L'Aubergine ou La Mayenne.

Solanum Melungena. Linn. Sp. Pl.

Ital. Melanzano. Esp. Berengena. Allem. Melantzan.

N.º 5

L'AUBERGINE, ou LA MAYENNE,

PLANTE ANNUELLE, DU NOMBRE DES ASSOUPISSANTES.

Solanum pomiferum fructu rotundo striato molli. C. B. P. 167. *Solanum melongena.* L. S. P.

TOURNEF. claff. 2. fect. 6. gen. 2. LINN. Pentandria monogynia. ADANS. 18. Fam. des Solanum.

CETTE plante croît naturellement dans les climats très chauds : on la cultive communément en Italie, & dans les provinces Méridionales de la France. Sa racine (*a*) eft un pivot fimple, garni de fibres rameufes. Sa tige s'élève d'environ un pied & demi : elle eft droite, cylindrique, rameufe, couverte d'un duvet léger. Les feuilles font portées alternativement le long de la tige par de longs pétioles, légèrement fillonnés dans leur longueur. Ces feuilles font ovales, terminées en pointe, entières, unies à leurs bords, foutenues par une forte nervure qui fe ramifie affez régulièrement, & qui eft affez fouvent d'une couleur pourprée. Les rameaux fortent des aiffelles des feuilles, & portent avec elles le même caractère que la tige.

Les fleurs naiffent le long de la tige & des rameaux, oppofées aux feuilles : elles naiffent ordinairement deux à deux, foutenues par des pedicules particuliers, ou par un pédicule commun, qui fe divife dans fa longueur. Ces pédicules font longs & cylindriques. Les fleurs font monopétales. Nous avons repréfenté (*b*) une corolle : elle eft divifée en cinq parties égales ; le nombre des divifions n'eft pas conftant ; il y en a fouvent fix, comme on le voit dans cette figure, & quelquefois huit, comme dans la fleur qui eft repréfentée au fommet de la tige. Le nombre des étamines eft ordinairement conforme à celui des divifions de la corolle : elles font attachées par la bafe de leurs filets à la bafe de la corolle, comme nous l'avons montré dans la figure (*c*), où la corolle eft repréfentée ouverte. Les anteres des étamines font longues & volumineufes, & fe réuniffent toutes par leur fommet en maniere de tête, comme on le voit dans la fleur (*d*). Le piftil (*e*) eft placé fous la fleur au fond du calice, & eft compofé de l'ovaire, d'un ftyle médiocre & d'un ftigmate hémifphérique ; il eft ordinairement caché par la réunion des étamines. Le calice (*f*) dans lequel repofe la fleur eft un tube d'une feule piece, ordinairement divifé en cinq parties ; mais le nombre de ces divifions varie autant que celui des divifions de la corolle ; chacune des divifions du calice fe prolonge jufqu'à la bafe par une côte faillante. Ce calice accompagne le fruit jufqu'à fa maturité.

Le fruit (*g*) fuccede à la fleur ; c'eft une baie ovoïde, alongée, molle, liffe, douce au toucher, couverte d'une peau épaiffe, violette en deffus & verte en dedans. Toute cette baie eft remplie d'une chair blanchâtre & fucculente, comme on l'a repréfentée dans la figure (*h*), où le fruit eft coupé tranfverfalement, & laiffe voir la difpofition des graines (*i*) qui font contenues dans le fruit.

Toute la plante a un goût fade, & un odeur légèrement narcotique. Le fruit eft d'ufage dans les aliments : dans les pays chauds on le mange en falade, & on le fait cuire comme les concombres. Cet ufage même devient commun à Paris depuis quelques années. Quoi qu'il en foit, plufieurs Auteurs ont tenté d'en profcrire l'ufage, & l'ont regardé comme un aliment dangereux. Il eft indigefte, excite des vents, & quelquefois des fievres.

On n'emploie cette plante en Médecine qu'extraordinairement : elle eft adouciffante, réfolutive, anodine, & émolliente, foit qu'on emploie l'herbe & le fruit en cataplafme, foit qu'on faffe un onguent avec le fuc de fes feuilles & du faindoux, l'un & l'autre s'applique utilement fur les hémorrhoïdes, fur les inflammations, fur le cancer & fur la brûlure. Elle fleurit dans les mois d'Août & de Septembre.

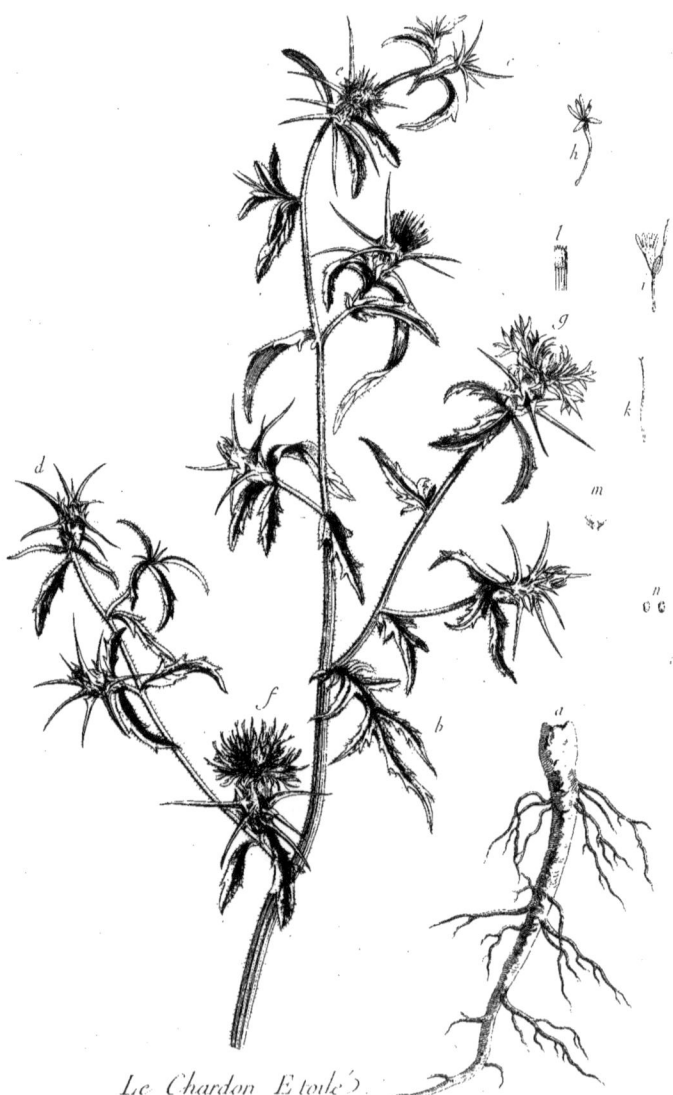

Le Chardon Etoilé.

Centaurea Calistrapa Linn. *Sp. Pl.*

Ital. *Calcatrepplo* Angl. *Starthistle* Allem. *Stern-Distel*.

Geneviève de Nangis Regnault *f.*

LE CHARDON ÉTOILÉ,

PLANTE VIVACE, DU NOMBRE DES APÉRITIVES.

Carduus ſtellatus foliis papaveris erratici. C. B. P. 387. *Centaurea calcitrapa.* L. S. P.

TOURNEF. claſſ. 11. ſect. 2. gen. 1. LINN. Syngeneſia Polygamia fruſtranea. ADANS 16. Fam. des Compoſées.

LE CHARDON ÉTOILÉ eſt auſſi connu ſous le nom de *Chauſſetrape.* Cette plante croît abondamment le long des grands chemins & aux lieux cultivés. Sa racine (*a*) eſt un pivot ſimple , garni de quelques fibres rameuſes. Ses tiges s'élevent juſqu'à la hauteur d'un pied & demi : elles ſont anguleuſes, cannelées, rarement droites, légérement velues & rameuſes. Il ſort quelquefois de la tige des feuilles radicales; comme elles ont le même caractere des feuilles caulinaires, nous ne les décrirons pas particuliérement. Les feuilles caulinaires naiſſent alternativement le long de la tige : elles ſont ſeſſiles ou attachées aux tiges par leur baſe ; leur forme varie beaucoup ; elles ſont quelquefois ailées ſur un ou pluſieurs rangs, comme dans la feuille (*b*), ou ſimples comme celles qui ſe trouvent au ſommet des tiges : elles ſont toutes longues & terminées en pointe; ſoit qu'elles ſoient découpées profondément ou qu'elles le ſoient peu, leurs découpures ſont toujours anguleuſes, ſans néanmoins être terminées par des épines , comme dans la plupart des chardons. Les rameaux ſortent des aiſſelles des feuilles, ou ſont oppoſés aux feuilles, & portent les mêmes caracteres que la tige.

Les fleurs naiſſent au ſommet des tiges & des rameaux ; elles s'annoncent long-temps avant la floraiſon par quelques épines (*c*) , qui , par leurs différents degrés d'accroiſſement, offrent d'abord l'enveloppe entiere (*d*). Ces fleurs commencent à paroître comme dans la figure (*e*) , & s'épanouiſſent enfin comme en (*f*). L'enveloppe ou calice général eſt remarquable par pluſieurs rangs d'épines longues & dures, dont la baſe eſt écailleuſe, large & hériſſée ; c'eſt la diſpoſition des épines de cette enveloppe qui a valu à la plante le nom de *chauſſetrape.*

La fleur eſt compoſée d'un amas de fleurons hermaphrodites dans le diſque, femelles ou ſtériles , à la circonférence ; ces derniers ſont ordinairement plus grands que ceux du centre, comme nous l'avons fait remarquer dans la fleur (*g*), qui offre une heureuſe variété de la Nature. Quoique cette fleur ſoit peinte d'après le naturel, il eſt rare de trouver les fleurons auſſi grands & auſſi évaſés qu'ils le ſont dans cette figure. Nous avons repréſenté (*h*) un des fleurons; c'eſt un tube cylindrique, menu à ſa baſe, évaſé à ſon extrémité, & diviſé en cinq ſegments longs & étroits. Le piſtil enfile le tube de la corolle, comme on le voit dans la figure (*i*), où la corolle eſt repréſentée ouverte. Le même piſtil eſt repréſenté nud (*k*) ; il eſt compoſé de l'ovaire , & d'un long ſtyle, qui eſt terminé par deux ſtigmates égaux : il eſt enveloppé par le groupe des étamines, qui s'annonce vers le milieu de ſa longueur par un gonflement ovoïde & alongé, comme on le voit dans la figure (*i*). Les étamines ſont raſſemblées ſous la forme d'un tube , par une membrane que nous avons repréſentée ouverte (*l*), laquelle eſt découpée à ſon ſommet en cinq petites dents; cette membrane eſt une eſpece de corolle. Les filets des étamines ſont détachés les uns des autres , & excedent de beaucoup la baſe du tube qui les renferme.

Les fruits qui ſuccedent aux fleurons ſont raſſemblés comme au fond de leur enveloppe, ſur un réceptacle couvert de poils longs & ſoyeux qui environnent les ſemences, comme on le voit dans la figure (*m*) , ce qui les fait paroître aigrettées, quoiqu'elles ſoient nues comme elles ſont repréſentées dans la figure (*n*).

Toutes les parties de la plante ſont en uſage en Médecine : elles ſont diurétiques, vulnéraires, fébrifuges, & ſudorifiques. La racine a une ſaveur douce, & les feuilles ont un goût amer : la racine s'emploie dans les tiſanes & dans les bouillons apéritifs, à la doſe d'une once dans une pinte d'eau. Quelques Praticiens y ajoutent deux gros de limaille de fer pour leur donner plus d'activité. Le ſuc des feuilles, pris au commencement du friſſon, eſt convenable pour guérir les fievres intermittentes ; la doſe eſt de quatre à cinq onces. Les feuilles, réduites en poudre, à la doſe d'un gros dans un verre de vin blanc, produiſent le même effet : on emploie le ſuc de ces feuilles pour emporter les taies des yeux , & pour déterger les ulceres. La décoction des jeunes tiges & des feuilles récentes eſt utile dans la colique néphrétique. Sa premiere écorce a la même propriété, au rapport de Chomel; il faut qu'elle ſoit cueillie vers la fin de Septembre , & ſéchée à l'ombre : on la réduit en une poudre ſubtile, qu'on fait infuſer dans un verre de vin blanc, à la doſe d'une dragme , & on la fait boire à jeun le vingt-huitieme jour de chaque mois.

Le colire, fait avec les feuilles de Chauſſetrape, macérée dans l'eau diſtillée de la plante, ou dans l'eau roſe, eſt recommandée, par Simon Pauli, pour les maladies des yeux.

La ſemence de Chardon étoilé eſt utile pour entraîner les matieres glaireuſes qui embarraſſent les conduits de l'urine : on la preſcrit à la doſe d'un gros dans un verre de vin blanc. L'utilité de ce remede eſt connu, mais l'abus en eſt dangereux ; un trop fréquent uſage eſt capable de faire piſſer juſqu'au ſang.

Le Sumac.

Rhus coriara Linn. *Sp. Pl.*

Ital. *Rhus* et *Samacho*. Esp. *Sumacha*. *Sumagro*. Angl. *Common Sumach*. Allem. *Gemein Gerber-Baum*.

Genevieve de Nangis Regnault f.

LE SUMAC,

ARBRISSEAU, DU NOMBRE DES PLANTES VULNÉRAIRES-ASTRINGENTES.

Rhus folio ulmi. C. B. P. 414. *Rhus coriaria.* L. S. P.

TOURNEF. claff. 21. fect. 1. gen. 3. LINN. Pentandria trigynia. ADANS. 44. Fam. des Piftachiers.

LE SUMAC ne croît naturellement que dans les pays chauds : on le cultive dans nos climats autant pour fa beauté que pour fes propriétés médicinales ; il demande une belle expofition , & une terre neuve & bien amendée. Le plus fouvent on le met en caiffe , & on mêle la terre avec moitié de terreau : on le multiplie de rejettons & de marcotes , & on le plante à quatre doigts dans terre.

Cet arbriffeau jette beaucoup de drageons ; fon bois eft tendre, & les jeunes tiges font couvertes d'un duvet rouffâtre. Les feuilles naiffent alternativement le long des branches : elles font compofées de plufieurs folioles rangées par paires & terminées par une impaire. Toutes les folioles font ovales, terminées en pointe , dentelées affez réguliérement, velues en deffous, & attachées au pétiole commun par leur origine.

Les fleurs de cet arbre font hermaphrodites ou ftériles , de forte qu'on les voit toutes fertiles fur le même pied, ou toutes ftériles fur d'autres pieds. Les fleurs naiffent au fommet des branches, difpofées en épis paniculés ; les premiers épis naiffent dans les aiffelles des feuilles, que nous avons décrites , ceux qui les fuivent font accompagnés à leur bafe d'une feuille fimple , oblongue. Ces nouvelles feuilles diminuent graduellement, & deviennent linéaires à l'extrémité du bouquet. Les fleurs font rofacées. Nous en avons repréfenté une (*a*) augmentée à la loupe : elles font compofées de cinq pétales (*b*) ovales & pointues. Les cinq étamines font attachées par leur bafe au difque de l'ovaire, de maniere qu'elles font éloignées de l'ovaire, & qu'elles touchent la corolle & le calice. Le piftil (*c*) repofe fur un difque orbiculaire & charnu ; il eft élevé fur le fond du calice, & ne fait corps ni avec lui ni avec la corolle ; il eft compofé de l'ovaire, d'un ftyle court & de trois ftigmates courbes & égaux : ces deux figures font augmentées, ainfi que la premiere. Toutes les parties de la fleur repofent dans le calice (*d*) , lequel eft divifé en cinq parties droites & pointues.

Le fruit (*e*), qui fuccede à la fleur, eft une baie fphérique & velue. Nous l'avons repréfentée (*f*) coupée longitudinalement, pour laiffer voir la place qu'occupe le noyau globuleux qu'elle renferme ; le même noyau eft repréfenté (*g*), & la figure (*h*) offre l'amande qu'il contient.

Le Sumac eft encore connu fous le nom de *Rhus des Indes*. Ses feuilles & fes fruits font d'ufage en Médecine. Les baies & les femences ont un goût acide & âpre : elles font rafraîchiffantes & anti-feptiques. L'infufion de ces baies, macérées dans l'eau froide , eft une boiffon falutaire dans toutes fortes d'hémorrhagies : la dofe eft d'une demi-once pour deux pintes d'eau : cette infufion eft utile aux fcorbutiques , foit qu'on l'ordonne intérieurement , foit qu'on l'emploie à baffiner les gencives.

La décoction des baies de Sumac s'ordonne avec fuccès pour arrêter le flux de fang : elle eft utile dans le cours de ventre & dans la dyffenterie. Chomel recommande , dans ces maladies, l'extrait de ces fruits ou grappes, fait avec l'eau commune, & donné à deux gros ou demi-once ; il le préfere à toute autre préparation : il eft propre à arrêter le flux immodéré des hémorrhoïdes & des écoulements périodiques. Quelques Praticiens l'eftiment propre à arrêter les gonorrhées. Les feuilles de cet arbre fervent à tanner les cuirs, comme celles du chêne vert : on les croit propres à teindre & à noircir les cheveux. Quelques perfonnes emploient la décoction des feuilles & des graines en layements pour arrêter le dévoiement. On croit que la gomme réfineufe que répand cet arbre, introduite dans les dents cariées , en appaife la douleur.

Le Laurier Rose.

Nerium Oleander. L.un. *Sp. Pl.*

Ital. *Nerio Oleandro.* R.sp. *adelfa eloendro.* Angl. *Rose-laurel.* Allem. *Oleanderboom.*

Inventé de Nanÿis Reÿnauli. f.

156

LE LAURIER ROSE,

Arbrisseau, du nombre des Plantes Errhines.

Nerion floribus rubescentibus. C. B. P. 464. *Nerium oleander.* L. S. P.

Tournef. claff. 10. fect. 5. gen. 1. Linn. Pentandria monogynia. Adans. 23. Fam. des Apocins.

CET arbriffeau eft originaire des Indes, & il paroît plutôt deftiné dans nos climats à l'amufement des yeux qu'à l'utilité médicinale; cependant fes bonnes & mauvaifes qualités nous ont engagé à le faire connoître.

Le Laurier rofe jette naturellement, de fa racine, plufieurs tiges, que les jardiniers ont foin d'élaguer, en réfervant feulement la principale, pour donner une belle figure à l'arbre. Ses feuilles font ou alternes, ou oppofées, ou difpofées trois par trois fur un même rang autour de la tige & des rameaux. Ces feuilles font en- tieres, unies, longues, pointues, vertes en deffus, & marquées d'une nervure fillonnée, droite & blanchâ- tre; le revers de la feuille eft pâle : la même nervure, qui partage la feuille en deffus, fous la forme d'un fillon, eft très faillante de l'autre côté, & les deux furfaces font couvertes latéralement de nervures qui les font paroî- tre ftriées. Les feuilles font attachées à la tige par des pétioles courts & membraneux qui embraffent une partie de la tige.

Les fleurs naiffent au fommet de la tige & des rameaux, difpofées en corymbe, foutenues par des pédicules courts. Ces fleurs font monopétales. Nous en avons repréfenté une (*a*); c'eft un tube cylindrique, menu à fa bafe, gonflé vers le milieu, évafé en foucoupe à fon extrémité, partagée en cinq grandes divifions ovales, & légérement courbées de gauche à droite; de cette maniere, le côté d'une des divifions couvre une partie de celui de fa voifine, comme on le voit dans la figure (*b*), où la corolle eft repréfentée ouverte. La corolle eft accompagnée intérieurement avec cinq lames qui font en oppofition avec les divifions de la corolle : elles font divifées à leur extrémité en trois petites dents pointues; ces cinq lames figurent agréablement au centre de la fleur. Les cinq étamines font placées à la bafe du tube de la corolle. Nous les avons repréfentées dans la même figure, pour faire voir leur difpofition. Nous en avons repréfenté (*c*) une féparée de la corolle; leurs filets font cylindriques, les antheres en forme de fer de fleche, & furmontées d'un filet long, flexible, & couvert d'un duvet très fin. Le piftil (*d*) eft repréfenté dans le calice, au fond duquel il repofe; il eft compofé de l'ovaire, d'un ftyle droit & cylindrique, & d'un ftigmate fphérique. Le calice renferme toutes les parties de la fleur; c'eft un tube monophylle, découpé jufqu'à fa bafe en cinq parties qui s'embraffent les unes les autres, & qui fe terminent en pointe à leur extrémité. Le calice accompagne l'ovaire jufqu'à fa maturité.

Le fruit (*e*) fuccede à la fleur; c'eft une capfule qui forme une efpece de filique à quatre fillons, compofée de deux valves formant une feule loge : ces valves s'ouvrent du fommet à la bafe, comme nous l'avons dé- montré dans la figure (*f*). Une nombreufe quantité de graines rempliffent la filique; nous en avons repré- fenté une feule (*g*) : elles font oblongues, & couronnées par une aigrette foyeufe.

Les feuilles du Laurier rofe ont un goût très âcre : elles font fternutatoires, purgatives & réfolutives. Toutes ces qualités font à un degré fi éminent dans cette plante, qu'on ne peut l'employer intérieurement fans danger. Diofcoride, & les Auteurs qui l'ont fuivi, conviennent que cet arbriffeau eft un poifon également dangereux aux hommes & aux animaux. Quelques Auteurs ont cependant prétendu que les fleurs & les feuilles du Laurier rofe, & les feuilles de rue, infufées dans du vin blanc, étoient très utiles pour garantir des fuites de la morfure des ferpents. Il fe peut faire, dit Chomel, que ce correctif adouciffe l'âcreté naturelle & la qualité pernicieufe de cet arbriffeau.

Les feuilles féchées fe réduifent en une poudre errhine d'autant plus dangereufe dans fon ufage, qu'elle eft long-temps à opérer; mais lorfqu'elle fait fon effet, il dure fi long-temps, & avec tant de violence, qu'on éternue jufqu'à faigner du nez. Ceux qui font habitués à prendre du tabac, & qui n'éternuent pas aifé- ment, dit le même Auteur, ne font pas à l'épreuve de cette errhine.

C'eft ainfi, qu'abufé par des remedes, que des Empiriques diftribuent, & que d'officieux ignorants prô- nent, nous nous rendons fouvent victimes d'une crédulité trop ordinaire aux malades. On ne fauroit être trop en garde contre tous ces prétendus remedes fpécifiques, dont la compofition eft inconnue; ils ne font, dit le vulgaire, compofés que de fimples. Mais qui ignore qu'il eft des fimples dont l'effet eft très pernicieux?

L'eau, dans laquelle on a fait macérer les feuilles de Laurier rofe, paffe pour être un violent poifon pour les moutons. Ses fleurs & fes fruits ont été regardés de tout temps comme un poifon mortel aux mulets, aux ânes, & aux chiens. Quoi qu'il en foit, on peut tirer avantage de l'ufage extérieur de cette plante. Le fuc des feuilles, mêlé avec le beurre, forme un onguent propre pour la galle & autres maladies de la peau : la décoc- tion des feuilles s'emploie au même ufage. Le Laurier rofe fleurit vers le milieu de l'été, & donne des fleurs pendant toute la belle faifon.

Le Caille-lait

Gallium verum. Linn. *Sp.Pl.*

Ital. Gralio Esp. *Coajaloche, yerva* Allem. *Megerkraut.*

117

LE CAILLE-LAIT,

Plante vivace du nombre des Céphaliques.

Gallium luteum. C. B. P. 335. *Gallium verum.* L. S. P.

Tournef. claff. 1. fect. 8. gen. 3. Linn. Tetrandria monogynia. Adans 19. Fam. des Aparines.

Le Caille-lait jaune, & le Caille-lait blanc *Gallium album vulgare.* C. B. P. croiffent communément le long des haies, dans les foffés & au bord des chemins. Nous n'avons repréfenté que la premiere des deux efpeces, parceque leurs caracteres font femblables, ainfi que leurs propriétés. Le Caille-lait blanc ne differe de celui-ci que par la couleur de fa corolle qui eft blanche, & par le volume de fes feuilles qui font un peu plus grandes que celles du Caille-lait jaune, & légérement dentées en maniere de fcie.

La racine (*a*) eft ligneufe, longue, traçante, garnie de beaucoup de fibres rameufes & ligneufes. Les tiges s'élevent environ à la hauteur d'un pied; elles font droites, grêles, quadrangulaires, légérement velues & noueufes. Les feuilles font raffemblées autour de chaque nœud de la tige, ordinairement au nombre de huit, & quelquefois davantage, difpofées fur un rang & attachées par leur origine : elles font entieres, longues, étroites & unies. Les rameaux fortent des nœuds de la tige, ainfi que les feuilles, oppofés deux à deux; ils portent les mêmes caracteres que la tige, & donnent eux-mêmes de nouveaux rameaux.

Les fleurs naiffent au fommet de la tige & des rameaux, ramaffées en grappe, foutenues par des pédicules cylindriques & courts. Ces fleurs font monopétales. Nous en avons repréfenté une (*b*) vue en deffus, & une autre (*c*) vue en deffous; c'eft un tube court évafé en foucoupe, & divifé en quatre parties ovales, & terminées en pointe. Les quatre étamines font l'alternative avec les divifions de la corolle : elles font attachées par la bafe de leurs filets fur un feul rang vers le haut du tube de la corolle. Le piftil (*d*) eft un ovaire pofé fous la fleur, renfermé dans un calice avec lequel il fait corps. Les deux ftyles font courbes & égaux, & terminés chacun par un ftigmate fphérique. Le calice enveloppe l'ovaire qu'il accompagne jufqu'à fa maturité; fon tube monophylle eft divifé à fon extrémité en quatre petites dents. Ces trois figures font augmentées à la loupe.

Le fruit (*e*) qui fuccede à la fleur eft une capfule tefticulaire à deux loges, renfermant deux graines arrondies & liffes d'un côté (*f*), & umbiliquées & marquées de plufieurs fillons qui partent du centre de l'autre face (*g*). Le fruit eft augmenté ainfi que la fleur.

Le Caille-lait eft encore connu fous le nom de *petit muguet.* Cette plante doit fa premiere dénomination à la propriété qu'elle a de cailler le lait : elle eft très peu odorante. Tous les Auteurs l'ont regardée comme anti-épileptique. M. de Juffieu l'eftime antifpafmodique : on l'emploie intérieurement & extérieurement. Le fuc tiré des fleurs, donné à la dofe d'une cuillerée, eft un excellent remede pour l'épilepfie des enfants. Chomel remarque que lorfque ce remede leur lâche le ventre fon effet eft plus fûr.

Le firop fait avec le fuc des fleurs de Caille-lait eft fort apéritif : on l'ordonne utilement pour provoquer les écoulements périodiques. Beaucoup d'Auteurs ont recommandé cette plante comme un fpécifique dans l'épilepfie, foit qu'on l'emploie en décoction, à la dofe d'une poignée de l'herbe fraîche dans une pinte d'eau, foit qu'on la prefcrive féchée & réduite en poudre à la dofe, depuis un demi-gros jufqu'à un gros. Emmanuel Konig prétend que l'efprit acide, qui domine dans toutes les parties de cette plante, la rend propre à ralentir la trop grande raréfaction des efprits, & par conféquent à calmer les mouvements convulfifs & irréguliers des nerfs. C'eft à cet acide qu'elle doit la propriété de faire cailler le lait.

La décoction de cette plante s'emploie utilement, au rapport de Tabernamontanus, pour guérir la gale feche des enfants, en les baffinant fouvent, ou en leur en faifant un bain. On croit l'ufage de l'infufion de cette plante utile pour la goutte.

Les fleurs de cette plante, pilées, s'appliquent utilement pour guérir les brûlures du feu. Ces fleurs font propres à arrêter le flux de fang, & particuliérement le faignement de nez, fuivant Bauhin : elle fleurit en Juin & Juillet.

Le Chevrefeuille.

Lonicera Periclymenum. Linn. *Sp. Pl.*

Ital. Caprifolio. Angl. honey-Suckle, Wood-Bind. Allem. Vualgilgen.

Gravure de Magger Reynoldi f.

LE CHEVREFEUILLE,

ARBRISSEAU, DU NOMBRE DES PLANTES DÉTERSIVES.

Periclymenum non perfoliatum germanicum. C. B. P. 302. *Lonicera periclymenum.* L. S. P.

TOURNEF. claff. 10. fect. 6. gen. 6. LINN. Pentandria monogynia. ADANS. 11. Fam. des Chevrefeuilles.

LE CHEVREFEUILLE eft un des arbriffeaux les plus agréables pour l'embelliffement des jardins, foit qu'on l'emploie à garnir des berceaux, des treillages d'appui ou des murs de terraffes, foit qu'on en garniffe les bofquets ou qu'on le faffe grimper autour des arbres. Ses fleurs répandent une odeur agréable, & forment des bofquets riants à la vue. On le multiplie de marcotes, de boutures & de plants enracinés; il réuffit dans toutes fortes de terreins.

Les tiges du Chevrefeuille font flexibles, & s'entortillent naturellement autour des arbres qui les avoifinent. Ses rameaux font alternes. Les feuilles font oppofées deux à deux le long des rameaux : elles font entieres, ovales, unies, douces au toucher, portées par des pétioles courts, quelquefois réunies par leur bafe, & perfoliées de maniere que les deux feuilles n'en forment plus qu'une qui eft enfilée par la tige. Cette réunion eft remarquable dans les feuilles qui naiffent au fommet des rameaux & qui foutiennent les bouquets : elles forment une efpece de coupe dans laquelle font ramaffées toutes les fleurs.

Les fleurs font accompagnées à leur bafe de deux petites ftipules ou écailles : elles font monopétales. Le tube eft très alongé ; il eft menu à fa bafe, gonflé & recourbé avant fon épanouiffement : alors la plus grande divifion de la corolle fe recouvre, & donne à la fleur la figure des labiées. Nous avons repréfenté (*a*) le tube de la corolle, ouvert par l'angle latéral de la grande divifion : elle eft divifée en cinq parties, dont l'une eft longue & étroite ; les quatre autres forment enfemble une efpece de levre inférieure, dont la partie mitoyenne eft découpée profondément en cœur. Les quatre étamines font attachées par la bafe de leurs filets vers le milieu du tube de la corolle : elles excedent la longueur des divifions ; leurs filets font droits & fermes ; les antheres font corps avec les filets : elles font ovoïdes & fillonnées : elles s'ouvrent en deux loges par les fillons latéraux, & répandent la pouffiere prolifique, laquelle confifte en corpufcules ovoïdes, jaunâtres & luifants. Le piftil eft placé au centre de la fleur & des étamines ; il excede, ainfi qu'elles, la longueur de la corolle, par celle de fon ftyle ; il eft compofé d'un ovaire pofé fous la fleur, & enfermée dans le calice (*b*) avec lequel il fait corps, d'un ftyle (*c*) long & cylindrique, & d'un ftigmate hémifphérique. Le calice (*b*) enveloppe l'ovaire qu'il accompagne jufqu'à fa maturité ; fes bords font entiers, & s'annonce par cinq petites divifions qui couronnent l'ovaire. C'eft fur les bords de ce calice que repofe la bafe de la corolle.

Le fruit (*d*) fuccede à la fleur ; c'eft une baie fphérique, umbiliquée, partagée en deux loges, dans lefquelles font renfermées les graines (*e*).

Les feuilles de cet arbriffeau ont un goût fade & ftyptique, & une odeur défagréable ; le goût de l'écorce eft âcre, falé, & d'une mauvaife odeur. Les feuilles & les fleurs font d'ufage en Médecine : elles font vulnéraires, apéritives, déterfives & defficatives : elles s'emploient en décoction pour calmer les tranchées qui furviennent après l'accouchement. Cette décoction eft bonne à calmer la toux, & propre aux maladies de la rate, & aux maux de gorge. Le cataplafme des feuilles pilées s'applique utilement fur les vieux ulceres. L'eau diftillée des fleurs de Chevrefeuille eft ophthalmique : on en baffine les yeux pour appaifer l'inflammation : on l'ordonne auffi pour fortifier les femmes en travail, à la dofe de trois onces mêlées avec une once d'eau de fleurs d'orange. Le firop des fleurs de Chevrefeuille eft regardé par quelques Médecins comme un remede infaillible dans le hoquet. Le Chevrefeuille fleurit à la fin de Juin, & donne des fleurs pendant une partie de la belle faifon.

La Parelle des marais ou Patience aquatique.

Rumex aquaticus. Lin. Sp. Pl.

Ital. Rombico Lapazio. Esp. Parella. Angl. Great Water-Dock. Allem. Ampffer.

Genevoive de Nangis Regnault. f.

119

LA PARELLE DES MARAIS, ou PATIENCE AQUATIQUE,

PLANTE VIVACE, DU NOMBRE DES ANTI-SCORBUTIQUES.

Lapathum aquaticum, folio cubitali. C. B. P. 116. *Rumex aquaticus.* L. S. P.

TOURNEF. claff. 15. fect. 2. gen. 2. LINN. Hexandria trigynia. ADANS. 39. Fam. des Perficaires.

CETTE efpece de Patience fe trouve dans les terreins très humides , fur les bords des rivieres & des étangs. Sa racine (*a*) eft brune en dehors & jaunâtre en dedans ; c'eft un long pivot qui s'étend profondément en terre ; il eft garni dans fa longueur de quelques fibres fimples.

Les tiges s'élevent à la hauteur de quatre à cinq pieds : elles font droites , fermes & cannelées. Les premieres feuilles qui fortent de la tige font fouvent radicales : elles font amples , longues d'un pied & quelquefois plus. Les feuilles caulaires font portées alternativement le long de la tige , à laquelle elles font attachées par leur origine : elles font entieres , longues , terminées en pointe , & légérement crenelées en leurs bords : à mefure qu'elles approchent du fommet de la tige elles deviennent plus unies & plus étroites. Les rameaux fortent des aiffelles des feuilles , & portent eux-mêmes des feuilles femblables à celles du fommet de la tige.

Les fleurs naiffent dans les aiffelles des feuilles , difpofées en épis paniculés , foutenus par des pédicules longs & cylindriques. Ces fleurs font à étamines. Nous en avons repréfenté une (*b*) ; c'eft , fuivant plufieurs Auteurs , un calice divifé en fix parties. Nous ne prétendons point faire de nouveaux fyftêmes , ni réfuter ceux des plus fameux Botaniftes , mais nous devons montrer la nature telle qu'elle nous a paru. Le calice (*c*) eft un tube d'une feule piece , divifé en trois dents , dans lequel fe trouvent placées trois feuilles ovales , dont une eft repréfentée (*d*) : elles font l'alternative avec les divifions du calice (*c*) , comme on le voit dans la figure (*b*) : elles tiennent par conféquent lieu de corolle à la fleur , fi on n'en admet point , ou forment un double calice qui tombe avant la maturité du fruit. Les fix étamines font foutenues par des filets foibles , qui laiffent jouer les anteres , comme nous l'allons repréfenter dans la figure (*e*). Ces anteres font parallélipipedes , fillonnées longitudinalement : elles s'ouvrent en deux loges , par les deux fillons latéraux. La pouffiere prolifique qu'elles répandent , confifte fen globules , petits , blanchâtres & tranfparents. Le piftil (*f*) eft placé au fond du tube du calice ; il eft compofé d'un ovaire & de trois ftyles , qui font couronnés par des ftigmates en forme de houppe. Le fruit (*g*) , qui fuccede à la fleur , refte enfermé dans le calice inférieur , dont les divifions fe replient & l'enveloppent , comme on le voit dans la figure (*h*). Ce fruit (*i*) eft une feule graine , nue , liffe & luifante , attachée par le bas au fond du calice.

La racine de cette plante eft âpre & amere au goût ; les feuilles font légérement acides. La racine , les feuilles & les fleurs font d'ufage dans la Médecine. La racine eft aftringente , déterfive & ftomachique. Les feuilles & les fleurs font aftringentes. Les racines s'emploient en décoction & en infufion : outre qu'elle a les vertus des autres Patiences , elle eft regardée comme un excellent anti-fcorbutique. Montengius , Auteur célebre , a fait un traité particulier de cette plante , dans lequel il s'étend beaucoup fur les différentes manieres de préparer les feuilles , les fruits & les racines : il recommande le remede fuivant pour préferver de la goutte.

On fait infufer pendant trois jours , dans fix pintes de vin blanc , fix onces de racines de Parelle aquatique , trois onces de celle de régliffe , trois onces de racines de gentiane , autant de macis & de canelle , trois onces de poivre noir , deux onces de fafran , une pinte de vinaigre de fureau : on expofe le vafe couvert à une chaleur affez modérée pour que le vin ne puiffe pas bouillir ; quand l'infufion eft faite on la paffe à la chauffe , on y ajoute trois jaunes d'œuf & un demi-feptier d'efprit de vin. On prefcrit ce remede à la dofe de deux ou trois onces par jour , & on en continue l'ufage pendant quinze jours. Cette tifane eft en ufage à Paris : on en retranche ordinairement les jaunes d'œuf , le poivre & le vinaigre.

L'infufion & la décoction de la racine de Parelle aquatique s'emploie utilement dans les maladies de la peau , dans la gale , les éréfipelles , les dartres , les rougeurs , &c. on les ordonne auffi dans les rhumatifmes , la goutte fciatique , & dans les maladies longues & opiniâtres. Quelques Auteurs ont donné la décoction de cette plante , ou la tifane faite avec cette racine , dans l'hydropifie de poitrine & dans l'afthme.

La Parietaire.

Parietaria officinalis. Lam. Sp. Pl.

Ital. *Parietaria.* Esp. *yerva del muro.* Angl. *Wall-wort.* Allem. *Maukraut.*

120

LA PARIÉTAIRE,

PLANTE VIVACE, DU NOMBRE DES EMOLLIENTES.

Parietaria officinarum & Dioscoridis. C. B. P. 121. *Parietaria officinalis.* L. S. P.

TOURNEF. classe. 15. sect. 2. gen. 9. LINN. Polygamia monoecia. ADANS. 35. Fam. des Blitum.

LA PARIÉTAIRE se trouve communément le long des murailles, où elle croît entre les pierres : on la rencontre aussi en terre aux pieds des vieux murs, & le long des haies dans les lieux ombrageux ; celle qui prend sa substance dans la terre est ordinairement plus grande dans toutes ses parties que celle qui se nourrit dans les interstices des pierres. La différence de nourriture n'en opere pas une sensible dans les propriétés de cette plante.

Sa racine (*a*) est un pivot médiocre, garni d'un nombre de fibres rameuses, disposées alternativement par paquets. Les tiges s'élevent jusqu'à la hauteur de deux pieds : elles sont cylindriques, cassantes, rougeâtres & rameuses. Les feuilles sont alternes, attachées à la tige par des pétioles légèrement sillonnés dans leur longueur : elles sont ovoblongues, terminées en pointe, entieres, unies, molasses, légèrement cotonneuses. Les rameaux sortent des aisselles des feuilles, & portent les mêmes caractères de la tige.

Les fleurs naissent dans les aisselles des feuilles, le long du sommet de la tige & des rameaux, disposées par paquets : elles sont partie hermaphrodites & partie femelles sur le même pied. Nous avons représenté une des fleurs hermaphrodites (*b*) augmentée au microscope ; c'est un double calice, dont le premier fait l'office de corolle ; il est monophylle, membraneux, divisé en quatre segments ovales & pointus : ces divisions sont colorées. Le double calice, dans lequel celui-là est placé, est aussi monophylle, divisé en quatre dents pointues, & portées par un pédicule court & cylindrique. Nous avons représenté (*c*) les quatre étamines, lesquelles sont en opposition avec les divisions du calice ; leurs antheres s'ouvrent avec explosion en quatre parties, comme on le voit dans la figure (*d*). C'est dans le moment de l'explosion, laquelle produit un bruit à la portée de nos organes, que la semence prolifique s'échappe, & va féconder le pistil. Celui-ci est représenté (*e*) ; il est composé de l'ovaire, d'un style, & d'un stigmate fait en houpe de couleur pourprée. Ces trois figures sont augmentées, ainsi que la premiere.

Le fruit qui succede au pistil consiste ordinairement en une semence ovoïde (*f*), enveloppée dans le premier calice, lequel s'est refermé après la fécondation, pour protéger la maturité du fruit, & est devenu une espece de capsule membraneuse, dans laquelle il est renfermé.

La Pariétaire n'est pas seulement émolliente, elle est encore apéritive, détersive & résolutive : on l'emploie intérieurement & extérieurement. L'usage de cette plante est utile dans la suppression d'urine, dans la pierre & dans la gravelle, de l'aveu de la plûpart des Auteurs. On employoit autrefois le suc en gargarisme pour guérir les maux de gorge, & on l'injectoit dans l'oreille pour en appaiser la douleur.

L'eau distillée de Pariétaire, à la dose de trois onces, mêlée avec autant de lis, une once d'huile d'amande douce, est un remede que Chomel recommande pour la colique néphrétique, comme l'ayant ordonné souvent avec succès. Les demi-bains, faits avec les plantes émollientes, auxquelles on associe la Pariétaire, sont très utiles dans cette maladie.

Toute la plante bouillie, appliquée en cataplasme sur le bas-ventre & sur la région de la vessie, est propre à faciliter le cours des liqueurs, & à dissiper les obstructions des visceres. Ce cataplasme, appliqué sur les parties où la goutte se fait sentir, est propre à en appaiser la douleur, au rapport de Dioscoride. Toute la plante hachée, frite dans du vieux beurre fondu, s'applique utilement sur la gorge pour dissiper les inflammations du gosier : il faut employer ce cataplasme chaud. Dans la migraine, le même cataplasme, fricassé avec le saindoux, appliqué sur le front, en appaise la douleur. Tragus faisoit appliquer sur les contusions un cataplasme de Pariétaire fricassé dans la poële, avec la mauve, la farine de feve, le son, l'huile & le vin. Camérarius employoit le cataplasme de cette plante, pilée & bouillie avec le vinaigre, & appliqué chaud sur les descentes accompagnées de douleurs dans les bourses.

Les sommités de la Pariétaire entrent dans le sirop de guimauve de Fernel, dans les décoctions émollientes. Le suc de la plante entre dans l'opiat céphalique, dont la description est à la notice de la marjolaine. *Voyez cette plante.*

Cette plante donne des fleurs depuis le mois de Juillet jusqu'à l'arriere saison.

Le Thim.

Thymus vulgaris. Linn. *Sp. Pl.*

Ital. *Thymo.* Esp. *Tomillo.* Sabsero. Angl. *Thyme.* Allem. *Thym.*

Geneviere de Nangis Regnault, f.

121

LE THYM,

PLANTE VIVACE DU NOMBRE DES CÉPHALIQUES.

Thymus vulgaris, folio tenuiore. C. B. P. 219. *Thymus vulgaris.* L. S. P.

TOURNEF. claſſ. 4. ſect. 3. gen. 7. LINN. Didynamia gymnoſpermia. ADANS 25. Fam. des Labiées.

LE THYM croît naturellement dans les pays chauds & dans nos provinces méridionales : on l'obtient dans les climats tempérés par la voie de la culture. Sa racine (*a*) eſt un pivot ligneux, garni de quantité de fibres rameuſes. Ses tiges n'excedent guere la hauteur d'un pied : elles ſont nombreuſes & ligneuſes, ainſi que les racines. Les feuilles ſont oppoſées deux à deux le long de la tige : elles ſont ſeſſiles, ou attachées à la tige par leur origine : elles ſont entieres, unies, ovales, & terminées en pointe. Il ſort de la tige un grand nombre de rameaux, aſſez ordinairement oppoſés dans les aiſſelles des feuilles. Ces rameaux portent les mêmes caracteres que la tige.

Les fleurs naiſſent au ſommet de la tige & des rameaux, diſpoſées en épis verticillés, c'eſt-à-dire rangées par étages : elles ſortent des aiſſelles oppoſées des feuilles, au nombre, depuis cinq juſqu'à dix à chaque étage, diſpoſées annulairement autour de la tige, & ſoutenues par des pédicules courts & cylindriques.

Ces fleurs ſont labiées ; chacune d'elles eſt un tube monopétale, évaſé à ſon extrémité, & diviſé en deux levres ; la levre ſupérieure eſt plus courte que l'inférieure : elle eſt retrouſſée & découpée en cœur ; l'inférieure eſt rabattue & diviſée en trois parties arrondies & preſqu'égales. Nous avons repréſenté cette corolle ouverte (*b*) latéralement par l'angle des deux levres, & augmentée à la loupe, pour faciliter l'examen de ſes diviſions, & pour montrer la place qu'occupent les quatre étamines, leſquelles ſont courtes & attachées par la baſe de leurs filets vers le milieu du tube de la corolle : leurs antheres ſe trouvent en oppoſition aux angles des diviſions de la corolle. Le piſtil (*c*) excede la longueur de la corolle ; il eſt compoſé de quatre ovaires diſtincts, rapprochés autour du ſtyle qui leur eſt commun, ſans leur être attaché, d'un ſtyle cylindrique, & de deux ſtigmates égaux & recourbés.

Le calice (*d*), dans lequel ſont raſſemblées toutes les parties de la fleur, eſt un tube menu à ſa baſe, gonflé au milieu & retréci à l'extrémité ; il eſt d'une ſeule piece, & diviſé à ſon extrémité en cinq ſegments aigus. Ces deux figures ſont augmentées, ainſi que la premiere. Les quatre graines (*e*) qui ſuccedent aux ovaires qui forment la baſe du piſtil, reſtent attachées au fond du calice juſqu'après leur maturité.

Toute la plante répand une odeur forte & aromatique. Le Thym eſt ſtomachique, carminatif, diaphorétique, cordial, réſolutif, inciſif, & alexitere : on l'emploie dans les décoctions & dans les infuſions aromatiques & céphaliques, qu'on ordonne en fomentation pour baſſiner les parties nerveuſes & muſculeuſes, affoiblies par le relâchement des fibres. L'odeur du Thym, au rapport de Pline, eſt ſi pénétrante qu'elle appaiſe le paroxiſme du haut-mal. On tire des feuilles récentes une eau diſtillée : on fait des eaux compoſées avec ſes ſommités fleuries & fraîches. L'huile eſſentielle, faite avec le ſuc de toute la plante, eſt propre à fortifier l'eſtomac, à exciter les urines & à favoriſer les écoulements périodiques : on la preſcrit à la doſe de cinq ou ſix gouttes, dans deux ou trois onces d'une liqueur convenable. Ce remede eſt propre à appaiſer la colique venteuſe.

Dans la douleur occaſionnée par les dents cariées, l'huile eſſentielle de Thym eſt un excellent remede : on en imbibe un peu de coton qu'on introduit dans la dent cariée pour en appaiſer la douleur.

La décoction de la plante, mêlée avec le miel, eſt anti-vermifuge, au rapport de Dioſcoride, & propre à ſoulager les aſthmatiques en facilitant l'expectoration. Le Thym entre dans le baume tranquille & dans pluſieurs autres compoſitions.

La Passerage.

Lepidium Latifolium. Linn. Sp. Pl.

Ital. *Piperora* Angl. *Dittander* Allem. *Pfefferkraut.*

Couronne de Rangis Regnault f.

122

LA PASSE-RAGE,

PLANTE VIVACE, DU NOMBRE DES ANTI-SCORBUTIQUES.

Lepidium latifolium. C. B. P. 97. *Lepidium latifolium.* L. S. P.

TOURNEF. class. 5. sect. 2. gen. 5. LINN. Tetradinamia siliculosa. ADANS. 52. Fam. des Cruciferes.

L A PASSE-RAGE croît communément dans les terreins fertiles & ombragés. Sa racine (*a*) est un pivot simple, garni de quelques fibres rameuses : elles jettent d'abord plusieurs feuilles radicales (*b*), grandes, amples, ovales, dentelées tout autour en maniere de scie, & soutenues par de longs pétioles, membraneux à leur base, & sillonnés dans leur longueur. Les tiges s'élevent à la hauteur de deux à trois pieds : elles sont droites & cylindriques. Les feuilles caulinaires sont alternes ; celles du bas de la tige sont portées par des pétioles courts, dont l'origine est une membrane large qui embrasse une partie du contour de la tige ; ils sont sillonnés comme ceux des feuilles radicales. A mesure que les feuilles approchent du haut de la tige elles deviennent sessiles, ou attachées à la tige par leur base : elles perdent aussi, en arrivant au sommet, leur dentelure & leur étendue, & deviennent, à l'extrémité, petites, longues, étroites, unies & obtuses. Les rameaux sortent des aisselles des feuilles, & portent les caracteres du sommet de la tige.

Les fleurs naissent vers le sommet de la tige & des rameaux, dans les aisselles des feuilles, disposées en bouquets, & soutenues par des pédicules cylindriques & courts. Ces fleurs sont cruciferes. Nous en avons représenté une (*c*) plus grande que nature : elles sont composées de quatre pétales (*d*) ovales, & disposées en croix. Les six étamines sont enfoncées par la base de leurs filets, & comme piquées dans un disque orbiculaire qui est sous l'ovaire : quatre des étamines sont longues & égales entre elles ; les deux autres paroissent plus courtes, parcequ'elles sont placées au-dessous des bords du disque, sous lequel elles se replient. Le pistil est placé au centre, sur le disque, où sont attachées les étamines ; il est composé de l'ovaire, d'un style court & d'un stigmate orbiculaire. Nous l'avons représenté dans le calice (*e*), au fond duquel il repose. Le calice est composé de quatre feuilles ovales, dont la chûte suit de près l'épanouissement de la fleur.

Le fruit (*f*) succede à la fleur ; c'est une silique orbiculaire à deux loges & deux valvules, séparées par une cloison membraneuse ; les valvules s'ouvrent longitudinalement, comme on le voit dans la figure (*g*), & les semences (*h*) sont attachées à la nervure qui borde la cloison membraneuse, & qui fait l'office de placenta.

Toute la plante a une saveur âcre. L'infusion de la plante, macérée dans l'eau, est une boisson utile aux scorbutiques. Les feuilles, séchées & réduites en poudre, se prescrivent à la dose d'un demi-gros dans un verre de vin blanc pour les hydropiques : on le prend le matin à jeun, pendant huit jours au moins.

La racine est adoucissante & résolutive : on en fait une tisane : on la donne en décoction aux scorbutiques. Ce remede convient à ceux qui sont affligés de vapeurs mélancoliques ; il est propre à exciter les urines, & à lever les obstructions des visceres. On fait, avec la racine, un cataplasme utile pour la goutte : on la pile, on la mêle avec du beurre, & on l'applique sur les parties où la goutte se fait sentir. Le cataplasme des feuilles broyées, ou du suc de la plante, passe pour avoir la même propriété.

On retire, de la Passe-rage, une eau distillée que quelques personnes emploient comme un cosmétique propre à effacer les cicatrices & les autres taches de la peau. Elle fleurit vers le mois de Juin.

a

b

c

d

e

f

Le Coignassier.

Pyrus Cydonia. Lam. Sp. Pl.

Ital. Mele cottogne. Esp. Membrillos marmellos. Angl. Quince-tree. Allem. Quittembaum.

Genevieve de Nangis Regnault f.

125

LE COIGNASSIER,

Arbre du nombre des plantes Vulnéraires-Astringentes.

Malus cotonea major. C. B. P. 434. *Pyrus Cydonia.* L. S. P.

Tournef. claff. 21. fect. 8. gen. 2. Linn. Icofandria pentagynia. Adans. 41. Fam. des Rofiers.

Le Coignassier eft un des arbres domeftiques dont on retire les plus grands avantages ; il eft utile dans les aliments, dans la Médecine ; & c'eft à lui que nous devons la qualité d'une grande partie des excellentes poires qui font les délices de nos tables. C'eft un fujet banal fur lequel on greffe , avec le même fuccès, les pommiers & les poiriers.

Le Coignaffier fe multiplie par la femence, par les rejettons, par les provins & par boutures. Ce dernier moyen eft le plus fouvent mis en pratique ; c'eft la maniere la plus prompte. Pour cet effet on plante de gros pieds de Coignaffiers à quatre pieds les uns des autres : on les coupe au mois de Mars à un pouce de terre , afin qu'ils jettent quantité de boutures, qu'on ne doit ni éplucher ni émonder pour ne les point altérer. Quand ces boutures font élevées à un pied & demi environ, il faut les buter avec de bonne terre mêlée de terreau à la hauteur d'un pied, pour leur faire jetter promptement des racines. L'hiver fuivant on peut lever les jets qui fe font enracinés, quelque foibles qu'ils foient , & les planter en pépiniere. Quand toutes les boutures font levées, on recouvre les fouches pendant l'hiver d'un peu de terre : on les découvre au mois de Février afin qu'elles en repouffent de nouvelles, dont on obtient de nouveaux fujets par les mêmes procédés, & ainfi de fuite , d'années en années, on peut fe procurer quantité de bons plants.

On greffe le Coignaffier fur différents fujets, comme aube-épine, & poirier fauvage. Ce dernier, par l'abondance & la douceur de fa feve, eft plus analogue à celle du Coignaffier , & mérite d'être préféré : on le greffe ordinairement en fente, dans le mois de Février & Mars ; il ne demande d'autre foin que quelques labours pendant fa jeuneffe ; dès qu'il a acquis de la force on peut l'abandonner aux mains de la Nature.

Le tronc du Coignaffier eft ordinairement tortueux ; fon bois dur ; l'écorce mince , cendrée en dehors & rougeâtre en dedans. Les branches font alternes ainfi que les feuilles. Ces dernieres font portées par des pédicules fillonnées dans leur longueur : elles font entieres , ovales & terminées en pointe.

Les fleurs naiffent ordinairement au fommet des rameaux : elles font rofacées, compofées de cinq pétales (*a*) ovales. Les étamines (*b*) font ordinairement au nombre de trente : elles font attachées par leur bafe au haut du tube du calice. Le piftil (*c*) eft placé au fond du calice ; il eft compofé d'un ovaire , de cinq ftyles & de cinq ftigmates. Toutes les parties de la fleur repofent dans le calice (*d*) , lequel eft un tube mono-phylle, évafé & divifé en cinq fegments ovales.

Le fruit (*e*) qui fuccede à la fleur eft connu de tout le monde fous le nom de *Coing*. Nous l'avons repré-fenté (*f*) coupé tranfverfalement, pour montrer la difpofition de la femence. Il a une odeur forte, une faveur acide & auftere ; fon odeur fe communique aux fruits qu'on enferme avec lui, auffi ne doit-on pas l'introduire dans les fruiteries.

Le Coing, mangé crud, paffe pour être ftomachique. On en fait une confiture nommé *cotignac* : on en fait un vin, des firops, une pâte, & d'autres compofitions. Ces différentes compofitions s'ordonnent avec fuccès dans les foibleffes d'eftomac, dans les indigeftions & dans le cours de ventre : on les prefcrit ordinaire-ment à la dofe , depuis une demi-once jufqu'à une once. Le fuc de Coing, à la dofe d'une once, mêlé avec trois onces d'eau de menthe, eft utile pour arrêter le vomiffement ; on y ajoute un peu d'eau de canelle.

On tire des femences de Coing, avec l'eau rofe , un mucilage excellent pour adoucir l'acrimonie des hu-meurs, pour diffiper la féchereffe de la langue dans la fievre maligne, pour guérir les crevaffes du mamelon des nourrices, pour l'inflammation des yeux, & pour la brûlure.

Les femences, dépouillées de leur écorce, bouillies dans le lait, & enfermées dans de petits fachets de linge élimé, s'appliquent utilement fur les hémorrhoïdes : il faut renouveller les fachets toutes les demi-heures.

Les habitants de la campagne emploient, avec confiance & avec fuccès, les feuilles de Coignaffier , trempées dans de l'eau ou du vin chaud, pour fécher les vieux ulceres des jambes.

Le Sureau
Sambucus negra. Linn. *Sp. Pl.*
Ital. *Sambuco*. Esp. *Sabugo*. Angl. *Elder-tree*. Allem. *holder*.

Gravures J. Ranais Reynardt. f.

LE SUREAU,

Arbrisseau, du nombre des plantes purgatives.

Sambucus fructu in umbella nigro. C. B. P. 456. *Sambucus nigra.* L. S. P.

Tournef. claff. 10. fect. 6. gen. 1. Linn. Pentandria trigynia. Adans. 11. Fam. des Chevrefeuilles.

S'il est peu d'arbrisseaux plus communs dans nos climats que le sureau, il en est peu dont les vertus soient plus nombreuses & mieux constatées. Le sureau vient presque sans culture ; il aime les terreins gras & humides, néanmoins il réussit dans les terreins sablonneux. Son bois est léger, creux, & rempli d'une moëlle spongieuse : son écorce extérieure est épaisse, gercée & rude au toucher ; l'intérieure est fine. Les jeunes branches sont souples, pliantes & moëlleuses comme la tige. Les feuilles sont opposées deux à deux & soutenues par de longs pétioles sillonnées dans leur longueur & accompagnées dans leurs aisselles de deux stipules : elles sont composées de plusieurs folioles rangées par paires, & terminées par une impaire. Les folioles sont ovales, terminées en pointe & dentelées régulièrement.

Les fleurs naissent au sommet des branches, disposées en corymbes : elles sont monopétales. Nous avons représenté une corolle (*a*) ; c'est un tube court, évasé en soucoupe, & divisé en cinq & quelquefois quatre segments arrondis. La même corolle est représentée (*b*) avec les cinq étamines qui sont l'alternative avec ses divisions. Le pistil (*c*) est représenté dans le calice ; il est composé d'un ovaire sous la fleur, d'un style très court & de trois stigmates ; il est placé au centre de la corolle. La fleur repose dans le calice (*d*) ; c'est un tube monophyle, divisé en cinq segments pointus.

Le fruit qui succede à la fleur est une loge sphérique (*e*) à une seule loge, renfermant trois des semences représentées (*f*), lesquelles sont convexes d'un côté & anguleuses de l'autre.

Toutes les parties de cet arbre sont d'usage en Médecine. Les feuilles de Sureau ont un goût herbacé ; il devient amer à mesure qu'elles approchent de leur perfection. Le goût du fruit est douçâtre. Les jeunes branches & les feuilles écrasées répandent une odeur nauséeuse & désagréable. Les feuilles fraîches sont purgatives, laxatives & diurétiques : séchées elles sont diaphorétiques ainsi que les fleurs. Celles-ci sont encore répercussives & résolutives. Les semences sont légérement purgatives. La seconde écorce est hydragogue, purgative & diurétique.

On emploie les feuilles en décoction & en fomentation. Les fleurs s'emploient en infusion & en décoction : on en fait un vinaigre connu de tout le monde sous le nom de *vinaigre surar*, qui, de l'aveu de tous les Auteurs, est moins contraire à l'estomac que le vinaigre commun : on en retire un esprit distillé du suc. Des baies de Sureau, on retire un rob. On associe les feuilles de Sureau à celles d'hieble & de tanaisie pour faire des fomentations, ou des bains de vapeurs pour dissiper l'enflure des jambes. On emploie utilement ces remedes pour les hydropiques. Hippocrate ordonnoit la décoction de ces feuilles dans l'eau, ou celle des racines dans le vin pour purger les hydropiques. D. Huls donne la préparation d'une huile excellente pour la goutte. Cette huile est produite par les feuilles même de la plante ; il faut les étendre feuille à feuille dans un pot de terre vernissé, en les comprimant souvent : on emplit le vase de cette maniere, avec la précaution de ne point replier les feuilles : on la couvre ensuite, & on l'enterre pendant un an. Au bout de ce temps on trouve sur la superficie une croûte, & dans le fond une huile précieuse pour cette maladie. Les propriétés de la seconde écorce de Sureau ont été vantées par plusieurs Auteurs. Au rapport de J. Bauhin la décoction de cette écorce, à laquelle on ajoute la thériaque, est bonne pour faire suer les pestiférés. L'huile qu'on en retire par infusion est vantée pour la goutte, pour toutes les inflammations & pour la brûlure. Le même Auteur ordonnoit l'infusion de cette écorce pour soulager les douleurs de la goutte. Simon Pauli assure qu'avec les raclures, appliquées sur la partie souffrante, il en a calmé les douleurs.

L'infusion des fleurs de Sureau, dans le petit-lait, est propre à guérir les maladies de la peau ; son efficacité est connue pour les érésipelles ; il faut en boire un verre soir & matin, & bassiner en même temps le visage avec l'eau de fleur de Sureau, à laquelle on ajoute un tiers d'esprit de vin. Le rob des baies de Sureau se prescrit dans la dyssenterie & dans le cours de ventre, à la dose depuis une demie-once jusqu'à une once.

a   *b*   *c*   *d*   *e*   *f*   *g*

Le Persil de Macedoine.

Bubon macedonium. Linn. Sp. Pl.

Ital. *Appio Macedonico.* Angl. *Macedonian Parsley.* Allem. *Stein-eppig.*

Genevieve de Nangis Regnault f.

125

LE PERSIL DE MACÉDOINE,

PLANTE BISANNUELLE, DU NOMBRE DES APÉRITIVES.

Apium Macedonicum. C. B. P. 154. *Bubon Macedonicum.* L. S. P.

TOURNEF. claſſ. 7. ſect. 1. gen. 2. LINN. Pentandria digynia. ADANS. 15. Fam. des Ombelliferes.

L E ſurnom de cette eſpece de Perſil annonce le lieu de ſon origine. On le rencontre en Macédoine, dans les lieux pierreux, & parmi les rochers : on l'obtient dans nos climats par la voie de la culture : on le cultive facilement : on le ſeme au printemps ſur planches, à claire voie, parcequ'il donne beaucoup de feuillages ; il lui faut une terre meuble ; il n'exige d'autres ſoins que d'arracher les mauvaiſes herbes, qui raviroient ſa ſubſiſtance ; il ſe paſſe volontiers d'arroſemens, & réſiſte très bien à la ſéchereſſe.

Sa racine (*a*) eſt un pivot ſimple, garni de quelques fibres peu rameuſes. Les tiges s'élevent à la hauteur d'un pied & demi : elles ſont légérement velues & rameuſes. Les feuilles ſont alternes : elles ſont portées par des pétioles dont l'origine embraſſe une partie de la tige. Celles du bas de la tige ſont grandes, anguleuſes, deux fois ailées, ſur deux ou trois rangs. Les folioles ſont anguleuſes, quelquefois diviſées en trois lobes, & dentelées aſſez réguliérement. Les feuilles du haut de la tige ne ſont ailées qu'une fois, & leurs découpures ſont plus rares. Les rameaux ſortent des aiſſelles des feuilles ; ils portent les mêmes caractères que la tige ; & les feuilles qui les accompagnent portent le même caractere que celles du ſommet de la plante.

Les fleurs naiſſent au ſommet de la tige & des rameaux, diſpoſées en ombelles ; l'enveloppe univerſelle, c'eſt-à-dire celle qui ſoutient l'ombelle univerſelle, eſt ordinairement compoſée de cinq feuilles longues & étroites, ſouvent elle n'en a que deux ou trois, & quelquefois même elle n'exiſte pas. Les rayons qui compoſent l'ombelle univerſelle partent tous du même centre, & vont tous, en ſe divergeant, porter à leur ſommet une ombelle partielle. L'enveloppe partielle eſt ordinairement compoſée de cinq à ſix feuilles très petites, longues, & menues ; mais, ainſi que l'ombelle univerſelle, celle-ci eſt quelquefois privée d'enveloppe.

Les fleurs ſont roſacées. Nous en avons repréſenté une (*b*) augmentée à la loupe : elle eſt compoſée de cinq pétales (*c*) ovales & recourbés. Les cinq étamines ſont l'alternative avec les pétales, & ſont attachées par la baſe de leurs filets ſur les bords du calice, en oppoſition avec chacune de ſes diviſions. Le piſtil (*d*) eſt peu apparent ; il eſt poſé ſous la fleur, & enfermé dans le calice ; il eſt compoſé de l'ovaire, de deux ſtyles & de deux ſtigmates qui ne ſont point diſtincts des deux ſtyles. Le calice qui enveloppe l'ovaire, avec lequel il fait corps, l'accompagne juſqu'à ſa maturité ; il ſe termine par cinq diviſions ſenſibles qui couronnent l'ovaire.

Le fruit qui ſuccede au piſtil eſt compoſé de deux graines (*e*) qui ſe ſéparent à leur maturité, & ſont ſoutenues par un double axe. Ces graines ſont ovales, couronnées & velues, convexes & cannelées d'un côté (*f*) & applaties de l'autre (*g*). Ces cinq figures ſont augmentées, ainſi que la fleur. Les graines ſont ſi petites qu'on a peine à les appercevoir.

Le cataplaſme de ces feuiles pilées, auxquelles on ajoute un peu d'eau-de-vie, s'applique utilement ſur les bleſſures & ſur les contuſions. Le même cataplaſme eſt propre à diſſiper le lait des mamelles. Les ſemences ont un goût âcre & aromatique : elles ſont propres à exciter l'urine, & à faciliter les écoulemens périodiques. Cette ſemence entre dans la thériaque.

Les vertus de cette plante ſont connues avec celles du perſil commun : on les ordonne indifféremment dans les mêmes maladies. La décoction de leurs racines eſt utile dans les fievres malignes & dans la petite vérole : elles s'emploient dans les tiſanes & les apozemes apéritifs.

L'herbe de Ste Barbe.
Erysimum Barbarea. Linn. Sp. Pl.

Geneviève de Nangis Regnault. f.

127

L'HERBE DE SAINTE BARBE,

PLANTE VIVACE DU NOMBRE DES DÉTERSIVES.

Eruca lutea latifolia, five barbarea. C. B. P. 98. *Erysimum, barbarea.* L. S. P.

TOURNEF. claff. 5. fect. 4. gen. 7. LINN. Tetradynamia filiquofa. ADANS 51. Fam. des Cruciferes.

L'HERBE DE SAINTE BARBE croît naturellement dans les terreins humides, au bord des ruiffeaux & dans les prairies baffes. Sa racine (*a*) eft compofée d'un amas de fibres fortes & rameufes. Ses tiges s'élevent à la hauteur d'un pied & demi : elles font droites, cylindriques, moëleufes, herbacées, fermes & rameufes.

Les feuilles naiffent alternativement le long de la tige : celles du bas de la tige font feffiles, ailées, découpées profondément jufqu'à la moitié de leur longueur ; l'extrémité eft entiere, ovale & crenelée légérement & inégalement. Ses feuilles inférieures font ordinairement maculées, d'une couleur pourprée. Les découpures de la bafe femblent être autant de folioles rangés par paires, fur la nervure qui foutient la feuille. Ce font les feuilles qui portent ce caractere qu'on appelle *lyri-forme*, ou *feuilles en forme de lyre*. En approchant du fommet de la tige, les feuilles perdent leurs découpures ; elles deviennent ovales, & terminées en pointe : elles embraffent par leur bafe une partie de la tige, & font peu ou point fufceptibles de fe colorer comme les inférieures.

Les Rameaux fortent des aiffelles des feuilles ; ils portent les mêmes caracteres que la tige, à la différence près des feuilles lyri-formes qui ne fe trouvent qu'à la bafe de la tige même.

Les fleurs naiffent au fommet de la tige & des rameaux, difpofées en épi, & rangées alternativement. Ses fleurs font cruciferes, compofées de quatre pétales (*b*) égaux & difpofés en croix. Ces pétales font ovales, terminés à leur bafe par un onglet, ils s'attachent au réceptacle du calice alternativement à fes feuilles. Les parties fexuelles (*c*) font les fix étamines, & le piftil qui reçoit d'elles la fécondité. Quatre de ces étamines font longues & égales entre elles ; les deux autres font conftamment plus courtes, & oppofées l'une à l'autre. Le piftil eft compofé d'un ovaire alongé, d'un ftil très court, & d'un ftigmate hémifphérique. Toutes les parties de la fleur repofent dans le calice (*d*) ; il eft compofé de quatre feuilles longues & étroites, qui tombent, ainfi que les pétales, avant la maturité du fruit.

Le fruit confifte en une filique droite à deux valves, lefquelles forment deux loges par le fecours d'une cloifon membraneufe & tranfparente qui partage la filique, & à laquelle font attachées les graines. Les deux valves fe féparent longitudinalement de bas en haut, à la maturité du fruit, comme on le voit dans la figure (*e*), où la filique eft repréfentée ouverte. C'eft dans cet état qu'elle répand les femences (*f*), lefquelles font ovoïdes & nues.

Les feuilles & les femences font d'ufage en Médecine. Toute la plante eft anti-fcorbutique, vulnéraire & déterfive, & les femences font apéritives. Les propriétés les plus connues de la plante font de guérir les bleffures, les plaies & les vieux ulceres. On pile légérement toute la plante, on la fait macérer dans l'huile d'olive pendant un mois, expofé au foleil. Ce baume a le plus grand crédit parmi les gens de la campagne pour guérir toutes fortes de bleffures. Cette propriété lui a fait donner par excellence le nom d'*herbe aux Charpentiers*.

L'infufion de cette plante, dans les bouillons ou dans les tifanes, s'emploie utilement dans l'hydropifie naiffante & dans le fcorbut. On la croit propre dans les maladies de la rate & dans la colique néphrétique. La femence s'emploie concaffée, & infufée dans le vin blanc, à la dofe d'un gros, pour chaffer le gravier des reins.

Le Pistachier.

Pistacia vera. Linn *Sp. Pl.*

Ital. *Pistachi.* Esp. *althoçigo.* Allem. *Vvelsch Pimpernußhaum.*

Geneviève de Nangis Regnault f.

128

LE PISTACHIER,

Arbre du nombre des Plantes Béchiques.

Piftachia peregrina, fructu racemofo, five therebinthus indica Theoph. C. B. P. 401. *Piftacia vera.* L. S. P.

Tournef. claff. 18. fect. 3. gen. 1. Linn. Dioecia pentandria. Adans. 44. Fam. des Piftachiers.

Le Pistachier croît naturellement dans la Syrie, dans l'Inde, dans la Perfe & dans l'Arabie : on le cultive facilement dans nos provinces méridionales ; il demande un terrein gras, & cependant léger & chaud ; il fe plaît à l'expofition du midi ou du levant : les collines lui font plus favorables que les vallons ; il fe multi- plie de rejettons enracinés, ou fe greffe fur amandier.

Le Piftachier s'éleve à une hauteur médiocre ; fon bois eft fort dur, très réfineux ; l'écorce eft épaiffe & cendrée. Nous avons repréfenté deux branches, dont l'une eft couverte de feuilles & l'autre eft chargée de fleurs. Les feuilles font alternes, foutenues par des pétioles fillonnés dans leur longueur : elles font très ovales, terminées en pointe & ailées, ou accompagnées à leur bafe de deux folioles latérales, auffi ovales & terminées en pointe.

Les fleurs font difpofées en panicules au fommet des branches, & dans les aiffelles des feuilles. Les fleurs mâles n'ont point de corolle. Nous en avons repréfenté une (*a*) augmentée à la loupe : elle eft compofée de cinq étamines (*b*) dont les antheres font fort longues & les filets très courts : elles font enfermées dans un calice (*c*) à cinq feuilles, longues, étroites & pointues, lequel eft foutenu par un pédicule court & cylin- drique, & accompagné d'une petite feuille florale, oblongue & fimple.

Les fleurs femelles font portées fur des pieds différents que les fleurs mâles : elles ne peuvent être fécondées qu'à l'aide du concours de l'air, qui tranfporte dans fon courant la pouffiere prolifique à mefure qu'elle fe détache du fommet des étamines, & en dépofe une partie dans les corps organiques des piftils qui compofent les fleurs femelles. Chacun de ces piftils eft compofé de l'ovaire, d'un ftyle très court & de trois ftigmates peu diftincts des ftyles.

Le fruit (*d*) fuccede à la fleur femelle ; il eft connu vulgairement fous le nom de *piftache* ; la membrane qui recouvre le noyau eft coriace : elle ne lui eft point adhérente. Le peu d'efpace qui refte entre le corps membraneux & le corps offeux eft rempli par un fuc réfineux & tranfparent, qui a le goût de la thérébentine. Le noyau eft compofé de deux valves formant une feule loge. Ces deux valves fe féparent longitudinalement, comme on le voit dans la figure (*e*) : elle renferme ordinairement une feule amande (*f*), laquelle eft re- couverte d'une membrane rougeâtre qui fe termine à une des extrémités en un corps membraneux & épais qui fe replie jufqu'à l'autre. Nous avons repréfenté cette amande (*g*) coupée tranfverfalement : elle eft partagée en deux offelets accouplés, dont la chair eft verte & légérement huileufe.

Le fruit n'eft pas la feule partie dont on faffe ufage en Médecine. La réfine qu'on retire du corps de l'ar- bre, donne, par la diftillation, une huile & un efprit qu'on ordonne à la dofe de douze à quinze gouttes. Les piftaches font apéritives, humectantes, pectorales & reftaurantes : elles font propres à fubtilifer les humeurs groffieres : elles fortifient le cœur & l'eftomac, & excitent l'appétit. Tout le monde fait qu'on les couvre de fucre ou de chocolat, & qu'on en fait des dragées.

On prefcrit les piftaches jufqu'à douze, affociées avec les amandes & les pignons blancs, dans les émulfions pectorales. On doit choifir les piftaches nouvelles, pefantes, & bien nourries.

La Veronique mâle, ou le Thé d'Europe.
Veronica officinalis. Lin. Sp.Pl.
Ital. Veronica. Angl. Speedwell. Allem. Ehrenpreis.

Genevieve de Nangis Regnault f.

129

LA VÉRONIQUE MALE, ou LE THÉ D'EUROPE,

PLANTE VIVACE, DU NOMBRE DES APÉRITIVES.

Veronica mas, fupina & vulgatiſſima. C. B. P. 246. *Veronica officinalis.* L. S. P.

TOURNEF. claſſ. 2, fect. 5. gen. 5. LINN. Diandria monogynia. ADANS. 27. Fam. des perſonnées.

LA VÉRONIQUE croît abondamment dans les bois & dans les prairies élevées. Sa racine (*a*) eſt ligneuſe; c'eſt un pivot médiocre garni de fibres rameuſes ; & ſes tiges ſont ordinairement couchées à terre : elles ſont ligneuſes, foibles, cylindriques & velues : elles tracent à la ſurface de la terre, jettent de nouvelles racines de diſtance en diſtance, & ne parviennent guere à la hauteur d'un pied : elles jettent çà & là des rameaux qui ſont couchés à terre comme elles, & n'élevent que leur ſommet. Les feuilles ſont oppoſées deux à deux : elles ſont portées par des pétioles courts & membraneux qui embraſſent la tige par leur baſe. Ces feuilles ſont ovales, terminées en pointes, & dentelées finement & aſſez réguliérement tout autour. Les rameaux ſortent des aiſſelles des feuilles, & portent les mêmes caractéres que la tige.

Les fleurs ſont portées des aiſſelles des feuilles vers le ſommet de la tige & des rameaux, diſpoſées en épi : elles ſont ſoutenues par des pédicules cylindriques & courts, leſquels ſont accompagnés à leur origine d'une feuille florale, oblongue & unie. Ces fleurs ſont monopétales. Nous en avons repréſenté une vue par derriere (*b*) ; c'eſt un tube cylindrique à ſa baſe, & évaſé en ſoucoupe à ſon extrémité, & diviſé en quatre parties arrondies. La même corolle eſt repréſentée ouverte (*c*), & laiſſe voir les deux étamines qui ſont attachées par leur baſe aux parois de la corolle, dont elles excedent la longueur. Le piſtil eſt repréſenté (*d*) poſé au centre du calice ; il eſt compoſé de l'ovaire, d'un ſtyle long & cylindrique, & d'un ſtigmate hémiſphérique. Le calice dans lequel repoſe la fleur eſt repréſenté (*e*) ; c'eſt un tube médiocre, diviſé en quatre dents pointues : il perſiſte juſqu'à la maturité du fruit.

Le fruit qui ſuccede à la fleur eſt une capſule (*f*) platte, comprimée par le haut, partagée en deux loges, leſquelles ſont formées par quatre valvules. Cette capſule, dépouillée du calice, a la forme d'un cœur, comme elle eſt démontrée dans la figure (*g*), & les graines repréſentées (*h*) ſont renfermées dans les deux loges de la capſule. Toutes les diſſections ſont repréſentées un peu plus grandes que nature.

Cette plante eſt une des plus recommandables de nos climats, & dont les propriétés ſont le mieux conſtatées : on emploie fréquemment des feuilles de Véronique en infuſion théiforme. Le rapport de ſes vertus avec celles du thé lui a fait donner le nom de *thé d'Europe ;* & nombre de ſes vertus ont donné lieu d'écrire l'hiſtoire de cette plante, laquelle eſt imprimée à Paris ſous le titre de *Thé de l'Europe.* Pluſieurs Praticiens élevent ſes vertus au-deſſus de cette plante étrangere, pour diſſiper les étourdiſſements, les migraines, la peſanteur de la tête & les aſſoupiſſements. On fait infuſer une pincée de feuilles de Véronique dans un demi-ſeptier d'eau bouillante : l'uſage de cette infuſion eſt propre aux gens de Lettres : elle rend la tête plus libre & plus capable de ſoutenir l'application & l'étude. La Véronique s'emploie utilement dans la rétention d'urine, dans la gravelle. Son uſage eſt propre à rétablir le cours des liqueurs, & à déſobſtruer les viſceres: on l'emploie utilement dans les maladies longues cauſées par les obſtructions du foie, du pancréas & des glandes du méſentere.

Les feuilles de Véronique entrent dans les infuſions & les décoctions vulnéraires. L'eau diſtillée de Véronique, & le ſirop fait avec le jus de cette plante, ſont regardés comme d'excellents remedes pour arrêter le crachement de ſang, pour appaiſer la toux, pour guérir l'ulcere du poumon, & pour ſoulager les aſthmatiques.

L'eau diſtillée de la Véronique, ou la décoction de toute la plante, s'emploie extérieurement avec ſuccès pour effacer les taches de la peau, pour la gale & la gratelle, en baſſinant les parties malades, ou en en faiſant des fomentations, ſuivant du Renou. Ce remede eſt utile pour le cancer.

La Véronique entre dans l'eau vulnéraire, dans l'eau d'arquebuſade, & dans le mondificatif d'ache.

Le Liege.
Quercus Suber. Linn. Sp. Pl.
Ital. *Suvero* ou *Subro* Angl. *Cork-tree*. Allem. *Kerghaum.*

Commune de Hangis Reynauld f.

130

LE LIEGE,

Arbre du nombre des Plantes Vulnéraires-Astringentes.

Suber latifolium perpetuò virens. C. B. P. 424. *Quercus suber.* L. S. P.

Tournef. claſſ. 19. ſect. 2. gen. 3. Linn. Monoecia polyandria. Adans. 47. Fam. des Châtaigniers.

Le Liege croît naturellement en Eſpagne, en Italie, & dans les Provinces méridionales de France ; il ſe plaît dans les terreins ſablonneux ; il s'éleve à une hauteur médiocre. Son tronc eſt gros, & couvert d'une écorce recommandable dans les Arts, & qui eſt connue ſous le nom de *Liege*. Cette écorce eſt épaiſſe, légere, ſpongieuſe : elle ſe fend & ſe ſépare de l'arbre, ſi on n'a pas ſoin de l'en détacher. Il ſemble que la Nature ait voulu, par cette opération naturelle, nous inviter à recevoir un bienfait dont nous tirons tant d'avantages.

Pour faire la récolte de cette écorce, on fait une inciſion coronale aux deux extrémités du tronc de l'arbre, & une dans toute la longueur : elle ſe détache facilement à l'aide de la nouvelle écorce qui doit lui ſuccéder. On l'expoſe enſuite à l'ardeur d'un feu de charbon, puis on la met en preſſe ſous de groſſes pierres pour l'applatir ; c'eſt dans cet état qu'elle eſt introduite dans le commerce. Tout le monde ſait que le Liege eſt employé pour faire les ruches, les bouchons, les filets, &c. L'écorce du Liege calciné donne une cendre noire très legere connue ſous le nom de *noir d'Eſpagne*, qui eſt employée par pluſieurs Ouvriers.

Nous n'avons repréſenté que l'extrémité d'une des branches. Les rameaux ſont alternes, & les feuilles naiſſent alternativement les long des rameaux, où elles ſont portées par des pétioles courts & cylindriques : elles ſont ovales, terminées en pointe, découpées aſſez régulierement en petites dents aiguës : elles ſont vertes en deſſus, & blanchâtres en deſſous.

Les fleurs naiſſent mâles & femelles diſtinctes ſur le même pied. Les fleurs mâles ſont diſpoſées ſur des chatons lâches, que l'on voit dans la planche attachés aux rameaux. Nous en avons montré une (*a*) augmentée à la loupe : elles ſont compoſées de pluſieurs étamines réunies, qui ſe ſéparent comme on le voit dans la figure (*b*) : elles ſont raſſemblées dans un calice monophylle (*c*) à cinq diviſions. Nous avons repréſenté une des étamines (*d*) vue en deſſus, & une (*e*) vue en deſſous. Leurs filets ſont courts, & les antheres volumineuſes & marquées de quatre ſillons longitudinaux. Ces quatre figures ſont augmentées, ainſi que la premiere.

Les fleurs femelles ſont compoſées d'un piſtil, renfermées dans un calice hémiſphérique à peine viſible avant la formation du fruit. Il eſt repréſenté (*f*) dans l'état de maturité ; c'eſt un baſſin uni en dedans, ruſtique en dehors, dans lequel repoſe le fruit (*g*). Ce fruit eſt un gland à une ſeule loge, liſſe en dehors, tapiſſé en dedans d'une membrane ſpongieuſe. Nous l'avons repréſenté (*h*) coupé longitudinalement. On voit dans cette figure la place qu'occupe les deux ſemences que nous avons repréſentées ſéparément ; l'une (*i*) vue extérieurement, & l'autre (*k*) vue intérieurement.

Le gland du Liege eſt aſtringent. Quelques Auteurs l'ont employé pour guérir la colique venteuſe. Son écorce eſt déterſive & aſtringente : on l'ordonne en poudre à la doſe depuis un demi-gros juſqu'à un gros, pour arrêter les hémorrhagies & le cours de ventre.

Chomel recommande l'onguent fait avec le Liege & l'huile d'œufs ou d'amandes douces, comme un remede éprouvé pour adoucir les hémorrhoïdes & les réduire inſenſiblement.

Le Scordium ou *La Germandrée* (aquatique).

Teucrium Scordium . L. *sp.* Sp. Pl

Ital. *Camedrio Quercivole*. Esp. *F. scordio* ou *Camedreos*. Angl. *Germander*. Allem. *Germanderlei Bathanger*.

181

LE SCORDIUM, ou LA GERMANDRÉE AQUATIQUE,

Plante vivace du nombre des Diaphorétiques.

Scordium. C. B. P. 247. *Teucrium Scordium.* L. S. P.

Tournef. claff. 4. fect. 4. gen. 1. Linn. Didynamia gymnofpermia. Adans 15. Fam. des Labiées.

La Germandrée aquatique eft encore connue fous le nom de *Chamarraz* : elle fe plaît dans les terreins humides & marécageux : on la trouve ordinairement au bord des étangs. Sa racine (*a*) eft traçante & compofée de plufieurs fibres rameufes. Ses tiges s'élevent à la hauteur de neuf à dix pouces, la plupart font couchées à terre, & ne s'élevent que par le fommet : elles font quadranguleufes, velues & rameufes. Les feuilles font oppofées deux à deux le long de la tige, à laquelle elles font attachées par leur origine : elles font ovoblongues, & dentelées affez réguliérement. Les rameaux fortent des aiffelles des feuilles, & portent les mêmes caractères que la tige.

Les fleurs naiffent dans les aiffelles des feuilles vers le fommet de la tige & des rameaux : elles font labiées. Chacune d'elle eft un tube (*b*) cylindrique recourbé à fon extrémité, ne formant qu'une feule levre inférieure divifée en cinq parties ; celle du milieu eft grande, ovale, & légérement concave ; les quatre autres font petites, arrondies & difpofées latéralement aux deux côtés de la grande. Les quatre étamines occupent la place & femblent tenir lieu à la corolle de levre fupérieure : elles font difpofées par paires, & attachées par la bafe de leurs filets au haut du tube de la corolle, comme on le voit dans la figure (*c*), où la corolle eft repréfentée ouverte par la partie fupérieure de fon tube. Le piftil eft attaché au fond du calice ; il enfile le tube de la corolle, & n'en excede point la longueur ; il eft compofé de l'ovaire, d'un ftyle cylindrique, & de deux ftigmates courbes & égaux. Nous l'avons repréfenté dans la même figure que le calice ouvert (*d*), lequel eft un tube médiocre d'une feule piece, divifé à fon extrémité en cinq dents égales & aiguës. Quand les étamines ont fécondé le piftil, la corolle fe fane & tombe. Le calice perfifte jufqu'après la maturité du fruit, & les quatre graines (*e*), qui compofoient le piftil, reftent encore après leur maturité attachées au fond du calice.

Les feuilles de la Germandrée aquatique ont une odeur légérement aromatique, & un goût amer. Toute la plante s'emploie récente & féchée. On prépare avec fes fommités fleuries un extrait, une conferve, un vin & un vinaigre ; l'extrait & la conferve fe prefcrivent à la dofe de demi-once, & le vin & le vinaigre depuis quatre onces jufqu'à fix. La plante féchée & réduite en poudre fe donne dans du bouillon, ou s'emploie en infufion théiforme comme quand la plante eft fraîche. Cette plante eft cordiale, béchique, apéritive & vulnéraire-déterfive. Son infufion s'ordonne avec fuccès dans la petite vérole, la rougeole & les autres maladies de la peau. On l'emploie utilement dans les fievres malignes. La conferve ou l'extrait provoque la fueur, excite les urines, & favorife les écoulements périodiques. On ordonne la conferve aux afthmatiques & aux phthifiques à la dofe d'une once, pour faciliter l'expectoration.

La Germandrée aquatique entre dans la thériaque, le mithridate & l'orviétan : elle a donné fon nom à l'électuaire diafcordium de Fracaftor. On l'emploie dans les lotions vulnéraires pour baffiner les parties ulcérées, & menacées de gangrene : elle entre dans le vinaigre thérial, dans l'huile de fcorpion, dans la poudre contre les vers, & dans plufieurs autres confections alexiteres.

La Turquette.

hernaria Glabra. Linn. Sp Pl.

Ital. *Ernaria* Angl. *Rupture-wort* Allem. *Kam-Kraut, Bruch-Kraut*

Commune de Banque Regnault. f.

132.

LA TURQUETTE,

PLANTE ANNUELLE, DU NOMBRE DES APÉRITIVES.

Polygonum minus, five millegrana major glabra aut hirfuta. C. B. P. 281. *Hernaria glabra.* L. S. P.

TOURNEF. claff. 15. fect. 2. gen. 6. LINN. Pentandria digynia. ADANS. 38. Fam. des Efpargoutes.

LA TURQUETTE eft encore connue fous les dénominations d'*herniole*, *herniaire*, *herbe du Turc*. Elle croît naturellement dans les terreins arides & fablonneux. Sa racine (*a*) eft fimple & garnie de quelques fibres peu rameufes. Ses tiges font grêles, articulées, ordinairement couchées à terre, rameufes. La tige eft de la longueur d'un pied au plus. Les feuilles font oppofées deux à deux le long de la tige & des rameaux ; il n'en refte le plus fouvent qu'une à l'origine de chaque rameau, & elle fe trouve en oppofition avec lui. Ces feuilles font entieres, ovales, unies, fans découpures, feffiles, & accompagnées à leur origne de petites ftipules membraneufes. Les rameaux portent les mêmes caractères que la tige.

Les fleurs font axillaires, elles naiffent folitaires ou plufieurs enfemble, portées par des pédicules cylindriques & courts, dans les aiffelles des feuilles : elles font fi petites qu'on les diftingue difficilement à la vue. Nous en avons montré une (*b*) grandie au microfcope ; c'eft un calice d'une feule piece, divifé en cinq fegments égaux, ovales, terminés en pointe ; concave, comme nous l'avons démontré dans la figure (*c*), où le calice eft repréfenté de profil. La figure (*b*) montre la difpofition des cinq étamines, lefquelles font en oppofition avec fes divifions : elles font attachées par leur bafe au fond du calice. Le piftil eft placé au centre.

Les fruits qui fuccedent aux fleurs font de petites capfules membraneufes (*d*) qui renferment des femences fphériques (*e*).

Toute la plante a une faveur âcre & falée. Le nom d'herniole ou herniaire a été donné à cette plante en faveur de la propriété particuliere qu'elle a de guérir les hernies ou defcentes. En effet, le cataplafme de l'herbe pilée guérit les hernies, pourvu qu'elles ne foient point adhérentes, & qu'un concours d'accidents, tels que vomiffements d'excréments, coliques, &c. ne forcent point à avoir recours à l'opération ; car dans ces cas extrêmes, le cataplafme feroit non feulement infuffifant, mais peut-être dangereux : on ne l'emploie que dans e cas où la defcente eft réductible. Dans le même temps que l'on fait ufage du cataplafme à l'extérieur, il faut faire boire au malade le fuc de la plante, à la dofe de deux onces, ou fon eau diftillée à la dofe de quatre.

L'Herniole s'emploie comme diurétique, pourvu qu'il n'y ait point de pierre à craindre ; car alors il occafionne les mêmes accidents que les diurétiques chauds ; il irrite les douleurs. On fait du vin avec la plante récente, par le même procédé que le vin d'abfynthe. Toute la plante fe donne en infufion ou en decoction dans de l'eau ou du vin blanc : la dofe eft d'une poignée dans chaque pinte de liqueur. La plante féchée, réduite en poudre, fe donne en opiat à la dofe d'un gros, & dans le bouillon à la même dofe. L'ufage continué de l'eau diftillée de Turquette, fuivant G. Bauhin, eft propre à guérir la jauniffe & à défopiler le foie.

Chomel vante fort les propriétés de l'Herniole pour la rétention d'urine & la colique néphrétique. Il dit avoir vu de bons effets de fon ufage dans l'enflure & l'hydropifie. Cette plante, employée en tifane, deffeche & diffipe la férofité répandue dans l'intervalle des mufcles & de la peau. L'ufage de l'Herniole convient dans la jauniffe. La décoction de cette plante eft propre à appaifer la douleur des dents : on s'en lave la bouche pendant qu'elle eft chaude. L'Herniole entre dans la poudre de Bauderon pour les defcentes des enfants. La Turquette fleurit en Juin, & donne des fleurs jufqu'à la fin de l'été.

La Lampsane.

Lapsana communis. Lum. Sp. Pl.

Ital. Lapsana Angl. Wart Succory Allem. Zantische Wegwart.

Commun de Baugis Regnault f.

133

LA LAMPSANE,

PLANTE ANNUELLE, DU NOMBRE DES DÉTERSIVES.

Soncho officinis, Lampſana domeſtica. C. B. P. 124. *Lapſana communis.* L. S. P.

TOURNEF. claſſ. 13. ſect. 2. gen. 4. LINN. Syngeneſia polygamia æqualis. ADANS. 16. Fam. des Compoſées.

CETTE plante ſe trouve abondamment le long des haies, au bord des chemins, dans les terres en jacheres & dans preſque tous les lieux cultivés. Sa racine (*a*) eſt un pivot garni d'une nombreuſe quantité de fibres rameuſes diſpoſées comme par paquets : elle porte d'abord quelques feuilles radicales, découpées, terminées par une foliole ſinuée & codiforme.

Les tiges s'élevent à la hauteur de deux ou trois pieds : elles ſont creuſes, cannelées, légérement velues & rameuſes. Les feuilles caulinaires ſont attachées à la tige par leur origine : elles ſont alternes, oblongues, découpées irrégulierement & terminées en pointe : elles perdent de leurs découpures à meſure qu'elles approchent du ſommet, & finiſſent ſouvent par n'être plus que linéaires. Les rameaux ſortent des aiſſelles des feuilles & portent le même caractere que la tige.

Les fleurs naiſſent au ſommet de la tige & des rameaux, diſpoſées deux à deux. Ces fleurs ſont radiées, compoſées de quinze à ſeize demi-fleurons hermaphrodites. Nous en avons repréſenté un (*b*) ; c'eſt un tube cylindrique terminé par une languette, découpée à ſon extrémité en trois ou quatre dents aiguës. Les parties ſexuelles ſont renfermées dans le tube : elles ſont apparentes au dehors, & n'excedent point la longueur de la languette : elle conſiſte en un piſtil & cinq étamines. Le piſtil (*c*) eſt compoſé d'un ovaire qui forme ſa baſe, & duquel il ſe détache facilement, & d'un ſtyle cylindrique terminé par deux ſtigmates égaux & recourbés ; il eſt enveloppé d'un tube que nous avons repréſenté ouvert (*d*) ; leque eſt découpé à ſon extrémité en quatre petites dents aiguës. Les cinq étamines ſont attachées aux parois de ce tube, & la baſe de leurs filets excede celle du tube, & poſe ſur la couronne de l'ovaire : comme on le voit par cette deſcription, ce ſecond tube eſt enfermé dans celui qui conſtitue le demi-fleuron, & qui ſemble lui ſervir de calice. Tous les demi-fleurons ſont raſſemblés dans l'enveloppe (*e*). Nous l'avons repréſentée ouverte, quoiqu'elle ne le ſoit pas ordinairement, pour laiſſer voir l'arrangement des feuilles qui la compoſent : elles ſont accompagnées à leur baſe de pluſieurs écailles. Toutes les graines qui ſuccedent à la fleur ſont ramaſſées au centre de l'enveloppe en un faiſceau repréſenté (*f*) : elles ſont nues, oblongues, & ſans aigrettes, comme on le voit dans la figure (*g*).

Cette plante eſt employée utilement dans quelques pays pour guérir le bout des mamelles, fendu ou ulcéré. Toute la plante pilée & appliquée en cataplaſme, eſt très propre à nettoyer les ulceres & les vieilles plaies. Chomel dit qu'elle eſt très bonne pour les dartres farineuſes ; il faut baſſiner ſouvent, avec ſon ſuc, les parties qui en ſont affligées. Elle fleurit pendant toute la belle ſaiſon.

Le Pié de Veau.

Arum Maculatum L.um *Sp. Pl.*

Ital. Aro. *Allem.* Aron-wurz.

Gravure de Bonze Regnault .f.

13A

LE PIED-DE-VEAU,

PLANTE VIVACE, DU NOMBRE DES HÉPATIQUES.

Arum maculatum maculis candidis, vel nigris. C. B. P. 195. *Arum β maculatum.* L. S. P.

Tournef. claff. 3. fect. 1. gen. 1. Linn. Cynandria polyandria. Adans. 56. Fam. des Arum.

Le Pied-de-veau eft commun dans les bois humides; il croît ordinairement à l'ombre. Sa racine (*a*) eft tubéreufe, charnue, remplie d'un fuc laiteux : elle jette deux ou trois feuilles radicales, qui embraffent la tige par la bafe de leur pétiole. Ce pétiole s'étend à fon origine en une membrane qui environne la tige comme une gaîne. Les feuilles font entieres, faites en forme de fleches, maculées de plufieurs taches brunes éparfes fans ordre fur la furface des feuilles.

Il s'élève du centre des feuilles une feule tige, droite, cylindrique & cannelée, portant à fon fommet une enveloppe que les anciens Botaniftes appellent la fleur. Cette enveloppe eft d'une feule piece roulée en cornet, & terminée pointe; cette difpofition lui donne affez de reffemblance avec une oreille d'âne : elle eft maculée comme les feuilles, & la préfence ou l'abfence des taches forme les variétés qu'on rencontre dans cette plante, qui ne font néanmoins qu'une même efpece. Cette enveloppe environne un axe autour duquel font rangées les parties de la fructification, lefquelles font ordinairement cachées dans les enveloppes; l'extrémité de l'axe feulement paroît au dehors. Nous avons repréfenté (*b*) cet axe dépouillé de l'enveloppe, pour montrer l'arrangement des parties fexuelles. Les fleurs (*c*), ou ce qu'on peut regarder comme elles, quoiqu'elles n'aient point de calice, font difpofées annulairement au bas du fommet de l'axe, lequel reffemble affez à un pilon. Les étamines (*d*), qui font ordinairement au nombre de foixante, font rangées dans la même difpofition, & font féparées des ovaires par leurs filets. Ces étamines font affez ordinairement réunies deux à deux par leurs filets, quoique les antheres foient diftinctes, comme on le voit dans la figure (*e*). Nous avons fait voir une de ces antheres de face (*f*) : elles font à quatre parties. Les ovaires font rangés en anneau comme les étamines, & placés au-deffous d'elles; ils font ordinairement au nombre de cinquante. Chacun d'eux (*g*) eft compofé d'un embryon ovoïde, qui ne laiffe point appercevoir de ftyle, & qui eft terminé par un ftigmate orbiculaire.

Lorfque les fruits acquierent leur maturité, le fommet de l'axe fur lequel ils repofent fe fane & périt. Nous avons repréfenté cet axe (*h*) dans l'état de maturité, & dépouillé d'une partie de fes fruits pour laiffer voir leur arrangement. Chacun de ces fruits eft une baie (*i*) partagée en plufieurs lobes réunis, formant une feule loge, dans laquelle font renfermées les deux ou trois graines (*k*).

Toute la plante a une faveur âcre; la racine eft incifive & corrofive lorfqu'elle eft fraîche; mais elle perd fon âcreté en féchant. Le fuc de la racine eft propre à confumer le polype du nez, au rapport de Riviere : on le porte dans le nez avec une tente faite exprès. Antoine Conftantin fe fervoit avec fuccès, pour purger les cachectiques, de l'opiat compofé d'une demie-once de racine de cette plante fraîche, pilée & paffée par une étamine, trois gros de menthe, & un peu d'abfynthe en poudre, malaxés enfemble avec fuffifante quantité de fuc de coing & de miel à égale quantité.

La racine de Pied-de-veau eft propre aux afthmatiques : elle fond & diffout la lymphe épaiffie & glaireufe, qui enduit les véficules du poumon, & qui, dans les maladies longues & opiniâtres, corrompt le levain des premieres voies & farcit les vifceres.

On ordonne la fécule d'Arum à la dofe de deux gros en bol, lié avec le miel, pour foulager les afthmatiques. L'eau diftillée de racine de Pied-de-veau eft un cofmétique propre à nettoyer le vifage. Le cataplafme des feuilles de cette plante pilées, s'applique avec fuccès pour nettoyer les ulceres des hommes ainfi que des chevaux.

La racine d'Arum, féchée & réduite en poudre, s'ordonne depuis un demi-gros jufqu'à un gros, mêlée avec la canelle & le fucre, dans les embarras du foie & des autres vifceres, dans la jauniffe & dans les pâles couleurs. On croit que les racines macérées dans le vinaigre font anti-fcorbutiques. La racine d'Arum entre dans les pilules febrifuges de Scheffer.

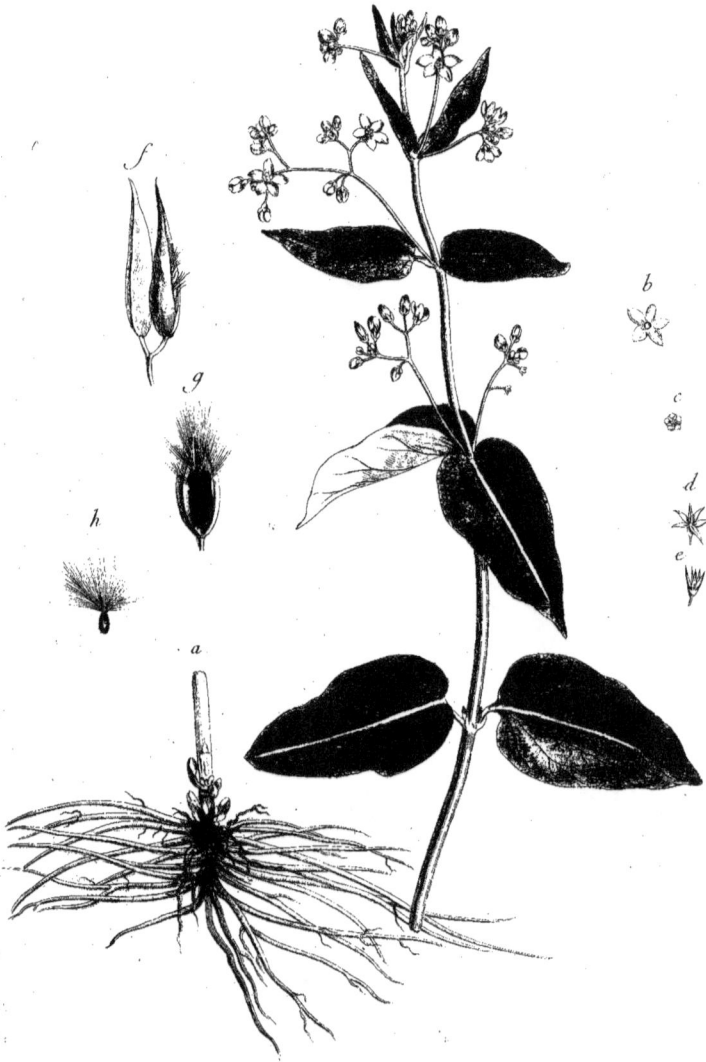

Le Domte - venin.

Asclepias vincetoxicum. Linn. *Sp. Pl.*

Ital. Vince tossico. Allem. Schwal-ben-Wurz.

Conservee du Paulgue Regnault F.

135

LE DOMPTE-VENIN,

Plante vivace du nombre des Alexiteres.

Afclepias albo flore. C. B. P. 303. *Afclepias vincetoxicum.* L. S. P.

Tournef. claff. 1. fect. 4. gen. 4. Linn. Pentandria digynia. Adans 13. Fam. des Apocins.

Le Dompte-venin croît abondamment dans les bois : on en rencontre auffi parmi les haies. Sa racine (*a*) eft compofée d'un nombre de fibres droites & caffantes qui s'étendent horizontalement. Ses tiges s'élevent environ à la hauteur d'un pied & demi : elles périffent chaque année, & la racine en produit de nouvelles qui ne paroiffent d'abord que des bourgeons écailleux. Les tiges font droites, cylindriques & légérement ve-lues & pliantes.

Les feuilles font oppofées deux à deux, & le feuillage difpofé en croix le long de la tige : elles font ovales, portées à la tige par des pétioles courts, lefquels font accompagnés à leur origine de ftipules fenfibles. Ces feuilles font ovales, unies en leurs bords & terminées en pointe.

Les fleurs naiffent dans les aiffelles des feuilles, difpofées en corymbe : elles font monopétales. Chacune d'elle eft un tube (*b*) évafé en foucoupe & divifé en cinq parties égales. Les parties fexuelles qui confiftent dans les étamines & le piftil réunis enfemble, font placées au centre de la corolle. Nous les avons repréfen-tées (*c*) vues de face. Les filets des étamines fe montrent fous la forme de cinq cornets réunis enfemble, en un tube cylindrique de forme pentagone qui enveloppe l'ovaire. Le ftigmate du piftil forme l'extrémité de ce tube comme un couvercle, au-deffous duquel font attachés les fommets des étamines. Le piftil eft compofé de deux ovaires ; ils repofent au fond du calice (*d*). Nous avons repréfenté le même calice (*e*) à demi-fermé ; c'eft un tube gonflé à fa bafe & découpé en cinq fegments aigus.

Le fruit (*f*) fuccede à la fleur. Les ovaires qui compofent le piftil deviennent deux capfules ovoïdes, alongées & terminées en pointe : elles s'ouvrent longitudinalement, & renferment dans une feule loge deux rangées de femence; comme on le voit dans la capfule ouverte (*g*). Ces femences (*h*) font couronnées par une fuperbe aigrette foyeufe.

C'eft de la racine de cette plante dont on fait le plus d'ufage en Médecine. C'eft de la propriété qu'a cette plante de prévenir les fuites funeftes de la morfure des bêtes venimeufes que lui eft venu le nom de *Dompte-venin.* On l'emploie en infufion & en décoction : on l'ordonne à la dofe d'une once dans une pinte d'eau commune. Plufieurs Praticiens la préferent à la fcorfonere dans les fievres malignes. La décoction des racines de Dompte-venin, avec le chardon béni, prife à la dofe d'un gros & demi pendant onze jours, eft un remede fpécifique, fi on en croit Gafpard Bauhin, contre la morfure des chiens enragés. Suivant le même Auteur, l'infufion de cette racine dans le vin, prife tous les matins à jeun, eft un préfervatif contre la pefte. Tragus affure qu'une demi-livre de racines de Dompte-venin, bouillie dans une chopine de vin, qu'on laiffe réduire au tiers, eft un puiffant fudorifique dans l'hydropifie. Le cataplafme de l'herbe amortie eft utile pour réfoudre les tumeurs des mamelles. L'extrait des racines & des feuilles de Dompte-venin s'ordonne à la dofe d'un gros dans les fievres malignes, & la racine, réduite en poudre, eft propre à nettoyer les ulceres. Cette plante doit le nom d'*Afclepias* au Médecin qui, le premier, l'a mife en ufage : elle fleurit en Juin & Juillet.

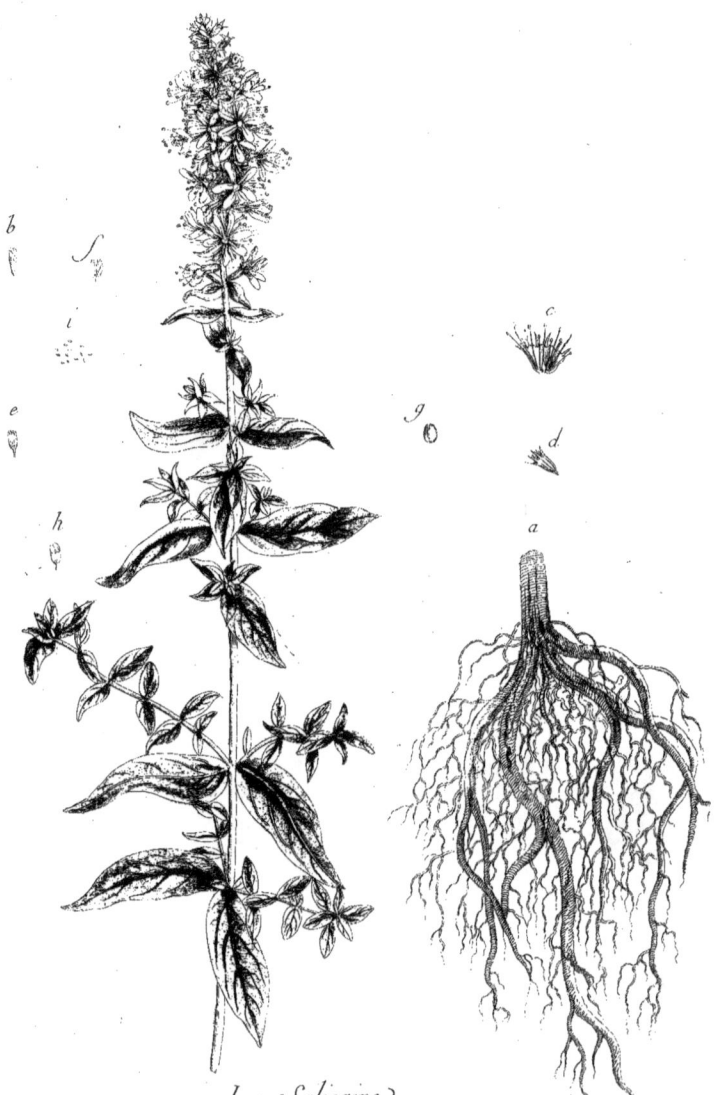

La Salicaire.
Lythrum Salicaria. Lⁱⁿⁿ. *Sp.Pl.*
Ital *Salicaly.*

Genevieve de Nangis Regnault f.

136

LA SALICAIRE,

Plante vivace, du nombre des Vulnéraires-Astringentes.

Lyfimachia fpicata purpurea. C. B. P. 246. *Lythrum falicaria.* L. S. P.

Tournef. claff. 6. fect. 4. gen. 3. Linn. Dodecandria monogynia. Adans. 31. Fam. des Salicaires.

La Salicaire fe rencontre ordinairement dans les terreins humides : elle femble avoir adopté les fauffaies de préférence à tous autres lieux ; c'eft ce qui a déterminé M. Tournefort à la nommer *Salicaria*, à caufe de *falices*, faules, parcequ'elle fe plait parmi ces arbres ; on la trouve pourtant communément le long des grandes rivieres aux bords des étangs, & dans les foffés humides. Sa racine (*a*) eft ligneufe, & garnie d'une infinité de fibres rameufes. Ses tiges s'élevent jufqu'à la hauteur de quatre à cinq pieds : elles font droites, roides, anguleufes & rameufes. Les feuilles font oppofées deux à deux, trois à trois, & quelquefois même quatre enfemble à un même nœud de la tige : elles font entieres, ovoblongues, terminées en pointe & unies en leurs bords. Les rameaux fortent des aiffelles des feuilles, & portent les mêmes caracteres que la tige.

Les fleurs naiffent au fommet des tiges : elles font verticillées ou rangées par étage. Les fleurs font rofacées, compofées de quatre à fix pétales (*b*), & communément de cinq, alongés & arondis à l'extrémité, attachés fur un rang à la même hauteur par l'onglet de leur bafe, au haut du tube du calice, comme on le voit dans la figure (*c*), où nous avons laiffé fubfifter un de ces pétales. La même figure, qui repréfente le calice ouvert, offre les étamines qui font ordinairement en même nombre que les pétales : elles font l'alternative avec eux, & font attachées par la bafe de leurs filets, au bas du tube du calice. Le piftil eft placé au fond du calice ; il eft compofé de l'ovaire, d'un ftyle & d'un feul ftigmate ; toutes les parties de la fleur repofent dans le calice (*d*) ; c'eft un tube prefque égale dans fa longueur, divifé à fon extrémité en huit à douze dents inégales & droites, & terminées en pointe. Le piftil fe convertit par fa maturité en une double capfule ovoïde (*e*), qui fe fépare par le fommet, comme on le voit dans la figure (*f*). La feconde capfule (*g*) eft renfermée dans celle-ci : elle eft partagée en deux loges, comme nous l'avons montrée dans la figure (*h*), où elle eft coupée tranfverfalement, & elle renferme de nombreufes femences (*i*).

Toute la plante eft déterfive, aftringente & vulnéraire ; les feuilles, les fommités & la tige ont un goût aftringent : on les emploie en décoction pour arrêter la diarrhée & la dyffenterie. Depuis long-temps cette propriété eft connue, néanmoins la plante ne jouit depuis beaucoup d'années que d'un crédit obfcur ; mais une dyffenterie épidémique, qui a regné dans les environs de Lyon, en 1773, dont les progrès ont été arrêtés par l'ufage feul de la décoction de la Salicaire, lui rendront, fans doute, le crédit qu'elle a perdu. C'eft à la Gazette de Santé, ouvrage précieux aux amis de l'humanité, que nous fommes redevables de la connoiffance des bons effets de cette plante. On cueille la Salicaire dans fa plus grande floraifon, & on la donne en décoction dans fuffifante quantité d'eau, à la dofe de trois grands verres dans la journée. Tous les malades qui ont fait ufage de ce remede ont été guéris, & aucun d'eux n'a reffenti d'incommodité de fon ufage.

On retire des feuilles de la Salicaire une eau diftillée, fort eftimée contre l'inflammation des yeux.

La Laureole mâle et la Laureole femelle.

I Daphne Laureola. II Daphne. mezereum. Linn. Sp Pl.

I.Angl. Spurge-Laurel. II Mezereon. Spurge - Olive.I.Allem. Zeiland.II.Kellers -hals.

Gravoure de Bacque Rognaule F.

137

LA LAURÉOLE MÂLE ET LA LAURÉOLE FEMELLE,

Arbre du nombre des Plantes Purgatives.

I. *Laureola femper virens, flore viridi, quibufdam Laureola mas.* II. *Laureola folio deciduo, flore purpureo, officinis Laureola fœmina.* C. B. P. 462. I. *Daphne Laureola.* II. *Daphne mefereum.* L. S. P.

Tournef. claff. 20. fect. 1. gen. 2. Linn. Octandria monogynia. Adans. 40. Fam. des Garou.

La Lauréole mâle (I.), autrement nommée *Garou*, croît naturellement fur les montagnes, aux lieux ombrageux : on la trouve affez communément dans les forêts du Lyonnois. La Lauréole femelle, ou *mafereon* (II), eft l'arbriffeau qu'on appelle vulgairement en Bourgogne *Bois-genti* ; elle croît ordinairement fur les hautes montagnes, comme les Alpes, les Pyrénées, &c. On la cultive dans quelques jardins pour l'agrément : elle fe plaît à l'ombre & dans une terre graffe. Les dénominations de *mâle* & de *femelle* qu'on a données à ces deux arbriffeaux, ne caractérifent leur fexe d'aucune maniere ; & s'ils portent tous deux des fleurs hermaphrodites, c'eft un vieil ufage que le temps a refpecté, & que nous n'ofons détruire dans la crainte de nous ériger en Novateur. La Lauréole mâle eft un arbriffeau qui s'éleve environ à la hauteur de deux pieds. Son bois eft flexible. Les feuilles naiffent alternativement le long des branches : elles font entieres, oblongues, unies, épaiffes, & confervent leur verdure jufqu'aux premieres gelées. Les fleurs naiffent vers le fommet de la tige, difpofées en corymbe, accompagnées à leur origine d'une feuille florale ovale, terminée en pointe, & creufée en cuilleron : elles font monopétales ; chacune d'elle eft un tube médiocre, évafé à fon extrémité, divifé en quatre parties ovales & pointues. Nous avons repréfenté la corolle ouverte (*a*) pour laiffer voir l'arrangement des huit étamines, lefquelles font difpofées fur deux rangs alternativement : elles font toutes attachées par leur bafe aux parois du tube de la corolle (cette figure eft augmentée à la loupe). Le piftil (*b*) eft placé au centre de la corolle ; il eft compofé de l'ovaire, d'un ftyle court, & d'un ftigmate hémifphérique. Nous devons obferver que M. Adanfon n'envifage cette corolle que comme un calice coloré. Le fruit (*c*) fuccede au piftil. Nous l'avons repréfenté de deux faces ; c'eft une baie charnue, d'abord verte, & qui noircit en mûriffant.

La Lauréole femelle eft un arbriffeau qui s'éleve d'environ quatre pieds ; il jette plufieurs rameaux grêles, cylindriques, revêtus de deux écorces, dont la premiere eft mince, cendrée, facile à féparer ; la feconde eft verte en dehors, blanche en dedans, fort pliante & difficile à rompre. Son bois eft blanc & moëlleux. Les feuilles font alternes & ramaffées par paquets : elles font entieres, ovales, & terminées en pointe.

Les fleurs naiffent folitaires ou raffemblées le long des branches, accompagnées à leur origine d'une feuille florale, ainfi que celle de la Lauréole mâle. Les fleurs de ces deux arbriffeaux fe reffemblent par leur forme ; l'arrangement des parties fexuelles eft dans le même ordre, comme nous l'avons démontré dans la figure (*d*) où la corolle eft repréfentée ouverte ; mais elles different par la grandeur & par la couleur : celles de la Lauréole femelle font plus petites & de couleur purpurée. La forme du piftil n'eft pas la même : celui-ci eft repréfenté (*e*). L'ovaire eft obrond ; le ftyle eft court & gros, & le ftigmate eft applati & étendu. Le fruit (*f*) qui fuccede à la fleur eft une baie rouge au commencement, & qui acquiert, par fa maturité, une couleur brune. Nous l'avons repréfentée coupée tranfverfalement (*g*) : elle renferme une femence ovale, blanche & dure.

L'écorce, les feuilles & les baies de ces deux arbriffeaux font d'ufage dans la Médecine ruftique ; c'eft un purgatif violent, qu'on ne peut hafarder que pour des tempéraments robuftes. Les gens de la campagne l'emploient affez communément à la dofe de deux gros en infufion, ou en fubftance à la dofe d'un gros. Il eft prudent de corriger l'âcreté de ce violent purgatif avec la crême de tartre : on le fait macérer pendant vingt-quatre heures dans le vinaigre, ou dans quelque autre acide : on peut l'employer avec beaucoup de circonfpection dans les vapeurs hyftériques & dans l'hydropifie. S'il eft quelques occafions où l'ufage de ce remede foit falutaire, il en eft une infinité d'autres où il peut devenir pernicieux : auffi beaucoup de Médecins l'ont-ils abandonné. Mais les motifs qui nous obligent à le bannir du nombre de nos remedes, ne donnent point de raifon de le profcrire de la Médecine Vétérinaire : on peut en tirer avantage pour la guérifon des animaux, en leur faifant prendre, à la dofe depuis un gros jufqu'à un gros & demi, de l'écorce & des feuilles féchées réduites en poudre.

La Menthe a Epi.
Mentha viridis. Linn. *Sp. Pl.*
Ital. *Mentha.* Esp. *hierva buena ortelana.* Allem. *Muntz.*

Geneviève de Nangis Regnault f.

138

LA MENTHE A ÉPI,

PLANTE VIVACE, DU NOMBRE DES STOMACHIQUES.

Mentha angustifolia spicata. C. B. P. 217. *Mentha viridis.* L. S. P.

TOURNEF. claff. 4. fect. 2. gen. 10. LINN. Didynamia gymnofpermia. ADANS. 15. Fam. des Labiées.

PARMI les différentes efpeces de Menthe qui, toutes font d'ufage , & peuvent être fubftituées fans danger les unes aux autres, la Menthe à épi eft une des plus confidérées.

Cette plante croît naturellement dans les climats tempérés. Sa racine (*a*) eft un pivot fimple articulé, garni de plufieurs fibres rameufes à chacune de fes articulations. Ses tiges s'élevent d'environ deux pieds : elles font droites, quadrangulaires & rameufes. Les feuilles font oppofées deux à deux le long de la tige, à laquelle elles font attachées par leur bafe. Les feuilles font entieres, oblongues, terminées en pointe, dentelées affez réguliérement. Les rameaux fortent des aiffelles des feuilles, & portent les mêmes caractteres que la tige.

Les fleurs naiffent au fommet de la tige & des rameaux, difpofées en épi terminal : elles font verticillées ou rangées par étages : elles font foutenues par des pédicules courts, & accompagnées à leur bafe d'une feuille florale, longue, étroite , terminée en pointe & fans découpure. Ces fleurs font labiées. Nous en avons repréfenté une (*b*) augmentée à la loupe ; c'eft un tube cylindrique, menu à fa bafe, gonflé à fon extrémité & divifé en deux levres , dont la fupérieure eft creufée en cuillier & découpée en cœur ; l'inférieure eft divifée en trois parties égales. Ces divifions font difpofées , par rapport à la levre fupérieure, de maniere qu'elles paroiffent enfemble ne former qu'une corolle monopétale, divifée en quatre parties, prefque égales, comme on le voit dans la figure (*c*), où la fleur eft repréfentée de face. La figure (*d*) offre la corolle ouverte par la partie latérale de la levre fupérieure ; on y voit la difpofition des quatre étamines qui font attachées par leur bafe à la corolle, en oppofition avec les angles que forment les divifions. La longueur des étamines excede celle de la corolle. Le piftil (*e*) eft placé au centre ; il eft compofé de l'ovaire , d'un ftyle affez long , & de deux ftigmates courbes & égaux. Le calice dans lequel repofe la fleur eft repréfenté ouvert (*f*) ; c'eft un tube médiocre, d'une feule piece, divifé à fon extremité en cinq dents égales & pointues. Ces quatre figures font augmentées, ainfi que la premiere. Le calice perfifte jufqu'à la maturité du fruit, qui confifte en quatre graines (*g*).

Les propriétés de la Menthe, pour les maladies d'eftomac , font généralement reconnues ; les principales font de rétablir les fonctions de l'eftomac , de faciliter la digeftion, de diffiper les ventuofités, de foulager les douleurs de la colique, de corriger les rapports aigres , & d'arrêter le vomiffement.

Quelques Auteurs la croient propre à défobftruer les vifceres , à exciter les urines, & à favorifer les écoulements périodiques : on l'emploie en infufion.

On prépare avec la Menthe une eau diftillée, un extrait & une conferve qu'on emploie comme l'abfynthe. L'huile de Menthe, tirée par infufion, eft connue fous le nom d'*huile de baume;* elle eft d'un grand ufage pour toutes fortes de plaies & contufions : on la fait fimple ou compofée. En voici les compofitions prefcrites par Chomel. La fimple fe prépare en faifant infufer les fommités fleuries de la Menthe dans de l'huile d'olive pendant un mois. Pour faire l'huile compofée , on met infufer dans dix livres d'huile d'olive , Menthe de coques, mille-pertuis, bétoine , bugle , camomille , tabac en feuilles vertes, armoife , fanicle , rofes de Provins, fauge franche & fauge large , de chacune une poignée. Le tout haché & mondé des tiges & des côtes dures : on les arrofe avec de bon vin rouge avant que de les mêler avec l'huile. On y ajoute un quarteron d'ariftoloche concaffée , puis on expofe le vaiffeau pendant quinze jours au foleil dans la plus grande chaleur de l'été , ayant foin de remuer tous les jours ce mélange ; enfuite on fait bouillir cette huile pendant une heure ou environ, jufqu'à ce qu'elle foit bien verte & les herbes cuites : on les remue continuellement pour que qu'elles ne brûlent : on paffe le tout par une forte toile que l'on preffe pour tirer le fuc des herbes. On ajoute dans cette huile deux gros de maftic & autant d'oliban en poudre, & un poiffon de vin rouge. On fait bouillir ce nouveau mélange pendant une demi-heure en le remuant toujours ; enfin, on retire cette huile, & on la renferme dans des vafes pour s'en fervir au befoin.

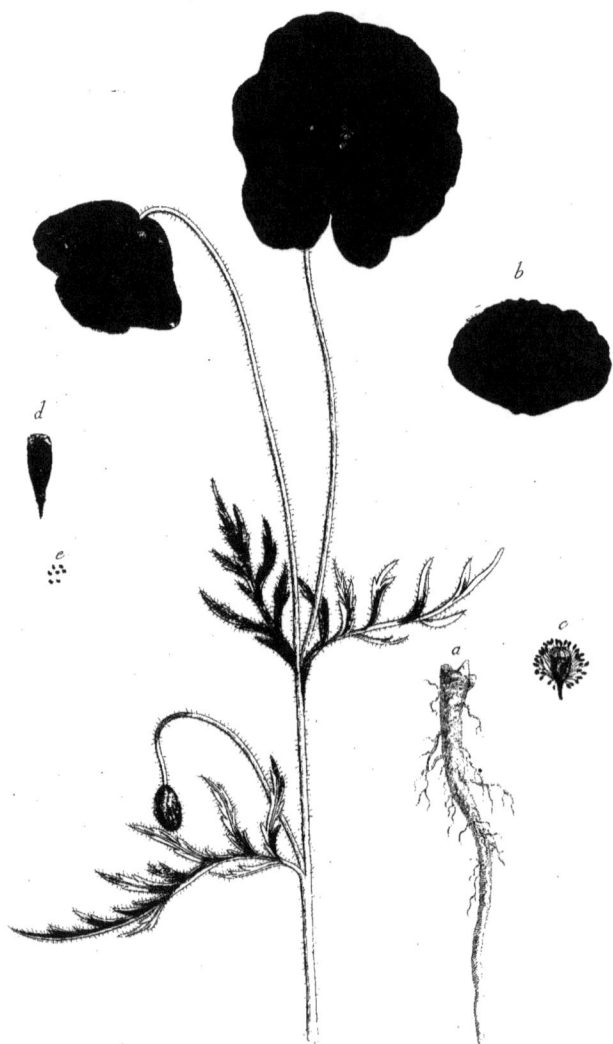

Le Pavot rouge ou le Coquelicot.

Papaver Rhœas Linn *Sp.Pl.*

Ital. *Papavero Selvaggio.* Esp. *Papoulla.* Angl. *Red poppy.* Allem. *Kornrosen.*

Geneviève de Nangis Regnault. f.

139

LE PAVOT ROUGE, ou COQUELICOT,

PLANTE ANNUELLE, DU NOMBRE DES BÉCHIQUES.

Papaver erraticum majus. C. B. P. 171. *Papaver rhæas.* L. S. P.

TOURNEF. claff. 6. fect. 2. gen. 1. LINN. Polyandria monogynia. ADANS. 53. Fam. des Pavots.

L E PAVOT ROUGE, ou Pavot fauvage, croît naturellement le long des chemins; il eft très abondant dans les bleds. Sa racine (*a*) eft un pivot fimple, charnu, blanchâtre, garni dans fa longueur de quelques fibres rameufes: elle pouffe plufieurs tiges qui s'élevent à la hauteur d'un pied & demi, & quelquefois de deux pieds. Ces tiges font droites, rameufes, couvertes de poil dans toute leur longueur.

Les feuilles naiffent alternativement le long de la tige: elles font feffiles, découpées profondément; les découpures font comme lanugineufes, & découpées elles-mêmes irréguliérement. Les rameaux fortent des aiffelles des feuilles, & portent les mêmes caractères que la tige.

Les fleurs naiffent folitaires dans les aiffelles des feuilles, foutenues par des pédicules cylindriques longs & foibles, couverts de poil foyeux comme la tige. Ces feuilles font rofacées, compofées de cinq pétales: elles font, avant leur développement enfermées, ainfi que les autres efpeces de pavot, dans un calice compofé de deux feuilles velues, dont la chûte précede l'épanouiffement de la fleur. Nous avons repréfenté (*b*) un des pétales; ils font amples & arrondis, leur bafe eft ferme & noirâtre. L'extrémité du pétale eft membraneufe, fa couleur eft d'un fi beau rouge que les efforts de l'art ne peuvent parvenir à en rendre l'éclat; ils font attachés au-deffous de l'ovaire, au pédicule même qui fupporte la fleur.

Les parties fexuelles (*c*) font foutenues par les pédicules, & placées au centre de la fleur: elles confiftent en cent étamines environ, difpofées fur plufieurs rangs, & attachées par leur bafe au pédicule, entre l'ovaire & les pétales. Le piftil qui reçoit la fécondité des étamines eft compofé de l'ovaire & de dix à douze ftigmates applatis qui le couronnent.

Le fruit (*d*) fuccede au piftil; fes caractères font fi reffemblants avec le fruit du pavot blanc, dont il ne differe que par le volume, que nous n'avons pas cru devoir en faire la diffection; il renferme, dans une feule loge, une quantité innombrable de graines (*e*).

Le Coquelicot eft une de ces plantes que la Nature a prodiguées fous nos pas, & dont les vertus font plus généralement reconnues. La fleur eft la feule partie de la plante dont on faffe familiérement ufage: on en fait une eau diftillée, une conferve & un firop très eftimé. On emploie les fleurs fraîches & feches en infufion théiforme, à la dofe d'une pincée pour un demi-feptier d'eau: on ordonne avec fuccès cette infufion dans les rhumes & dans les toux opiniâtres: on la coupe quelquefois avec le lait.

Le firop, la conferve & l'infufion s'ordonnent utilement dans toutes les maladies de poitrine. La conferve s'emploie à la dofe depuis une demi-once jufqu'à une once, & l'eau diftillée depuis trois onces jufqu'à quatre.

Chomel regarde cette plante comme un fudorifique plus puiffant que le fang de bouc, la fiente de mulet, &c. Il vante fon efficacité pour la colique venteufe, en faifant prendre une infufion un peu chargée d'une petite poignée de fes fleurs avec un peu de fucre, chaudement comme le thé. En donnant une pareille infufion le trois ou le quatrieme jour de la pleuréfie, lorfque la fueur fe préfente, elle en devient plus abondante. Quand on a faigné deux ou trois fois brufquement dans cette maladie, la fueur furvient ordinairement; &, pour peu que cette crife naturelle foit aidée, la maladie fe termine bientôt avec fuccès.

Les têtes de Coquelicot s'ordonnent utilement en décoction dans les maladies de poitrine; mais leur qualité fomnifere exige qu'on les emploie avec circonfpection.

Le Coquelicot fleurit en Juin & Juillet. Il faut cueillir les fleurs après leur épanouiffement, les faire fécher à l'ombre, & les conferver dans un lieu fec.

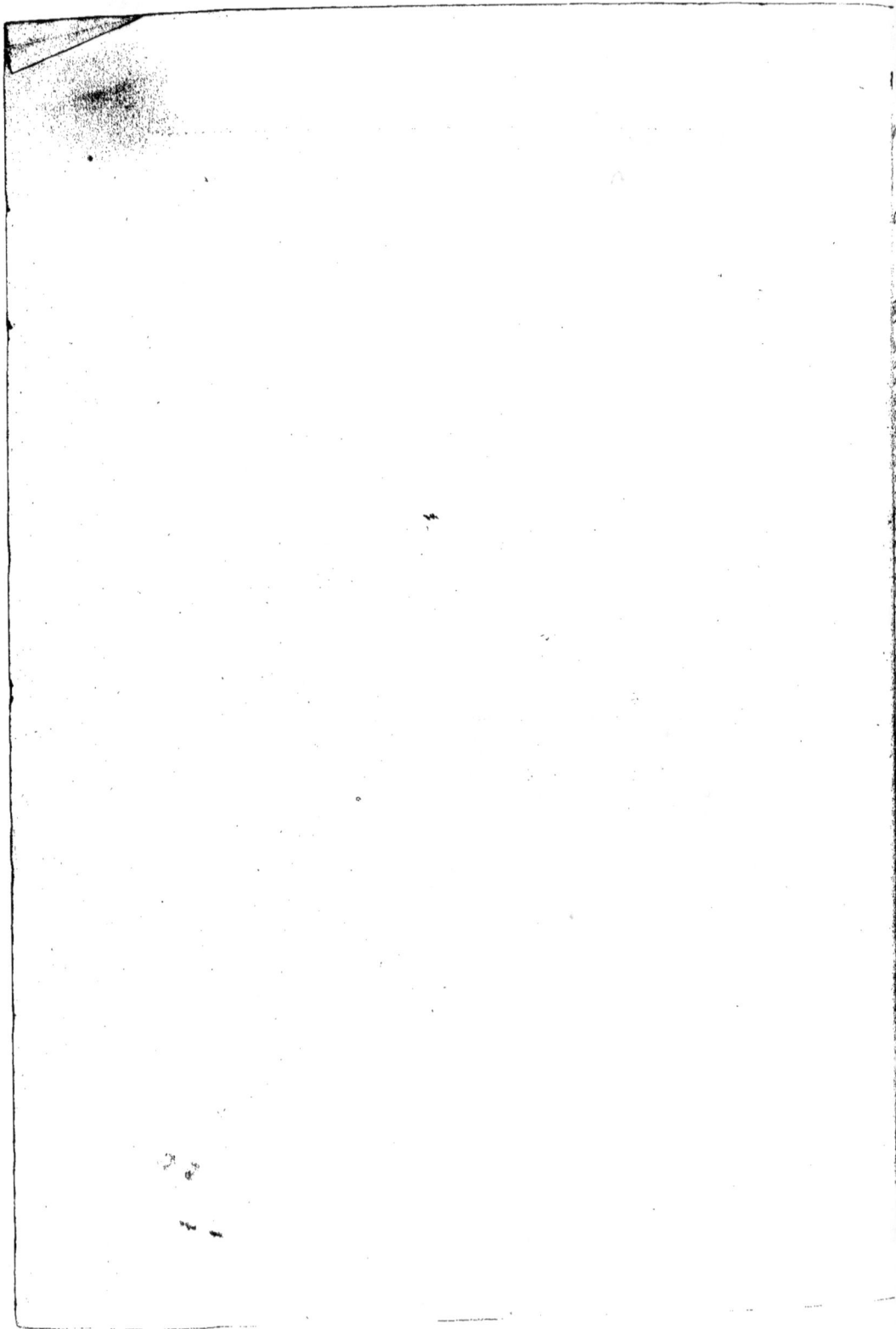

TABLE

DES NOMS DES PLANTES,

suivant le rang qu'elles tiennent dans les trois Systêmes de PITTON TOURNEFORT, du Chevalier VON LINNÉ & de M. ADANSON.

Le nom de chaque Auteur est à la tête de sa colonne.

Cette triple Table donne la facilité à chacun de ranger les Plantes suivant le Systême qu'il a adopté. Il faut écrire le chiffre de chaque Plante à la main.

Les Personnes qui les rangent par ordre Alphabétique n'ont pas besoin de Table.

NOMS DES PLANTES.	TOURN. page	LINNÉ page	ADANS. page
A			
Absynthe	208	247	58
acanthe	70	192	142
aconit	192	149	281
Agnus-Castus	268	191	139
agripaume	77	173	124
agremoine	152	124	199
alkekenge	55	55	164
Alliaire	111	203	256
amandier	282	129	212
Ambroise	238	75	140
ami	153	81	34
amome	158	83	30
ancolie	194	150	282
anet	166	90	36
angélique sauvage	161	82	31
anil	186	226	224
anis	155	93	27
anthora	192	149	281
apocin	12	71	100
argentine	149	137	204
aristoloche	62	269	21
arrête-Bœuf	184	221	221
artichaut sauvage	198	241	51
asperge	151	99	12
aster	219	252	67
aubergine	56	60	161
aune noir	274	62	209
avoine	247	15	6
B			
Baguenaudier	293	224	222
balauste	286	128	25
baume	76	171	127
balsamine	187	268	274
baumier	200	263	52
bardane	202	239	50
basilic	97	182	116
baumier	183	228	223
beccabunga	49	3	141
bec-de-grue	137	212	241
belladona	2	54	165
belle-de-nuit	35	47	187
benoite	146	139	203
bete	233	76	184
bistorte	244	109	192
blanchette	38	10	89
bled	245	17	8
bled noir	243	111	191
bleuet	200	263	52
bon-Henri	237	74	183
bouillon-blanc	50	48	146
bourache	39	37	34
bourgene	274	62	209
bourse à Pasteur	107	195	260

NOMS DES PLANTES.	TOURN. page	LINNÉ page	ADANS. page
brancursine	70	192	142
Brunelle	74	183	117
Bryone	17	281	77
Buglose	40	33	105
bugrande	184	221	221
Buis	259	273	233
C			
Cabaret	232	121	22
Caille-lait	24	23	81
Calament	84	181	128
Camomille puante.	227	258	73
Camomille romaine	226	257	72
Capillaire commun	256	293	1
Capucine	196	107	239
cardiaque	77	173	124
Carthame	204	242	47
Carvi	157	92	26
Caffis	289	65	176
cataire	96	164	126
Centaurée	32	78	95
Cerfeuil	161	88	28
Cerfeuil musqué	163	87	29
cerifier sauvage	281	131	211
Cétérac	257	291	3
Chanvre	252	283	236
Chardon à Foulon	213	18	86
Chardon bénit	203	264	48
Chardon étoilé	197	265	49
Chardon hémorroïdal	201	240	55
Chardon Marie	198	241	51
chauffetrape	197	265	49
Chelidoine	121	140	269
chelidoine (petite)	144	152	289
chenette	98	160	110
Chevrefeuille	272	46	90
Chicorée-endive	217	238	46
Chiendent	248	14	7
Chou blanc	108	207	249
Chou rouge	109	206	248
Cigüe (petite)	156	85	32
citronelle	83	180	137
Citronier	278	232	230
Clématite	145	151	290
Cochléaria	105	196	259
Coignassier	184	134	206
Colchique	172	106	17
Concombre sauvage	19	280	78
Confoude	44	36	107
Coq	211	246	60
coquelicot	125	142	273
Coqueret	55	55	164
Coriandre	165	86	35
Cornouiller	291	29	93
couleuvrée	17	281	77

NOMS DES PLANTES.	TOURN. page	LINNÉ page	ADANS. page
Couronne impériale	176	98	11
Cresson alénois	104	193	262
Cresson des prés	112	199	258
Cyclamen	58	40	172
Cymbalaire	68	185	152
Cyprès (petit)	109	244	56
D			
dent de lion	215	236	45
dictame blanc	195	114	228
Dictame de Crete	92	175	115
Digitale	63	190	147
Domte-venin	13	72	99
Doronic	223	254	63
E			
éclaire	121	140	269
Eclairette	144	152	289
Eglantier	287	135	201
Ellebore-griffon	138	157	284
Ellebore noir	140	155	283
Ellebore verd	139	156	285
endive	217	238	46
Epine-vinette	277	102	275
Esule	8	125	232
Eupatoire d'Avicenne	207	243	62
Eupatoire de Méfué	230	260	75
Euphraise	69	184	143
F			
faux féné	293	224	222
faux tabac	26	52	154
Fenouil	160	91	37
Fenu grec	185	231	217
Feve de marais	178	223	225
Figuier	294	289	238
flambe	174	13	18
fleur du soleil	127	145	276
foirole	251	285	231
Fougere mâle	253	295	4
Fraisier	147	136	202
Fraxinelle	195	114	228
Froment	145	17	8
Fumeterre	189	219	267
Fumeterre bulbeufe	190	218	268
G			
Galéga	180	227	218
galiotte	146	139	203
gants de-N. Dame	194	150	282
Garence	21	25	82
Garence (petite)	36	22	83
garderobe	209	244	56
Genet	292	220	214
Geraine cicutine	137	212	241
Geraine mauvette	136	217	242
Germandrée	98	160	110
Germandrée aquatiq.	99	159	109

NOMS DES PLANTES.	TOURN. page	LINNÉ page	ADANS. page
Ginsin	168	288	41
Giroflier	110	204	257
gloutteron	201	239	50
Gratteron	22	24	80
Grenadier à fruit	286	128	25
Grosseiller	288	64	175
Guède	102	211	264
Guimauve	16	214	246
H			
hannebane	27	50	155
Héliantême	127	145	276
Héliotrope	45	32	101
hépatique étoilée	23	21	84
Herbe à la Reine	26	52	154
herbe à l'esquinanc.	36	22	83
Herbe à Robert	135	213	240
herbe au Charpent.	229	261	74
Herbe aux chats	96	164	126
Herbe aux cuillers	105	196	259
herbe aux écus	46	41	170
Herbe aux gueux	145	151	290
Herbe aux puces	34	27	168
herbe aux teigneux	205	250	61
herbe aux vers	210	245	59
herbe aux verrues	45	32	101
herbe aux viperes	41	38	103
Herbe de Ste. Barbe	113	202	251
herbe de St. Ben.	146	139	203
herbe de St. Jacq.	221	251	65
herbe du turc	239	73	189
herniaire	239	73	189
Hieble	271	95	92
Houx	267	31	94
Houx frelon	5	286	13
Hysope	95	163	130
I			
Iris	174	13	18
Iris de Florence	175	12	19
Indigo	186	226	224
Ivette	101	158	108
J			
Jacée des prés	199	262	53
Jacobée	221	251	65
Joubarbe	133	126	179
Joubarbe des vignes	134	119	178
Jujubier	283	63	208
Jusquiame	27	50	155
K			
Kali	126	77	181
L			
Laitron	216	235	43
Lamier	75	170	122
Lampsane	218	237	44
Langue de cerf	258	290	2

NOMS DES PLANTES.	Tourn. page	Linné page	Adans. page	NOMS DES PLANTES.	Tourn. page	Linné page	Adans. page	NOMS DES PLANTES.	Tourn. page	Linné page	Adans. page	NOMS DES PLANTES.	Tourn. page	Linné page	Adans. page
Larme de Job	249	272	10	nasitor	104	193	262	polion	100	161	111	Scordium	99	159	109
Lauréole	265	108	197	Navet	118	205	250	Polipode	255	294	5	Scrophulaire	64	189	148
Laurier-rose	269	70	98	Nicotiane	25	51	153	Politric	254	292	295	Seigle	246	16	9
Lavande	90	165	121	Nombril de Vénus	11	118	177	Pomme-d'amour	54	58	163	fenegré	185	231	217
Liege	261	275	235	Nummulaire	46	41	170	Pomme-de-merveille	18	279	79	fenevé-moutarde	116	209	254
Lierre	275	66	42	O				Pomme-de-terre	53	57	159	Serpentaire	61	270	291
Lierre terrestre	85	169	129	Œil-de-bœuf	228	259	70	pomme épineuse	28	49	156	Serpolet	88	178	135
Lin	171	97	188	œil-de-Christ	219	242	67	Pommier	285	133	207	Sison	158	83	30
Linaire	66	187	149	Œillet	169	117	24	Pouliot	81	168	134	Soucy	231	266	68
lin sauvage	66	187	149	Olivier	266	1	166	Pourpier	122	122	174	Soude	126	77	181
lis de vallée	3	100	15	Orcanette	42	34	106	primerole	31	39	171	Stramoine	28	49	156
Liseron (petit)	6	44	144	oreille-d'âne	44	36	107	Primeverre	31	39	171	Sumac	273	94	226
fiset	6	44	144	oreille-d'homme	232	121	22	Prunier	279	132	210	Sureau	270	96	91
loüier odorant	183	228	223	Origan	91	176	113	Pulmonaire	43	35	104	fureau (petit)	271	95	92
Lupin	179	222	220	Orpin	134	119	178	Pyvoine	141	146	286	T			
M.				ortie-blanche	75	170	112	Q				Tabac	25	51	153
Maceron	164	89	39	Orvale	71	8	120	Quintefeuille	148	138	205	Tabouret	107	195	160
Mâche	38	10	89	Oseille	234	105	195	R				Tanaisie	210	245	59
Mandragore	1	53	158	P				Radix	119	210	265	terrette	85	169	129
marguerite (petite)	224	255	69	pain-de-pourceau	58	40	172	Raifort	120	197	266	thé d'Europe	48	2	140
Marjolaine	93	177	114	palme-de-Christ	250	278	234	Raiponce	20	45	76	thé du Méxique	238	75	182
marjolaine sauvage	91	176	113	Pâquerette	224	255	69	Raifin d'Amérique	150	120	186	Thlaspi de Crete	103	198	261
Maroute	227	258	73	Pâquette	224	255	69	Réglisse	177	225	219	Thym	87	179	136
Marrube blanc	82	171	125	Parelle	236	104	194	Renouée	242	110	190	Thymblancdesmont.	100	161	111
marrube noir	76	171	127	Pariétaire	241	287	185	Renoncule des marais	143	153	288	tortelle	117	201	255
Matricaire	225	256	71	pas-d'âne	222	249	64	Renoncule des prés	142	154	287	toute-bonne	71	8	120
Mauve	14	216	244	Passerage	106	194	263	reprise	134	119	178	Toute-bonne des prés	72	7	119
mayenne	56	60	161	Pastel	102	211	264	Rhapontic	10	112	54	Toute faine	118	233	278
Mélilot	182	229	216	Patience	235	103	193	Rhubarbe	9	113	196	traînasse	242	110	190
Mélisse	83	180	137	Pavot blanc	123	143	271	Ricin	250	278	234	Trefle	181	230	215
mélisse des Moluq.	78	174	123	Pavot cornu	130	141	270	rieble	22	24	80	Triolet	181	230	215
Menthe à épi	79	166	132	Pavot noir	124	144	272	Romarin	86	5	112	Turquette	239	73	189
menthe coq	211	246	60	Pavot rouge	125	142	273	Roquette des jardins	114	208	253	Tussilage	221	249	64
Menthe poivrée	80	167	133	Pêcher	280	130	213	Roquette sauvage	115	200	252	tue-chien	171	106	17
Mercuriale	251	285	231	Percefeuille	159	80	40	Rose tremiere	15	215	245	V			
Merisier	281	131	211	Persil de Macédoine	154	84	38	rosier sauvage	287	135	201	Valériane (grande)	37	9	88
meurthe	290	127	23	Pervenche (grande)	29	69	96	Rue	132	115	229	Vélar	117	201	255
Mille-feuille	229	261	74	Pervenche (petite)	30	68	97	Rue-de-chevre	180	227	218	Velvotte	67	186	151
Mille-pertuis	131	234	277	Petasite	205	250	61	S				Verge à pasteur	214	19	87
Mirte	290	127	23	phitolacca	150	120	186	Safran	173	11	20	Verge-d'or	220	253	60
Mirlirot	182	229	216	Picea	262	277	294	safran bâtard	204	242	47	véronique femelle	67	186	151
molène	50	48	146	Pied-chatier	206	248	57	Salicaire	129	123	173	Véronique mâle	48	2	140
Moluque odorante	78	174	123	Pied-d'alouette	193	147	279	Salseparaille	295	284	14	Verveine	94	4	138
Morelle à fruit noir	51	59	162	pied-de-griffon	138	157	284	Sanicle	167	79	33	Vigne	276	67	247
Morelle grimpante	52	56	160	Pied-de-lion	240	30	200	sapin	262	277	294	vigne blanche	17	281	7
Mouron	47	42	169	pied-de-pigeon	136	217	242	Saponaire	170	116	180	vigne de Judée	52	56	160
Moutarde	116	209	254	Pied-de-veau	60	271	292	sarrasin	243	111	191	Violette	188	267	243
Muscaude	65	188	150	Pimprenelle	59	28	198	Sarriette	89	162	131	Violier	110	204	257
mufle-de-veau	65	188	150	Pin	263	276	293	Sauge (petite)	73	6	118	Vipérine	41	38	10
Muguet	3	100	15	Pissenlit	215	236	45	savonniere	170	116	180				
Muguet des bois	23	21	84	Piftachier	260	282	227	Scabieuse	212	20	85				
Mûrier	264	274	237	Plantain	33	26	167	Scamonée de Syrie	7	43	145	Fin de la Table.			
N				poirée	233	76	184	Sceau-de-Salomon	4	101	16				
Napel	191	148	280	Poivre de Guinée	57	61	157	Scolopendre	258	290	2				

APPROBATION.

J'AI lu par ordre de Monseigneur le Garde des Sceaux, un Ouvrage intitulé : La Botanique, mise à la portée de tout le monde, &c. Cette production utile m'a paru mériter l'impression. A Paris, ce 18 Novembre 1774.

GARDANE.

PRIVILEGE DU ROI.

LOUIS, par la grace de Dieu, Roi de France & de Navarre : A nos amés & féaux Conseillers les Gens tenans nos Cours de Parlement Maîtres des Requêtes ordinaires de notre Hôtel, Grand Conseil, Prévôté de Paris, Baillifs, Sénéchaux, leurs Lieutenans Civils, & autres nos Justiciers qu'il appartiendra. SALUT : Notre amé le sieur REGNAULT, de notre Académie de Peinture, Nous a fait exposer qu'il desireroit faire imprimer & donner au Public des Notices pour servir d'intelligence aux Planches de la Botanique, mise à la portée de tout le monde, s'il Nous plaisoit lui accorder nos Lettres de Privilege pour ce nécessaires. A CES CAUSES, voulant favorablement traiter l'Exposant, Nous lui avons permis & permettons par ces Présentes, de faire imprimer ledit Ouvrage autant de fois que bon lui semblera, & le faire vendre & débiter par tout notre Royaume, pendant le temps de six années consécutives, à compter du jour de la date des Présentes. Faisons défenses à tous Imprimeurs-Libraires, & autres personnes, de quelque qualité & condition qu'elles soient, d'en introduire d'impression étrangere dans aucun lieu de notre obéissance. Comme aussi d'imprimer ou faire imprimer, faire vendre, débiter ni contrefaire ledit Ouvrage, ni d'en faire aucuns extraits, sous quelque prétexte que ce puisse être, sans la permission expresse & par écrit dudit Exposant, ou de ceux qui auront droit de lui, à peine de confiscation des exemplaires contrefaits, de trois mille livres d'amende contre chacun des contrevenants, dont un tiers à Nous, un tiers à l'Hôtel-Dieu de Paris, & l'autre tiers audit Exposant, ou à celui qui aura droit de lui, & de tous dépens, dommages & intérêts : A la charge que ces Présentes seront enregistrées tout au long sur le registre de la Communauté des Imprimeurs & Libraires de Paris, dans trois mois de la date d'icelles; que l'impression dudit Ouvrage sera faite dans notre Royaume, & non ailleurs, en beau papier & beaux caractères, conformément aux Réglements de la Librairie, & notamment à celui du 10 Avril 1725, à peine de déchéance du présent Privilege; qu'avant de l'exposer en vente, le Manuscrit qui aura servi de copie à l'impression dudit Ouvrage, sera remis dans le même état où l'Approbation y aura été donnée, és mains de notre très cher & féal Chevalier, Chancelier Garde des Sceaux de France, le sieur DE MAUPEOU; qu'il en sera ensuite remis deux Exemplaires dans notre Bibliotheque publique, un dans celle de notre Château du Louvre, un dans celle dudit sieur DE MAUPEOU, le tout à peine de nullité des Présentes : du contenu desquelles vous enjoignons de faire jouir ledit Exposant & ses Ayants-causes, pleinement & paisiblement, sans souffrir qu'il leur soit fait aucun trouble ou empêchement. Voulons que la copie des Présentes qui sera imprimée tout au long au commencement ou à la fin dudit Ouvrage, soit tenue pour dûement signifiée, & qu'aux copies collationnées par l'un de nos amés & féaux Conseillers Secrétaires, foi soit ajoutée comme à l'original. Commandons au premier notre Huissier ou Sergent sur ce requis, de faire pour l'exécution d'icelles, tous actes requis & nécessaires, sans demander autre permission, & nonobstant clameur de Haro, Charte Normande, & lettres à ce contraires : Car tel est notre plaisir; Donné à Fontainebleau, le vingt-trois jour du mois d'Octobre l'an de grace mil sept cent soixante & dix, & de notre regne le cinquante sixieme. Par le Roi, en son Conseil.

LE BEGUE.

Registré sur le Registre XVIII. de la Chambre Royale & Syndicale des Libraires & Imprimeurs de Paris, No. 131. Fol. 252. conformément au Réglement de 1723, qui fait défenses, art. 4, à toutes personnes, de quelque qualité & condition qu'elles soient, autres que les Libraires & Imprimeurs, de vendre, débiter, faire afficher aucuns Livres pour les vendre sous leurs noms, soit qu'ils s'en disent les Auteurs ou autrement, & à la charge de fournir à la susdite Chambre neuf exemplaires prescrits par l'art. 108 du même Réglement. Paris ce 13 Novembre 1770. J. HÉRISSANT Syndic.